给水排水施工图设计文件审查

常见问题分析

李志生　李冬梅　主　编

杨百盈　副主编

刘春柳　何　娜
廖嘉义　黄　辉　参　编

中国建筑工业出版社

图书在版编目（CIP）数据

给水排水施工图设计文件审查常见问题分析/李志生，李冬梅主编.—北京：中国建筑工业出版社，2011.7

ISBN 978-7-112-13071-9

Ⅰ.①给…　Ⅱ.①李…　②李…　Ⅲ.①房屋建筑设备-给排水系统-建筑制图　Ⅳ.①TU82

中国版本图书馆CIP数据核字（2011）第049964号

本书通过大量的案例系统而全面地阐述了建筑给水排水工程设计审图方法和常见问题的分析。全书分为12章及附录1个，主要内容为建筑给水排水工程设计规范与设计文件、建筑给水排水工程设计深度、建筑给水排水工程设计审查机构、设计施工总说明审查及常见错误分析、设计计算书审查及常见错误分析、系统图与原理图审查及常见错误分析、平面图审查及常见错误分析、大样图与轴测图审查及常见错误分析、特殊建筑给水排水工程设计及常见问题分析、材料与设备审查及常见错误分析、工程量计算、计价及预算审查与常见错误分析、2009版《建筑给水排水设计规范》新增条文解读等内容。本书最大的特色是突出实用性、全面性、独特性、可操作性。全书经典案例贯穿始终，理论与案例分析紧密结合，充分反映了当前国内建筑给水排水工程设计及审图的新动向、新做法。

本书可作为高等工科院校土木类、市政工程类、给水排水类、工程管理类专业本科教学用书，也可作为各类企业相关专业的培训教材，还可广泛适用于工程建设企业、建设主管部门、市政园林单位中高层管理者、招投标管理负责人、项目负责人等技术和管理人员阅读参考。

责任编辑：张　磊
责任设计：董建平
责任校对：陈晶晶　王　颖

给水排水施工图设计文件审查常见问题分析

李志生　李冬梅　主　编
　　　　杨百盈　副主编
刘春柳　何　娜
廖嘉义　黄　辉　参　编

*

中国建筑工业出版社出版、发行（北京西郊百万庄）
各地新华书店、建筑书店经销
北京京点设计公司制版
北京市铁成印刷厂印刷

*

开本：787×1092毫米　1/16　印张：16¾　字数：352千字
2011年8月第一版　2011年8月第一次印刷
定价：38.00元
ISBN 978-7-112-13071-9
(20489)

前 言

本书根据21世纪以来国际国内建筑给水排水工程设计的最新变化情况，在作者长期教学、科研与设计经验的基础上，充分吸收建筑给水排水工程设计领域最新的教育、教学、科研成果和社会信息编著而成。本书结合我国建筑给水排水工程设计、施工的新规范和节能减排政策，深入浅出地介绍了建筑给水排水工程设计、施工、审图的基本方法和具体应用，尤其是坚持理论与案例分析紧密结合，系统而全面地总结了建筑给水排水工程设计中的常见错误。

本书内容丰富、信息量大、可读性好、系统性强，内容和视角独特，每章都配有若干个经典问题或案例分析。本书可作为高等工科院校土木类、市政工程类、给水排水类、工程管理类专业教学用书，也可作为各类企业相关专业的培训教材，还可广泛适用于工程建设企业、建设主管部门、市政园林单位中高层管理者、招投标管理负责人、项目负责人等技术和管理人员阅读参考。

本书由广东工业大学李志生副教授（博士）、李冬梅教授（博士后）担任主编；泛华建设集团有限公司广东设计分公司副总工程师杨百盈担任副主编。全书由李志生统筹并负责具体的编写工作。具体编写分工为：李志生编写第1章、第2章、第3章、第4章、第11章；李冬梅编写第6章、第8章；杨百盈编写第9章、第12章；刘春柳编写第5章；李志生和何娜共同编写第7章；李志生和黄辉共同编写第10章。

由于编者受水平、精力、时间所局限，本书在内容取舍、章节安排、案例选择和文字表述等方面一定还有许多不尽如人意之处，恳请读者批评指正，并提出宝贵建议。相关意见和建议请发至以下邮箱：Chinaheat@163.com（李志生），对您的意见和建议，我们深表感谢。

目 录

第1章　建筑给水排水工程设计规范与设计文件

1.1　建筑给水排水工程设计标准与规范

1.1.1　设计标准与规范的制定原则

建筑给水排水工程设计中，设计标准与规范起着举足轻重的作用，设计人员必须熟悉设计标准和规范。设计标准与规范实际上是对工程设计中有重复性设计内容的统一规定。这些规定通常以国家法律和规定的形式出现，它具有共同使用性及强制使用性。这些条文是科学实验、技术措施以及实践经验的总结，既是工程设计中的纲领性文件，也是进行工程设计的主要依据之一。

一般说来，工程设计标准与规范可以分为四级，按其效力从高到低依次为：国家标准、行业标准、地方标准、企业标准。通常有高级别的标准出现时，不再制订或执行更低一级级别的标准（已有的要废止），除非高级别标准中的条文有明确的说明。国家标准和行业标准从属性上又可以分为强制性标准（标准号带GB ×××××—×××× 类的，其中的条款涉及保障人体健康及人身财产安全）和推荐性标准（如：城市居民用水量标准GB/T 50331—2002等）。规范与标准的意义是相同的，只是使用地点略有差别而已。如通常用在水质指标、节能设计等方面的规范，用在设计、施工方面以文字表述的采用《××××××××规范》居多。

设计标准与规范的制定原则是：(1) 贯彻执行国家现行法律法规；(2) 保障环境安全和人们的健康；(3) 保护环境，推动资源节约和可持续发展；(4) 保护消费者利益；(5) 公开、透明的原则；(6) 协商一致的原则；(7) 符合国际惯例或遵守国际标准；(8) 和其他标准与规范不矛盾、不重复、不交叉。

1.1.2　设计标准与规范的审批、发布和实施

一个标准与规范的制定（修订）、发布和实施必须遵循严格的程序。标准、规范从收集意见的第一步开始到正式发布、实施经历较长的时间。全国范围内的国家级标准与规范的制定或修订，一般至少需要费时一年以上，有的甚至超过两年。国家标准与规范的审批也是关键的步骤，审批的手续伴随于制定或修订的各个阶段，甚至从立项阶段就有审批的手续。在标准与规范的不同编制阶段，审批的部门也不一样。经过国务院标

准化行政主管部门审查通过的标准与规范项目才可以立项进行修改或修订，该阶段规范与标准审查的主要内容为：(1) 必要性；(2) 重复性；(3) 归口单位；(4) 起草单位资质；(5) 协调性。只有在满足有必要、无重复、归口对、资质够、协调好的条件下，规范与标准的制定与修改才可通过立项审批。标准与规范在送审稿编写完成后，还要经过相应的标准化技术委员会审查，经该审查委员会提出修改意见，编写组根据这些意见进行修改，直到再次审查通过后才可形成报批稿。报批稿经国务院标准化行政主管部门审批后，就成为国家标准并统一编号，纳入国家标准批准发布公告生效，到正式实施时期即可生效贯彻执行。

1.1.3 遵守设计标准与规范的意义

没有规矩不成方圆，有了国家设计标准与规范可以遵循，对于工程设计来说就有了设计质量的标准和法定依据。设计质量的好坏，很大程度上取决于设计标准与规范是否得到遵守。对于强制性国家标准与规范，任何设计单位和个人必须要严格执行。对于强制性国家标准与规范中出现的带有“不得”、“严禁”字样的条款，必须严格遵守。而带有“宜”、“不宜”等限定词的条款，设计人员则应根据具体情况进行具体分析。有条件的工程设计，应尽量遵守设计标准和规范。实在有困难的工程设计，则可以进行适当的变通和调整，以达到社会效益、经济效益都满意的效果。

1.1.4 建筑给水排水工程设计常用的规范和标准

目前，建筑给水排水工程设计规范和标准有几十种之多，包括各种通用规范和专用规范。表 1-1 列出了常用的设计规范和标准。

建筑给水排水工程设计常用的规范与标准 **表 1-1**

序号	规范（标准名称）	规范（标准）号	备注
1	《建筑给水排水设计规范》	GB 50015—2003	2009 年版
2	《室外给水设计规范》	GB 50013—2006	
3	《生活饮用水卫生标准》	GB 5749—2006	
4	《住宅建筑规范》	GB 50368—2005	
5	《室外排水设计规范》	GB 50014—2006	
6	《民用建筑太阳能热水系统应用技术规范》	GB 50364—2005	
7	《建筑中水设计规范》	GB 50336—2002	
8	《人民防空地下室设计规范》	GB 50038—2005	
9	《建筑设计防火规范》	GB 50016—2006	
10	《高层民用建筑设计防火规范》	GB 50045—2005	
11	《汽车库、修车库、停车场设计防火规范》	GB 50067—97	
12	《自动喷水灭火系统设计规范》	GB 50084—2001	2005 年版
13	《气体灭火系统设计规范》	GB 50370—2005	
14	《建筑灭火器配置设计规范》	GB 50140—2005	

此外，还有一些常用的行业设计标准与规范，如《管道直饮水系统技术规程》CJJ 110—2006、《建筑排水金属管道工程技术规程》CJJ 127—2009、《游泳池给水排水工程技术规程》CJJ 122—2008、《游泳池水质标准》CJ 244—2007、《节水型生活用水器具》CJ 164—2002、《建筑排水硬聚氯乙烯管道工程技术规程》CJJ/T 29—98、《小区集中生活热水供应设计规程》CECS 222:2007、《虹吸式屋面雨水排水系统技术规程》CECS 183:2005。

常用的地方设计标准与规范有：《大空间智能型主动喷水灭火系统设计规范》DBJ 15—34—2004。

其他的一些规范与标准，如：建筑工程设计文件编制深度规定（2008 版），《房屋建筑制图统一标准》GB/T 50001—2001 等。

1.2　建筑给水排水工程设计的内容

1.2.1　小区管网的设计

一项建筑给水排水工程设计项目往往是从小区规划开始的，管线综合设计是小区规划中给水排水工程设计的重要内容。建筑给水排水工程设计中的管线包括：市政直接供水给水管线、市政直供中水管线（有城市中水供应的地方设置）、雨水管线、废水管线、加压给水管线、加压消防管线。在进行建筑给水排水工程的规划设计时只需要对管径做初步计算，仅标进出户处的管径及控制点的标高即可。管线综合设计的图纸比例与建筑总图相一致，通常总平面图为 1 : 500 或 1 : 1000，横断面图为 1 : 50 或 1 : 100，横断面图也可不按比例，以清晰表示为原则。各专业的设备管线放在一张图上，当图纸太密看不清楚时，各专业再附上自己的单项管线图。进行小区规划设计时设计院要有相应的设计资质，经批准同意的规划设计，在建设单位办理有关手续后，才可进行小区管网的下一步的设计工作。

除图纸外，还要有管线规划设计的说明书。小区管线规划设计必须依据城市给水排水总体规划的要求进行。要保证小区管线接得进来，排得出去，做到设计合理，施工方便。小区服务人数、建筑面积、绿地率等经济技术指标和建筑专业一致，用水定额取值按《建筑给水排水设计规范》GB 50015—2003（2009 年版，以下简称《水规》）、《室外给水设计规范》GB 50013—2006（以下简称《给规》）等国家规范的要求进行。雨水、废水量设计值按《水规》、《室外排水设计规范》GB 50014—2006（以下简称《排规》）等国家规范的要求进行。

是否在小区设置统一的给水及消防加压系统，要根据建筑规模的大小、技术和经济上的合理性、节能性、安全可靠性、管线敷设的可能性、使用方法的要求、管理上的方便性等综合考虑后确定。

在小区规划经批准同意后，可进行给水排水管线的初步设计（小规模的管网设计多数可跳过这一步）、施工图设计。初步设计以批准的规划为依据，施工图设计以批准通过的初步设计为依据。初步设计时要对小区总的给水设计流量、总的雨水设计流量、总废水设计流量、总中水设计流量（有管线需要时计）进行较详细的计算，并对小区各入户、出户点的设计流量进行合理分配，入小区总水表的位置、商业用总水表和居民用总水表要分别设置，通常管网在小区沿路布置成环状。初步设计通过审查后，就可进入施工图设计，因为管线初步设计内容已经接近施工图了，只需补充大样图和部分断面图及做一些细化就可完成了。

1.2.2 建筑给水排水工程设计

如果一个小区内将开发建设若干栋建筑，从建筑给水排水工程设计的科学性来讲，一般应先开发建设地势最高的部分。这样对整个小区的消防共用系统将十分有利，同时，对整个小区的生活、消防系统共用也有好处。单体建筑设计首先由建筑专业进行单体方案设计，根据《建筑工程设计文件编制深度规定》(2008 版）(以下简称《深度规定》)，给水排水专业需要在建筑方案设计阶段对本专业的设计方案进行文字上的说明，《深度规定》要求：方案设计文件的编制深度，应满足编制初步设计文件的需要；给水排水方案设计说明含下列内容：(1) 设计依据（现行国家标准、甲方要求、小区规划批复文件）；(2) 工程概况（简述工程的分类及规模）；(3) 给水方案（简述水源情况、水量及耗热量估算、给水系统、消防系统、中水系统、循环系统等）；(4) 排水方案（简述排水体制、估算排水量、简述排水系统、简述污废水处理方法）。

建筑给水排水施工图设计文件包括：图纸目录、施工图设计说明、设计图纸、主要设备器材表、计算书。

(1) 施工图设计总说明主要内容有：

1) 设计依据：包括初步设计批文；建设单位的要求；本工程设计采用的标准；市政及小区的设计条件；建筑及有关专业提供的条件图。

2) 工程概况：内容同初步设计。

3) 设计范围：内容同初步设计。

4) 给水系统：包括最高日、最高时设计供水量；给水系统的分区及各区设计秒流量；各给水分区最高点和最低点的水压情况；给水管材及接口方式；节水器具及配件的选用；套管预埋、支架间距的要求；给水管水压实验要求等。

5) 排水系统：包括最高日设计排水量；排水制式；室内排水管材及接口；出户后建筑周围井间排水管材及接口；户线井的要求及标准图的选取；横管的管坡及埋深要求；塑料管伸缩节及阻火圈的设置；灌水实验的说明。

6) 消火栓系统：包括室内外消火栓的供水量和制式的说明；室内临时高压系统的低

位水池的有效储水量；消火栓加压稳压设备的放置位置及参数；高位消防水箱的设置情况；系统分区和防超压的措施；消火栓箱内的器材配置要求；消火栓泵稳压泵的控制要求说明；管材及接口和试压要求。

7）自动喷水灭火系统：包括设置场所火灾危险等级；系统的选型；设计喷水强度、作用面积、设计灭火水量及火灾延续时间；系统的分区情况及减压措施；喷头选用及溅水盘的设置要求；加压稳压设备的放置位置及参数和控制要求；管材接口及试压要求。

8）气体灭火系统：包括设置的位置；灭火剂的种类；系统的选择等，并注明该部分的详细说明见其图纸部分。

9）灭火器的配置

10）图例

（2）设计图纸（包括以下主要内容）

1）局部总图：它是起桥梁作用，给水方面它将单体建筑周围的环管与小区进行衔接，确定进户管的位置，确定建筑室外消火栓的位置，确定小区可利用室外消火栓的数量及位置，排水方面它将单体建筑周围的户线检查井管线进行汇集，使排进小区道路的排水出口大大减少，使小区道路上的检查井数量及位置基本上不受单体建筑影响，使单体建筑布管受道路上井位布置的影响降低，对于周围有不小于 4m 宽的路和距路边线有不小于 5m 距离的单体建筑优势明显，在可操作性方面，对于分期开发的小区具有灵活的优点。

局部总图的内容有：周边的小区道路线；建筑的轮廓线；单体建筑的进出户管；建筑四周室外给水环管及小区进管位置；室外消火栓；室外户线井及汇集管线和排出井位置；化粪池及隔油池的位置；相关的标高及定位尺寸；指北针。

2）平面图：应包含各层层号、轴线号、房间名称、相对标高、二道尺寸线等元素的建筑平面；给水排水线在平面图上的位置及各立管的编号；穿剪力墙、梁等处管线的定位尺寸及标高和套管的类型；暗装消火栓箱等的定位尺寸及孔洞大小；首层引入管、排出管、消防接合器的定位、穿外墙、穿挡土墙管道的管径、标高、防水套管的形式；指北针。

管道种类多时，可分别绘制给水排水平面及消防平面。设备间、卫生间通常要绘出大样图，对于需要二次设计的地方如洗衣房、厨房、水处理系统等，平面上要注明位置，并预留总的给水入管到阀门和总的排水出管到室外的位置。

3）系统图：系统图分为系统轴测图和展开系统原理图。系统轴测图为传统的系统图的画法，通常按比例、按走向绘制，使系统图具有三维立体的感觉，系统轴测图上标明管道走向、管径、阀门、标高变化，每个系统轴测图下面或附近有系统图的编号，上下相同的支管系统图可只绘出一层支管的系统轴测图，其余注明相同即可，完全相同的系统只绘一系统轴测图，图下或附近写多个编号，或有文字说明相同也可以。

展开系统原理图是数年前在水图的基础上出现的。现在绘制一栋建筑的给水、排水、消火栓系统和喷淋系统，常常用展开系统原理图画法，而喷淋系统的展开系统原理图简化得更多一些，以减少重复工作量从而节省绘图时间及提高效率。展开系统原理图除了用二维表示系统以外，系统的标高及管径方面的某些变化是较难反映出来的，因此在平面图上要增加一些标注（喷淋系统更是如此），使施工人员能明了设计者的意图。目前设备机房的系统图及卫生间大样的系统图（局部空间）用系统轴测图绘制的比较多，大的系统用展开系统原理图绘制的比较多，设计人员可根据自己习惯进行选择。

4）局部放大图：对于泵房、热交换间、报警阀间、水处理间、游泳池及循环间、水箱间、卫生间、热泵机房、水景等部位，在平面图中难以表示清楚的地方要绘制局部放大图，除平面放大图外，是绘制剖面图还是绘制系统轴测图及展开系统原理图，可根据实际情况，以清楚表达为原则。

5）详图：有特殊要求的地方，在没有定型产品和标准图的情况下应绘制详图。例如，放置在室外的化粪池，由于场地的原因不能做成标准的化粪池，必须做成非标的化粪池，则应绘制详图。当然，要尽量避免这种情况的发生。

（3）主要设备器材表：主要内容有序号栏、型号栏、规格栏、数量栏、单位栏及附注栏。要注明设备的型号、性能参数、规格、数量、对设备附注栏有对电源的要求及控制和材质方面的要求，对阀门、器材附注栏有特性、材质等方面要求。

（4）计算书：根据初步设计审批的意见，进行施工图设计阶段的计算，其结果以书面的形式供设计、校审使用和存档。

1.3 设计步骤及要点

1.3.1 明确设计任务

设计人员在进行建筑给水排水工程设计之前，一定要明确设计的任务是什么。建筑给水排水设计对设计范围的明确也很重要的，建筑给水排水工程设计的类型变化多样，设计地点差别很大，甲方对工程的要求也不一样，对一个工程全面的了解是做好设计的第一步。

建筑给水排水工程设计项目，有时是小区整体进行开发，有时是联体的几栋建筑，有时又是独立的塔楼。此外，还有可能是一条商业步行街，或居住建筑和公共建筑一起开发。小区开发又有一次性建设和分期分批开发等要求。总之，设计的对象和内容千变万化，如果先不将设计范围了解清楚可能会给设计的顺利进行带来很大影响。如只需要设计小区的某几栋或某一栋建筑的给水排水工程时，一定要明确小区的总图由谁设计（有的在合同上有明确说明），这几栋的局部总图又由谁设计；化粪池由总体设计承担还是由单体设计承担；建筑进出户管线接入接出点是否已经确定；小区给水管管线是否已经分好区；单体建筑还要不要单独再做加压设备及再分系统；单体建筑排出管是分散分别接入小区还是集中一点或几点接入小区管网；出户管标高不能低于多少；要设计的单体建筑开发批次如何，该建筑的消防供水是由小区统一解决；还是由该建筑设计中自己解决；如果所设计的建筑最先开发，是否需要考虑整个小区的消防供水问题；如需整体考虑消防设计，最不利的消防水量是哪一栋？最不利的消防水压又是哪一栋？等等问题都要清楚。

所谓了解就是要对甲方建筑方案设计任务书进行熟悉，如该任务书通常对工程项目概况、设计依据、建设单位的要求、经济技术指标都有一个明确的说明。

（1）项目概况：设计任务书通常对项目的名称、项目的建设单位、项目的建设地点、项目的占地大小、项目的用地性质、项目的开发方式（如一次规划，一次开发；一次规划，分期开发等）进行明确的说明。

（2）设计依据，一般包括：

1）现状地形图。

2）《规划设计（土地使用）条件》。

3）执行国家标准与规范及当地政府有关的规定。

（3）建设单位的要求，通常包括：

1）设计项目的定位 如：[按五星级酒店设计；按甲级写字楼设计；该工程为经济适用房等；三超（超前、超现、超值）、环保生态建筑等]；

2）设计项目的规模及内容：如对建筑地上面积、客房数、地下面积、综合楼各功能区的面积及比例、使用人数、停车数、建筑层数、住宅的套数、户型的比例、套内面积等做限定。

（4）经济技术指标的要求：用地面积、容积率、建筑密度、绿地率、退缩要求、市政的要求（如排水的制度、水处理要求等）。

1.3.2　设计前的准备工作

1.3.2.1　了解业主需求

设计人员在拿到一项建筑给水排水工程设计任务后，除了要对工程的基本情况和设计范围进行了解以外，还需要对所设计的建筑进行全面的了解。

（1）对于建筑消防工程设计来说，设计人员首先对设计项目（建筑群或单体建筑）进行准确分类。分类时，一般要和建筑专业一致。如果消防有特殊的要求，给水排水设计工程师要和建筑专业的设计人员一起讨论进行明确。只有对消防的分类准确，才能确定建筑消防的做法，也才会使所设计的消防项目计算准确，才可确定消防自动灭火设备的布置和敷设。例如，在设计中，设计人员经常会遇到这些问题：消防设计的对象是属于普通住宅还是高级住宅？是普通旅馆还是高级旅馆？是住宅楼还是商住楼？是集体宿舍还是公共建筑？商住楼的商业部分，如果某一个局部被银行所租用是否就成了综合楼？再如，假设一个建筑高度为25m的纯商业建筑，是否比下部几层设置为商场且建筑总高度不超过100m的商住楼火灾危险性及火灾损失更大？

1）高层住宅楼的特点是地上部分都为住宅，或首层架空作为绿化空间或休闲空间；或首、二层有配套的商业服务网点（商业服务网点的特征是：该用房层数不大于2，每个防火区域的建筑面积不大于300m^2，且和住宅及其他用房之间用防火墙及防火楼板完全分隔，并和住宅的安全出口分别独立设置，是为住宅服务的小百货店、副食店、粮店、理发店、储蓄所等配套用房）。

2）商住楼的特点是上部为住宅，下面几层为商业营业厅，但不能有占整层的金融机构、办公层、旅馆业等另外任何一种用途出现，否则就变成综合楼了。但对于在下面几层里面设置的居委会办公室、银行储蓄所、小的棋牌室、健身房等为本楼服务的辅助用房，是不会改变其商住楼的使用性质的。

3）下部几层是商场且商场高度为25m且建筑总高度不超过100m的商住楼，其火灾危险性、扑救难度及人员疏散距离并不比一个建筑高度为25m的纯商业楼容易，因此该商住楼也要按商业楼需存储3h的消防水量，以确保消防的安全可靠性。

4）建筑功能的具体分类要按《建筑设计防火规范》GB 50016—2006（以下简称《低规》）、《高层民用建筑设计防火规范》GB 50045—2005（以下简称《高规》）中的术语条文标准及有关规定去区分，对于较难区分的建筑类型也可咨询当地的消防主管部门或规范编写部门后再来确定。

（2）对于自动喷水灭火系统来说，自动灭火设备要按所设置场所火灾的危险等级才能确定，按《自动喷水灭火系统设计规范》附录A中的举例执行（GB 50084—2005以下简称《喷规》）。对不宜用水扑救的地方，是否设置气体灭火系统以及设置哪种气体灭火系统，设计人员要按规范及技术要求进行确定。通常要根据建筑场所灭火的对象，考虑设置灭火剂针对性强、对环境无污染、造价适中的气体灭火系统。

1.3.2.2 收集市政资料

（1）如果对一个小区内各建筑的给水排水工程进行设计，那么对小区周边市政资料进行收集是设计前必须进行的准备工作。小区给水排水的规划与设计，缺乏市政条件的资料是无法进行的。给水条件的内容包含：市政给水管网预留给该地块支管的位置、支管的数量、支管的管径、供水的压力、是否分质供水。如果不是本地的项目还要了解水质的情况，对于有热水供应的项目更要注意这一点；如果城市管网并没有给该小区预留给水支管，那就要请水务部门确定可以开口的位置、开口的管径。有时候小区周边只有规划路、规划图，或已有施工图并无现状管网，但在设计中要将外管网敷设到小区周围，这就需要将规划图或已有的施工图作为设计依据，确定进入小区的给水管的位置。当小区周边已有新的规划改造时，要以最新的规划为依据，并考虑过渡期的使用措施。为确保消防给水的可靠性，接入的小区入户管至少要有两条，且这两条管至少也要求不在同一个检修段上。对于单栋建筑或数栋联体建筑的设计，当它只是独立邻街建筑时，给水条件的收集与小区设计的收集相似，只不过服务对象是单体而非小区。

（2）对于建筑排水工程的设计，市政条件资料的收集也是很重要的。如果排水资料收集不全或不准确，有可能使整个排水工程的设计作废或出现大量的返工，特别是对海拔高度只有几米的海滨城市更是如此。

1）小区排水工程的设计，首先要了解该城市排水系统的制式是分流还是合流，是暂时合流但是以后要改成分流等情况。根据《水规》第 4.1.1 条要求：小区排水系统应采用生活排水与雨水分流制排水。因此小区排水工程及单体建筑的排水工程设计，都要遵守雨废分流制才行。另外，出户管为两条的情况下，交叉部位的管线在标高上最容易出问题，往往会使下面一条出户管敷设标高偏低，接不进城市管网。还有，如果是小区排水，要注意是否允许有几个排出点进行排放，具体可能的位置在何处等等。

2）小区排水工程的设计要服从和适应城市的排水规划。要根据市政预留的排水支管检查井的标高和位置来确定小区排水管出口处的标高和位置。要保证接口处至少是管顶平接，不允许出户管管径比市政预留的排水支管管径大或标高低，如果出现出户管径比所预留的支管管径大时，在有富裕水头的情况下，可采取增加坡度以减少管径；在没有富裕水头的情况下，可采用更低糙度的管材，以减少管坡和埋深或坡度不变而管径减小。当以上办法都不可行时，可和市政排水管埋部门协商，可在市政干管上开一个更大管径的支管。当然，这样做是要有一定条件的和要增加额外的费用的。当小区排出管的标高比市政低的幅度不大时，可填高整个小区的室外地面的标高，这是应优先采取的办法。当小区排出管的标高比市政排水管标高低的幅度较大且整体填高整个小区的室外地面的标高费用太大甲方无法接受时，只能采取设置排水提升泵站的办法来解决，泵站的投资、特别是以后的日常运转的费用要有保障。对于单栋或单体建筑来说，收集排水条件和处理起来相对容易些，当需要时就要合理抬高建筑的绝对标高及外地面的高程。

1.3.3　设计方案的比较和确定

建筑给水排水工程设计方案包括小区总体给水排水设计方案及单体建筑给水排水设计方案。小区总体给水排水设计方案的选定，要考虑以下几个方面：生活供水方案、中水供水方案、消防供水方案、雨水排水及回用方案、废水排放及处理方案。

（1）生活、中水供水及消防供水方案要执行国家现行标准、地方政府的规定。要依照城市给水的规划和现状，考虑甲方的要求、小区的规模、建筑部局和功能要求、多层建筑和高层建筑的分布情况、地形情况、市政给水水压及水质水量保证情况，商业用途与居住建筑水价不同要分设管网、能耗情况、管理的方便性等来综合选取设计方案。

（2）排水方案也要执行国家的标准、地方政府的规定，依照城市排水的规划和现状条件，考虑甲方的要求、小区的规模、地形情况、市政排水接口井的位置、井底标高、接口管的管径等来考虑排水设计方案，小区排水应采用分流制，直接进入自然水体的排水要符合相应的水质规定的要求，缺水地区还须考虑回用的措施，当地政府及有关部门有规定及要求的，还要按照规定及要求选取排水设计方案。

1.3.4 设计计算

当建筑给水排水工程的方案确定后，就可以进行计算了。为提高效率，减少工作量，设计人员可以利用某些设计软件进行计算，也可以利用设计软件或电子表格进行计算，以提高计算速度和准确性。

1.3.4.1 给水计算

《水规》3.1.1 条规定，一个小区的设计给水量由以下部分组成：居民生活用水量；公共建筑用水量；绿化用水量；水景娱乐设施用水量；道路广场用水量；公用设施用水量；未遇见用水量及管网漏失水量；消防用水量。

（1）居住建筑设计数据的选取：在设计中会遇到以上各种水量的计算，这涉及各种有关设计数据的选取问题。设计人员要根据工程的具体情况进行合理的选取，以达到安全可靠、经济适用、节水节能的目的。住宅类建筑的最高日生活用水量见表 1-2。

住宅建筑用水定额表 **表 1-2**

住宅类别		卫生器具设置标准	用水定额 [L/(人·d)]	小时变化系数 K_h
普通住宅	Ⅰ	有大便器、洗涤盆、	85 ～ 150	3.0 ～ 2.5
	Ⅱ	有大便器、洗脸盆、洗涤盆、洗衣机、热水器和沐浴设备	130 ～ 300	2.8 ～ 2.3
	Ⅲ	有大便器、洗脸盆、洗涤盆、洗衣机、集中热水供应（或家用热水机组）和沐浴设备	180 ～ 320	2.5 ～ 2.0
别墅		有大便器、洗脸盆、洗涤盆、洗衣机、洒水栓、家用热水机组和沐浴设备	200 ～ 350	2.3 ～ 1.8

注：1. 当地主管部门对住宅生活用水定额有具体规定时，应按当地规定执行。
2. 别墅用水定额中含庭院绿化和汽车洗车用水。

在选取计算参数时，首先要确定服务的人数。如果建筑专业已经给出小区服务人数，则可直接选取与建筑相一致，有时只有住宅的总户数，这时可向开发商询问看当地政府有无每户人数指标，目前我国户均人口在 3.2 ～ 3.5 人 / 户左右。

用水定额选取和卫生器具的设置标准，可根据建筑图的信息进行。用水定额先看当地有无规定，有规定的直接采用，无规定的通常按建筑小区所在城市的规模、所在分区位置及有无中水回用来冲洗厕所等，来酌情选取。城市的规模可以按以下标准确定：市区及近郊居住人口不小于 100 万的，为特大城市；居住人口不小于 50 万小于 100 万的为大城市；居住人口小于 50 万的为中小城市。秦岭及东延线以南的大片地区为一区；

秦岭以北的广大地区及四川、云南、贵州为二区；新疆、青海、西藏、内蒙古河套以西及甘肃黄河以西的地区为三区（具体见《给规》4.0.3 条）。城市规模越大及用水卫生器具设置标准越高，则用水定额越高，一区用水定额最高，二区向中间值靠拢，三区向低限靠拢，并适当考虑当地的生活卫生习惯和水资源的贫丰条件。有中水供应的住宅，则生活饮用水的给水量可减少 20% 左右。要计算住宅最大小时用水量时，用水定额选高限则小时变化系数 k_h 取低限；反之选高限。k_h 的中间值可用内插法求出，住宅用水的使用时间为 24h。

（2）小区内公共建筑的用水定额及使用时间和小时变化系数，《水规》第 3.1.10 有详细的规定。公共建筑与住宅建筑的选取相类似，但公共建筑使用人数的确定有时是比较麻烦的事，可尽量要求甲方或建筑专业提供，如不能提供可按面积或床（席）位数估算，可参考表 1-3。

公共建筑人数和用水指标的选取　　表 1-3

建筑类型	有效面积（m^2）或床（席）位数	人数的面积指标或比例	附注
办公楼	建筑总面积（m^2）×60%	有效面积 5 ~ 7 m^2 / 人	高档办公楼指标取上限
餐饮业	餐厅的建筑面积（m^2）×80%	有效面积 0.85 ~ 1.3 m^2/ 席	高档酒楼指标取上限，每个席位每天 2.5 ~ 4 次用餐
酒店客房服务员总数	床位数通常由建筑提供	床位数 ×(30 ~ 40)%	为星级酒店，服务员为 3 班倒
餐饮服务员	席位数通常由建筑提供或按面积	席位数 ×20%	–
酒店洗衣房干衣量	床位数通常由建筑提供	0.5 ~ 5kg/(床·d)	星级越高，标准越高
健身中心	器具台数	6 ~ 8 人次 /(台·d)	对外开放
博士生	–	1 ~ 2 人 / 居室	有独立卫生间，按各校标准选取
研究生	–	2 ~ 4 人 / 居室	有独立卫生间，按各校标准选取
本科生	–	4 人 / 居室	有独立卫生间
桑拿房	座位数	3 ~ 4 人次 /(位·d)	酒店内或桑拿中心用
电脑蒸气浴	座位数	3 ~ 4 人次 /(位·d)	贵宾桑拿用

（3）小区内绿化用水量，可按当地的标准和要求执行，在无资料时可按 1.0 ~ 3.0L/(m^2·d）计算，干旱地区宜取下限。道路广场洒水用水量按 2.0 ~ 3.0L/(m^2·d）选取，缺水地区宜取下限。公用设施用水量通常由甲方提出，只有重大的公用设施用水量时才需要计算，否则可不需要考虑。关于泳池、水景、娱乐设施用水量在特殊建筑给水排水一章中再详细叙述。

（4）不可预见用水量及管网漏失水量的选取：可按最高日用水量的 10%~ 15% 计算，建议取下限值。为减少管网漏失水量，在施工中应尽量采用接口牢靠的方式及做好管基础及提高施工质量。

（5）消防水量的计算：主要为满足引入管的管径的校核计算，除初次补水及清洗水池要消耗水量外，平时并不需要耗水。

1.3.4.2 热水计算

建筑热水设计中，水量计算的内容包含：最高日热水用量；平均时热水用量；最大时热水用量。耗热量的计算包含：设计小时耗热量；热水存储量；加热设备产热量。

(1) 热水系统的使用人数与给水系统一致，热水用水定额及使用时间按照《水规》5.1.1 条中的数据选取，热水小时变化系数 k_h 按《水规》5.3.1 条中的数据选取。热水水量已含在冷水水量中，热水量的水温按 60℃计算。酒店餐饮业晚餐人数最多，但员工和客人错开高峰使用；因此职工餐厅与营业餐厅错开高峰段。办公楼下午 6 点大部分人员已下班，健身中心下午到晚上 10 点左右锻炼的人较多，在高峰段，高峰重叠的为客房、中西餐厅、公寓楼、健身房桑拿部分。因此，设计小时热水量为它们的最大时热水量加其他部分的平均时热水量。设计小时热水量：q_{rh}=(17.46+7.6+1.29+1.24+0.56+4.75)+(0.66+0.75+0.85+2.4+1)=38.56 m^3/h

表 1-4 列出了北方某五星级标准酒店综合楼的热水用水量。

北方某五星酒店综合楼热水用量计算举例 表 1-4

名称	单位数量	用热水定额	最大日用热水量	供热水时间	小时变化系数	平均时用热水量	最大时热水用水量
客房	960 床	150L/(床·d)	144	24	2.91	6	17.46
客房员工	320 人	50L/(人·d)	16	24	2.91	0.66	1.92
中餐厅	1300 席	18L/(人次计 3 餐)	70.2	12	1.3	5.85	7.6
职工餐厅	300 席	10L/(人次计 3 餐)	9	12	1.2	0.75	0.9
西餐，卡拉 OK	2760 人次	5 L/(人次)	13.8	15	1.4	0.92	1.29
桑拿房	104 人次	80L/(人次)	8.32	12	1.8	0.69	1.24
健身中心	240 人次	20L/(人次)	4.8	12	1.4	0.4	0.56
服务员	320 人	40/(人·d)	12.8	15	1.5	0.85	1.28
酒店式公寓	300 人	100L/(人·d)	30	24	3.8	1.25	4.75
办公楼	3840 人	5L/(人·班)	19.2	8	1.5	2.4	3.6
小　计	–	–	328.12	–	–	19.77	40.6
未预见水量	–	5%用水量	16.4	–	–	1	2.03
总　计	–	–	344.52	–	–	20.77	直接 ∑=42.63

注：1. 该楼不设洗衣房，由外包专业洗衣公司统一洗涤。
2. 中西餐厅、健身桑拿对外营业。
3. 中间值 K_h 用内插法计算。

(2) 耗热量及储热量计算

还是以上述酒店为例来计算耗热量。该楼是以酒店为主要功能的综合楼，由同一个热源供给，设计小时耗热量并不是各个部门最大时热水量直接相加。该酒店每天用水峰值在下午 6 点到晚上 10 点左右，最高峰用水的持续时间在 3 个小时左右。

1）设计小时耗热量：可按公式（1-1）计算。

$$Q_h = q_{rh} \cdot C \cdot \rho_r (t_r - t_l) \tag{1-1}$$

式中　Q_h —— 设计小时耗热量（kJ/h）；

q_{rh} —— 设计小时热水量（L/h）；

C —— 比热，4.187［kJ/(kg·℃)］；

ρ_r —— 热水的密度（kg/L）；

t_r —— 设计热水温度℃，为 60℃；

t_l —— 设计冷水温度℃，当地设计冷水水温为 4℃。

所以 Q_h=38.56×10³×4.187×0.983×(60－4)=8887539.24 kJ/h=2468.76（kW）

2）热水储热量：集中热水供应系统中热水的使用量在不断地变化，当自动控制完善且加热设备有能力满足每一时刻的热水需求时，一般情况下也可以不设置热水储存量（通常在快速式水加热器、半即热式水加热器中使用）。但这势必给设备的容量选择、热媒的供应及自动化控制和管理维修提出更高的要求，最终使投资大幅度增加。因此，适当地设置热水储存量，对减少加热设备的容量及对解决供需矛盾等都有好处。储热设备容量的大小应根据日用热水小时变化曲线（此曲线通常难以得到）及锅炉、水加热器的工作制度和供热能力及自动温度控制装置等因素按积分曲线确定热水储存容积，并且不能小于《水规》5.4.10 条中规定的最小值要求。对于开式热水储存水箱来说，由于它的造价低，适当增加储存容积对于降低设备投资和减少对热媒及自动控制方面的要求意义更大。但也要考虑占地和放置空间的可能性，储水再多也不能使设备的产热量小于平均产热量。对于太阳能及热泵热水加热系统《水规》5.4.10 条第 3 款另有规定，设计时应按照要求选择。

3）储热水箱计算举例：现仍以上述工程为例说明储热水箱的选取，该综合楼的加热方式采用地源热泵加热系统，综合考虑地埋管换热系统的供给能力及设备造价方面的原因，地源热泵加热系统冬天最大可稳定提供高温水（55 ～ 60℃）总热量在 Q_g =1800kW，因此储热水箱要提供的储存热量为 2468.76－1800=668.76 kW。水箱容积计算的公式为（1-2）

$$V_r = K_2 \frac{(Q_h - Q_g)T}{\eta(t_r - t_l)C\rho_r} \tag{1-2}$$

式中　V_r —— 储热水箱（罐）总容积（L）；

Q_h —— 设计小时耗热量（kJ/h）；

Q_g —— 设计小时供热量（kJ/h）；

T —— 设计小时耗热量持续时间（h）；

η —— 有效储热容积系数，热水箱、卧式储热水罐 η =0.80 ～ 0.85；立式储热水罐 η =0.85 ～ 0.90；

k_2——安全系数，k_2=1.1 ~ 1.2。

本案例中采用热水箱储热，取有效容积系数 η=0.80；T=3h；t_r-t_l=56℃；k_2 取 1.15；经计算，水箱容积 V_r 约为 45.0m^3。

1.3.4.3 给水水力计算

给水方案选定后就可以进行管线布置，这时就可以计算各管段的设计秒流量了。进行水力计算要结合实际情况，按照《水规》3.2 和 3.5 的要求进行供水管线设置和管材选取。按照《水规》3.6 节的要求，根据建筑类型不同，用相应的公式进行各管段流量和水力计算（先按经济流速确定管径的大小，详《水规》3.6.9 条中的表 3.6.9，消防管的流速按不大于 2.5m/s 考虑），泵房的布置按照《水规》3.8 的要求进行，要注意泵房的门宽及主要通道不能小于 1.2m，且不能小于罐体直径 +0.15m。供水水压的大小为最不利点所在高程与给水设备出口（或管口）的高程差 Δh 加上服务水头再加设计流量时的全部水头损失的合计值。给水水力计算此处略，借助于计算软件及电子表格可提高计算的速度和准确度。

1.3.4.4 排水水量及水力计算

（1）建筑排水管设计秒流量的计算

建筑排水管设计秒流量的计算根据建筑物种类的不同分两大类：

1）住宅、宿舍（I、II 类）、旅馆、宾馆、酒店式公寓、医院、疗养院、幼儿园、养老院、办公楼、商场、图书馆、书店、客运中心、航站楼、会展中心、教学楼、食堂或营业餐厅等，可以按下式计算：

$$q_p = 0.12\alpha\sqrt{N_p} + q_{max} \tag{1-3}$$

式中 q_p —— 计算管段设计秒流量（L/s）；

α —— 根据建筑用途而定的系数，具体可见《水规》4.4.5 条；

N_p —— 设计管段卫生器具排水当量总数（单个器具排水当量见《水规》4.4.4 条中）；

q_{max}—— 计算管段上最大一个卫生器具排水流量（L/s）。

2）宿舍（Ⅲ、Ⅳ类）、工业企业生活间、公共浴室、洗衣房、餐厅厨房、实验室、影剧院、体育场馆等建筑，生活排水管的设计水量可按下式计算。

$$q_p = \sum q_0 n_0 b \tag{1-4}$$

式中 q_p—— 计算管段设计秒流量（L/s）；

q_0—— 同类型一个卫生器具排水量（L/s）（单个器具排水流量见《水规》4.4.4 条）；

n_0—— 同类型卫生器具个数；

b —— 卫生器具同时排水百分数；按《水规》3.6.6 条选用，冲洗水箱大便器的同时排水百分数按照 12%计算。

3）立管排水量计算：由于通气方式、通气管管径大小及结合通气管的连接方式等方面的不同，将会对设计排水量产生很大的影响。所以先要根据规范要求及设计流量来确定管径和通气方式。伸顶通气立管的支管接入方式对最大设计排水流量影响也很大，具体的立管排水流量设计数据根据《水规》4.4.11 条的规定执行。

4）其他计算：《水规》4.4.9 对建筑物内铸铁排水管横管的标准坡度、最小坡度、最大设计充满度做了规定。

（2）建筑、小区雨水排水流量的计算

1）雨水设计排水量与设计重现期和降雨历时关系密切，一般建筑屋面设计重现期为 2 ～ 5 年，重要的公共建筑不小于 10 年。屋面应设置溢流设施（溢流管、溢流口、溢流堰），一般建筑屋面，排水管加溢流设施的排水能力不小于 10 年重现期的雨水量，重要的公共建筑屋面，排水管加溢流设施的排水能力不小于 50 年重现期的雨水量。小区设计重现期为 1 ～ 3 年，车站、码头、机场的基地设计重现期为 2 ～ 5 年；下沉式广场、地下车库坡道的出入口设计重现期为 5 ～ 50 年。

2）降雨历时按式（1-5）计算：

$$t = t_1 + Mt_2 \tag{1-5}$$

式中　t —— 设计降雨历时（min）；

t_1 —— 地面或屋面汇集时间（min），根据地面汇集距离、地形坡度和地面覆盖情况定，可选 5 ～ 10min；汇集距离每 10m 需要汇集时间约 1min；有铺装时所需的汇集时间减少，无铺装平坦的自然地面，所需的汇集时间增加，屋面的汇集时间取 5min；

M —— 折减系数，小区支管和接户管：M=1；小区干管：暗管 M=2，明沟 M=1.2；

t_2 —— 排水管（或渠）内流行时间（min），建筑物管道取 0，小区：在管道（或渠）设计流速的条件下，流过设计管（或渠）道所需要的时间，（中途某段有变管径（或渠的尺寸）、有支管（或支渠）流量进入时，按改变后的新流速计算时间），计算 t 时，别忘记 t_2 乘 M。

3）径流系数计算：径流系数是设计雨水排水量另一重要参数，它是形成径流水量和降雨量的比值，反映了各种面层的容留雨水的能力，径流系数越大，容留雨水的能力越差，径流系数具体数据见表 1-5。

小区径流系数表　　　　**表 1-5**

屋面、地面情况	屋面	混凝土和沥青路面	块石路面	级配碎石路面	干砖及碎石路面	非铺砌地面	绿地
径流系数 ψ	0.9 ～ 1.0	0.9	0.6	0.45	0.40	0.30	0.15 ～ 0.25

注：1. 各种汇水面积的径流系数应采用加权平均法计算；
2. 地下室顶板上覆土绿地径流系数：覆土深度不小于 500 时取 0.15；覆土深度小于 500 时取 0.25。

4）设计雨水量：设计雨水量可按式（1-6）计算：

$$q_y = q_j \psi F_w \tag{1-6}$$

式中 q_y —— 设计雨水流量（L/s）；

q_j —— 设计暴雨强度［L/(s·hm^2)］；

ψ —— 径流系数；

F_w —— 汇水面积（hm^2）。

1.3.5 设备、器材、管材的选型

建筑给水排水设计中需要选的设备及器材主要有：

1）各类水泵及泵组；

2）消防器材，如消火栓、水龙带等；

3）各种阀门及附件等，如水龙头、水表、压力表等；

4）各种管材；

5）各种水箱，如高位水箱、消防水箱等；

6）热水加热设备，如热水炉、热水器等；

7）直饮水设备；

8）加压设备；

9）卫生洁具及配件；

10）其他设备，如水处理设备、二次供水的消毒装置、隔油设备、水质软化设备、真空排水设备等。

这些建筑给水排水设备，可能在一个工程中不会完全用到，但会在各个工程中涉及。本书限于篇幅，这里不做详细介绍。

下面简单介绍一下建筑给水排水工程设计中常用管材的选型（更具体的介绍见后续章节）。

1）给水管材的选用：室外埋地给水管可用塑料给水管、双面衬塑钢管、有衬里的铸铁管、钢丝网骨架塑料（聚乙烯）复合管，内壁的防腐材料应符合国家卫生标准的要求。室内给水管可用干管及立管可用衬塑钢管、铜管、不锈钢管、钢丝网骨架塑料（聚乙烯）复合管。给水支管可选用塑料给水管、衬塑钢管、铜管、薄壁不锈钢管。

2）排水管材的选用：室外埋地雨水管可用HDPE双壁波纹管、中空壁缠绕塑料管、混凝土管。天面排水可用衬（涂）塑钢管、钢丝网骨架塑料（聚乙烯）复合管、排水专用承压塑料管，阳台雨水排水管可用PVC-U管。室内污废水管可用PVC-U管、HTPP管、柔性接口铸铁管等。

1.3.6 图纸的绘制

建筑给水排水工程设计中，上述步骤完成后，就可以绘制图纸了。施工图制图是建筑给水排水工程设计的最重要内容之一。设计时，最重要的是要遵守设计规范。关于施

工图制图的要点和注意事项，后面的章节会进行详细的论述。

要做好建筑给水排水工程的设计工作，一要靠熟悉规范；二要讲究制图技巧和经验；三要有全局观念，最好从宏观到微观，先整体后局部把握设计工作；四要注意与业主和其他专业配合，因为建筑给水排水工程设计的一些管井可能需要共用，线路、管线、管路可能会重叠、交叉、冲突，因此需要和其他专业进行配合和协调，另外，有时业主会进行设计变更，这是加大设计工作量的原因。

图 1-1 说明了建筑给水排水工程设计的过程。

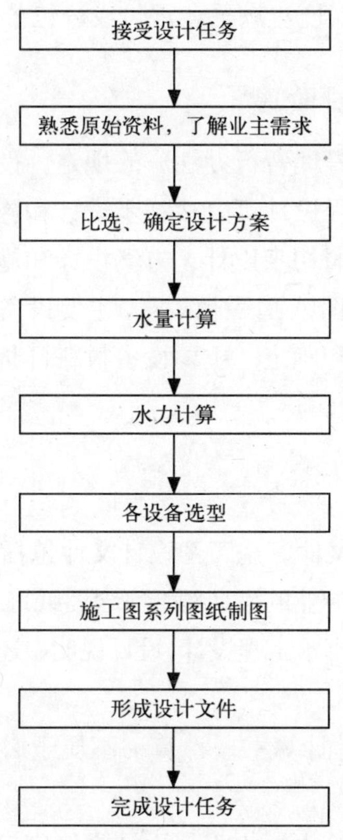

图 1-1　建筑给水排水工程设计一般过程

对设计人员来说，一项建筑给水排水工程设计项目从方案开始到设计图纸的完成，经历了全部的设计过程也只能算一点小的业绩。工程设计后续的工作和手续还不少，还要经历施工图审查并进行图纸的修改。只有通过施工图审查后的图纸，才可作为正式施工图图纸进行施工。设计人员在施工前还要对施工技术人员进行设计的技术交底，施工中要解决施工现场遇到的技术和施工上的各种问题。只有建筑给水排水工程建设竣工验收合格后，设计项目才算最终完成。百年大计、质量第一，严格地说，工程设计项目的任务是永远完不成的。随着我国“设计年限内设计人员对工程质量负终身责任”政策的全面实施，工程设计人员对他们所设计的项目要负责到“老”了。

1.4 设计文件

建筑给水排水工程设计的设计文件包括方案设计文件和施工图设计文件。对于方案设计文件,应满足编制初步设计文件的需要。对于施工图设计文件,应满足设备材料采购、非标准设备制作和施工的需要。对于将项目分别发包给几个设计单位或实施设计分包的情况，设计文件相互关联处的深度应满足各承包或分包单位设计的需要。

1.4.1 初步设计或方案设计阶段

根据《基本建设设计工作管理暂行办法》的规定，设计阶段可根据建设项目的复杂程度而定。一般建设项目的工程设计可以按初步设计和施工图设计两阶段进行。而技术复杂的建设工程项目，需要按照初步设计、方案设计和施工图设计三个阶段来进行。初步设计应包括有关文字说明和图纸：设计依据、主要设备选型、新技术应用情况等。初步设计应达到设计方案的比选和确定、主要设备材料订货、投资的控制、施工招标文件的编制等要求。

1.4.2 施工图设计阶段

本章重点论述施工图设计文件。施工图设计文件包括：

1）合同要求所涉及的所有专业的设计图纸（含图纸目录、说明和必要的设备、材料表）以及图纸总封面;对于建筑给水排水工程设计,设计说明中还应有建筑节能设计的专项内容。

2）合同要求的工程计算书。

3）建筑给水排水工程设计计算书。计算书不属于必须交付的设计文件，但应按规定要求编制并归档保存。

在施工图设计阶段，建筑给水排水工程设计文件应包括图纸目录、设计说明和施工说明、设备表、设计图纸、计算书。

图纸目录应先列新绘图纸，后列选用的标准图或重复利用图。

施工说明应包括设计中使用的管道、附件、保温等材料选型及做法；应有设备表和图例没有列出或没有标明性能参数的仪表、管道附件等的选型等；应说明系统工作压力和试压要求；应说明图中尺寸、标高的标注方法；以及施工安装要求及注意事项，采用的标准图集、施工及验收依据等。

其他关于施工图制图的要求在后面的章节专门论述。

建筑给水排水工程设计文件还应包括总封面标识，其内容如下：

1）项目名称；

2）设计单位名称；

3）项目的设计编号；

4）编制单位法定代表人、技术总负责人和项目总负责人的姓名及其签字或授权盖章；

5）设计日期（即设计文件交付日期）。

1.5　建筑给水排水工程设计方案举例

为说明建筑给水排水工程设计内容和设计文件，现以南方某开发区高新技术工业园一个耐火等级为二级的厂房小区（设计时间为 2007 年，现已施工完成）为例进行给水和消防方案的选取说明。

1.5.1　工程概况及设计依据

1）某工厂分两期建设，首期厂房 A、B 两栋先建设投入使用。首层为光学精密加工车间，建筑工程根据客户出租情况而变化，现在不能确定。进行设计时要求为电子类或其他高新技术方面，允许的可燃物为可燃固体。研发大楼 C 栋为二期建设项目，地上建筑面积 7200m^2，用途为进行新产品开发、办公、管理用。地下室为汽车库，停车位数为 60 个。总建筑面积约 41800m^2；建筑层数和高度为厂房 4 层，建筑高度 20m，无地下室。研发大楼高 5 层，建筑高度 20m，有地下室。

周边市政道路给水管网情况为：保证水压 0.22MPa，可引入两条 *DN*150 入户管，市政无中水管网。项目占地红线尺寸 190 m × 110m，小区道路竖向标高比市政道路高 2.5m 且平坦。

2）设计依据如下：国家标准，包括 2003 版《水规》、《低规》、《喷规》、《汽车库、修车库、停车场设计防火规范》GB 50067—1997（下简称《汽规》）。

1.5.2　水量计算

1）消防用水：最不利室外消火栓用水量 40L/s，最不利室内消火栓用水量 15L/s，最长火灾延续时间 3h，自动喷水灭火系统用水量 30L/s，火灾延续时间 1h，计算得出最大一次灭火用水量 648m^3。各处消防水量计算见表 1-6。

2）生活、生产用水量情况：厂房生活上主要为卫生间用水，无淋浴无餐厅，最大时设计用水量为 22m^3/h。生产上首层有少量冷却用水，最大时设计用水量约 7.2m^3/h，上部为非用水性加工的高新技术产业，研发楼室内生活设计用水量为 28.8m^3/d，最大时设计流量为 5.4m^3/h，未预见水量 3.4m^3/h，各处工作时间均为 8h，小区生活、生产最不利情况时最大时流量共计为 38m^3/h（道路洒水及绿化浇灌未含在内）。

消防用水量标准及一次灭火用水量计算表　　表 1-6

单体名	消防系统名称	消防用水量标准	火灾延续时间（h）	一次灭火用水量（m³）
厂房 A、B	室内消火栓	10L/s	3	108
	自动喷水	30L/s	1	108
	室外消火栓	40L/s	3	432
	合计	–	–	648
研发楼 C	室内消火栓	15L/s	2	108
	自动喷水	15L/s	1	54
	室外消火栓	25 L/s	2	180
	合计	–	–	342
地下车库	室内消火栓	10L/s	2	72
	自动喷水	30L/s	1	108
	室外消火栓	15L/s	2	108
	合计	–	–	288

1.5.3　小区建筑给水设计方案的确定

1）供水方式方面的确定：因小区规模不大且都为低层建筑，采用统一集中供水无论从占地、设备投资、管理及施工方面都比单体建筑分别考虑有明显优势，因此生活、生产及消防系统均采用小区整体统一加压分别向单体建筑供水，并尽量利用市政管网的压力，以节约能耗。

2）泵房的选址：因为厂房先建并先投入使用，它并无地下室（因为首层有重的设备基础及天车吊装，从防止共振问题及造价方面要求不允许在厂房下面做地下室），配电间已经占了厂房首层不少地方，泵房及水池再放到首层，会给设备的布局及天车的运行造成更不利的影响。何况研发楼又是二期才建，不能利用其地下室。故只能在其他地方另建消防水池及消防泵房。最后与建筑及使用方协商在建筑退缩线绿化带下设置地下消防及生活泵房，并利用地形高差减少泵房埋深。泵房顶做绿化以减少对景观的影响，并在绿化带内做消防水池兼景观用，达到一物两用的效果。

3）小区管网设置方案：根据市政供水条件，室外消火栓和所有 2 层及以下生活及生产给水系统共用室外环状供水管网，并由城市市政给水管网直接供给。A、B 栋厂房的 3、4 层及研发楼的 3 ~ 5 层的生活给水系统由小区生活加压设备统一供给。室内消火栓系统及自动喷水灭火系统由小区消防泵房中的消火栓加压设备及自动喷水加压设备分别统一供给，并在小区道路上分别成环状管网布置，每栋建筑分别有两个消防及喷淋进水口，且两个进水口不在同一个检修段上。室外消火栓系统为低压制，室内消火栓系统及喷淋系统为临时高压制，屋面高处要设置高位消防水箱，消防泵房要设置气压增压装置。

初步设计（或直接进入施工图时）要注意的问题：小区入户管管径不能太大，生活和消防共用水表的情况下，在正常使用时的流量和消防使用时水表通过的流量相差很大。要保证小流量时水表计量的准确性和有低的水头损失，要选用倒流防止器用或选用低阻力型的水表。总表后给水管管径适当放大以保证室外消火栓使用水压。在消防额定水量时且生活和生产达到最大小时用水量时不低于 0.1MPa（从地面算起）。消防水池与景观水池和建，要确保不被放空及防止水生生物影响吸水的措施。

1.5.4　单体建筑设计中给水排水方案的确定

（1）设计依据与小区的设计基本相同，但室外条件看其所在的位置而定。单体建筑在小区内的，由小区规划或现状确定；单体建筑直接和市政路相连且无小区的，室外设计条件直接由市政条件决定。

（2）单体给水方案的选定要注意以下几方面：

1）市政或小区保证水压要是高峰用水时的最不利值，用户支管或入户水表处动水压不宜小于 0.1MPa（或 10m 水柱）。到最高楼层入户支管（或各层的分支管）所需水压可按下列经验公式估算。

适合水平管线较长管线的估算：

$$H = 0.01 \times (i \times \Delta L + \Delta h) + 0.1 \tag{1-7}$$

式中　H —— 估算供给动水压（MPa）；

i —— 综合坡降系数，取 0.05 ~ 0.10，管径小转弯多用上限，反之用下限；

Δh —— 用水点支管到供水点的高程差（m）；

ΔL —— 用水点支管到供水点的管线估算长度（m）。

立管处的估算（每层层高在 3.5m 左右的建筑）：

$$H = (n - 1) \times 4 + 10H \tag{1-8}$$

式中　H —— 估算供给动水压（m）；

n —— 层数。

2）建筑给水支管所有卫生器具配件处静水压不得大于 0.60MPa；高层建筑分区内器具配件处的静水压不宜超过 0.45MPa；分区内器具配件处的静水压超过 0.35MPa 的层宜设减压或调压设施。居住建筑入户管给水动水压力不应超过 0.35 MPa，因此不设支管减压的高层建筑，每一个分区的层数在 7 层左右（平均每层层高按 3.5m 左右的情况计算，如果住宅层高为 3m，每一区可为 8 层左右）。设支管减压的高层建筑，可适当增加每个分区的层数。最大的分区层数也不能使最低一层的器具配件处静水压大于 0.60MPa。

如果最高层的静水压按 0.15MPa 计算，层高按 3.5m 计算，则一个分区的最大层数为 14 层（住宅可为 16 层）左右，需要支管减压的层数在 7 层（住宅为 8 层）左右。支管减压的层数越多就会使能源浪费越大，这是供水方案设计时要考虑的问题，通常高度 120m 左右及以下的建筑采用并联竖向分区的做法较多，高度超过 120m 左右及以上的建筑，可采用串联或串并结合的竖向分区办法，还要使主干管管道及阀门最高的工作压力不应超过 2.4MPa。

第 2 章　建筑给水排水工程设计深度

一项建筑给水排水工程的设计，由于工程复杂，涉及的规范、条例众多，加之工程图纸繁杂，不可避免地存在某些错误。即使是建筑给水排水工程设计没有错误，但是，由于建筑给水排水工程设计牵涉到建筑设计乃至其他专业的变更，或涉及建筑公用管井、公共空间等问题，这需要和其他专业工程设计进行协调，这就增加了设计的难度。为进一步贯彻《建设工程质量管理条例》和《建设工程勘察设计管理条例》，确保建筑工程设计质量，住房和城乡建设部组织中南建筑设计院（主编）等单位编制了《建筑工程设计文件编制深度规定》（2008 年版），自 2009 年 1 月 1 日起施行。原《建筑工程设计文件编制深度规定》（2003 年版）同时废止。2008 版的《建筑工程设计文件编制深度规定》规定：不论哪个专业承担建筑工程的设计，其设计文件深度均应符合其规定要求，当然也包括了建筑给水排水工程设计的深度。本章主要介绍建筑给水排水工程设计的深度要求。

2.1　建筑给水排水工程设计深度要求变化的背景和趋势

2.1.1　变化背景

2.1.1.1　技术进步的变化

技术进步表现之一是设计工具和设计软件的大规模使用。在建筑给水排水工程设计中，从最初的手工绘图、出图到大量使用计算机绘图、出图、计算、打印等，无疑极大地提高了设计的效率和速度。近年来，一些设计软件、计算软件的普遍使用使建筑给水排水工程设计中的修改、增加、删减更加容易和便捷。建筑给水排水工程设计深度要求的变化适应了目前建筑设计修改频繁、进度紧的要求。

2.1.1.2　建筑本身的变化

现代建筑，特别是大型公共建筑，功能越来越多，越来越先进，智能化设施的应用越来越广泛，使得建筑越来越复杂，建筑给水排水的设计越来越复杂，从系统方案到设备选用乃至可靠性、安全性、智能性等都有所体现。如建筑给水排水工程设计不再是单一考虑某一点的问题，而应具有较强的综合设计能力，它需要留出更多的时间考虑协调建筑与给水排水的关系，处理好建筑各专业中系统协调和平衡的问题。再如，在当前背景下，一些以前很少应用的自动喷水灭火系统在非常普通的建筑场所中大量使用，一些高层、超高层建筑和大空间建筑大量建设，使得消防给水设计的设计更加复杂。新修订设计规范，体现了这些设计深度的变化。

2.1.1.3 专业分工更细

在设计深度上，建筑业有向承包制发展的趋势，这就要求加强施工的技术力量。一些由境外设计的工程，仅达到扩初技术设计深度，施工安装由承包方完成。此外，专业承包公司的出现，如消防污水处理、水景、游泳池等方面，均直接介入了设计阶段。事实上，这样的工程设计实例很多，它使得给水排水设计人员不必完成到施工设计阶段。

2.1.1.4 节能减排和人性化在建筑给水排水中有所体现

目前，建筑给水排水工程设计已走出了建筑室内给水排水设计的局限范围。特别是高层建筑的大量建设，极大地促进了建筑给水排水技术的迅速发展，并涉及节水、节能、建筑污水处理、建筑消防等多方面的新技术。它对设计人员的要求更高。这样，也要求建筑给水、排水工程设计深度的增加，不再只是囿于卫生设备设计。建筑给水排水设计将涉及大量的新材料、新设备、新工艺等。这些都加大了设计的深度要求。

近年来随着国家节能减排政策的实施，建筑给水排水工程设计的设计思想也发生了一些重要变化。如从绘图转移到了系统的优化和节能上。随着建筑的规模、层高趋向增大，功能复杂，需要根据工程特点、适用性来采取不同的方式。另一方面，设计中要加强经济技术比较，克服不重视经济因素和非人性化的情况。建筑给水排水设计的观念应以人为中心，重点考虑建筑给水排水工程中的节水、节能、环保及灭火技术要求。设计思想要在深度、广度和高度上有所突破。

2.1.1.5 设计效率要求的变化

与前面所论述的设计深度有所增加的背景相反，由于设计院逐步走向市场化，建筑给水排水的设计深度在某些方面也有所减小。如绘图的简化，一些图例用符号来表示，一些透视图和轴测图已取消。在建筑给水排水工程设计中，画法简化处理可以节省工作量，提高工作效率。例如：管道较长无接出点的，可用断开省略绘法；对多个完全相同而连续排列的要素，如龙头、地漏或淋浴器等，可在两端或适当的位置画出其完整的形状，其余部分以中心线交点或折线表示。

因此，基于这些变化，住房和城乡建设部以建质函［2009］81 号文印发了 2009 年国家建筑标准设计编制工作计划，将新编及修订建筑专业、结构专业、给水排水专业、暖通动力专业、建筑电气专业共 35 项标准。

2.1.2 今后的变化趋势

2.1.2.1 与国际接轨的趋势

随着中国加入世界贸易组织（WTO）的全面接轨，建筑给水排水工程设计人员与国外的合作和交往逐渐增多。一般说来，国外建筑设备（机电工程）的设计，在图纸表达的深度上都较国内浅，但更注重系统的比较，做到在技术上、经济上更合理。例如，国外更注重方案比较和计算书，而对绘图等可以共用的图例、画法尽量标准化。因此，未来的建筑给水排水工程设计，将加速与国际接轨。而改革设计方式，与国际上的设计方式接轨也有利于我国进入国际设计市场。因此，设计院要根据现代企业制度，注重发挥不同特长技术人员的最大优势，向高层次迈进。

2.1.2.2　设计深度同时变深与变浅的趋势

可以预见，建筑给水排水工程设计的深度将有同时向变深和变浅的趋势进行，设计思想更完善，设计理念更先进。建筑给水排水设计深度加深的内容将是随着建筑功能的增多，以及各种高、大、宽建筑和特殊建筑的大量使用，以及人性化思想的逐步推行，大量的节能、节水、节电、消防措施的施行，将使建筑给水排水工程设计的深度增加。而社会节奏的加快，设计院竞争的加剧，为适应设计“快餐化”的需要，一些绘图、出图等方面的规定、规范将降低深度和要求，以提高设计效率。

2.2　建筑给水排水工程设计深度的原则和要求

建筑工程设计审查，主要是审查建筑工程设计文件，包括全套的图纸和相关的计算书、说明书和报建审批文件。建筑工程设计文件的编制，必须符合国家有关法律法规和现行工程建设标准规范的规定，其中工程建设强制性标准必须严格执行。

2.2.1　建筑设计深度要求总的原则

民用建筑工程一般应分为方案设计、初步设计和施工图设计三个阶段。方案设计文件，应满足编制初步设计文件的需要；初步设计文件，应满足编制施工图设计文件的需要；施工图设计文件，则应满足设备材料采购、非标准设备制作和施工的需要。对于技术要求相对简单的民用建筑工程，经有关主管部门同意，且合同中没有做初步设计的约定，可在方案设计审批后直接进入施工图设计。即使当设计合同对设计文件编制深度另有要求时，设计文件编制深度也应同时满足《建筑工程设计文件编制深度规定》(2008 年版）和设计合同的要求。

为了确保设计文件中各专业内容的完整性，避免设计文件中有关内容的重复，《建筑工程设计文件编制深度规定》(2008 年版）规定：不要求施工图设计文件单列建筑节能设计内容的综合专篇，但有关专业（包括建筑给水排水）的设计文件（如设计说明）应有上述内容的专门章节。

工程预算书不是施工图设计文件必须包括的内容；但当合同明确要求编制工程预算书，且合同规定的设计费中包括单独收取的工程预算书编制费时，设计方应按本规定的要求向建设单位提供工程预算书。工程概算书是初步设计应包括的内容，不能因为一阶段设计（即方案设计后直接进入施工图设计）而删减此内容。但如果一阶段设计合同要求编制预算书，再编制概算书就没有意义了。所以《建筑工程设计文件编制深度规定》（2008 年版）要求：对于一阶段设计，如果设计单位不提供预算书，就应提供概算书。在 2003 版的设计深度要求修订工作中，主编单位曾收到关于删除此注的反馈意见。对此，修订组专门与住房城乡建设部主管本规定的部门沟通，最终决定保留此注。

各专业计算书是内部作业文件，当主管部门组织设计文件审查要求提供计算书时，应按要求提供相关的计算书。

2.2.2 建筑给水排水工程设计深度材料说明要求

建筑给水排水工程设计中，主要器材是指编制概算或采购时对性能或技术参数有特殊要求的器材，如消火栓、消防水泵接合器、喷洒头、特殊阀门（报警阀、信号阀、温控阀、减压阀、止回阀、安全阀、泄压阀等）、紫外线消毒器、雨水斗、水表及卫生洁具等。对一般通用器材，如管材、普通阀门（含止回阀）、管件、压力表、温度表等，可在设计总说明、图例中表明名称（符号）、材质、性能参数等要求，而不列入主要设备器材表中。为统一用词，各种水管、蒸汽管、其他工艺气体管统称为“管道”，对应称谓为“立管”，“支管”。

2.3 建筑给水排水工程方案设计

2.3.1 方案设计的一般规定

建筑给水排水工程的方案设计文件中，其设计说明书应包括建筑给水排水工程的设计说明以及投资估算等内容；如果有涉及建筑节能设计的内容，其设计说明也应有建筑节能设计专门内容。

2.3.2 方案设计的深度要求

建筑给水排水工程设计，在方案设计的深度要求是：

2.3.2.1 设计说明

1. 建筑给水工程设计

对于建筑给水工程设计，设计说明要达到的深度和要包含的内容是：

1）水源情况简述（包括自备水源及市政给水管网）。

2）用水量及耗热量估算：总用水量（最高日用水量、最大时用水量）。热水供应设计小时耗热量和设计小时热水量，消防用水量（用水量标准、一次灭火用水量）。

3）给水系统：简述系统供水方式。

4）消防系统：简述消防系统种类、供水方式。

5）热水系统：简述热源、供应范围及系统供应方式。

6）中水系统：简述设计依据、处理水量及处理方法。

7）循环冷却水：重复用水及采取的其他节水、节能减排措施。

8）饮用净水系统：简述设计依据、处理方法等。

2. 建筑排水工程设计

建筑排水工程设计的内容相对要少一些，包括以下几个方面：

1）排水体制（室内污、废水的排水合流或分流，室外生活排水和雨水的合流或分流），污、废水及雨水的排放出路。

2）估算污、废水排水量，雨水量及重现期参数等。

3）排水系统说明及综合利用。

4）污、废水的处理方法。

2.3.2.2　设计图纸

在初步设计阶段，设计图纸主要是建筑设计和结构设计有规定和要求。对建筑给水排水工程设计来说，没有特别的设计图纸要求，主要要注意消防方面的设计图纸。

2.4　建筑给水排水工程初步设计深度要求

在初步设计阶段，建筑工程给水排水专业设计文件应包括设计说明书、设计图纸、主要设备器材表、计算书。

2.4.1　设计总说明

1. 设计依据

包括建筑给水排水工程设计所用到的设计规范、标准、文件和相关合同、任务书、图纸等。

1）摘录建筑设计总说明所列批准文件和依据性资料中与建筑给水工程专业设计有关内容。

2）建筑给水排水工程专业设计所执行的主要法规和所采用的主要标准（包括标准的名称、编号、年号和版本号）。

3）建筑给水排水工程设计依据的市政条件。

4）建筑和有关专业提供的条件图和有关资料。

2. 工程概况

如建筑给水排水工程设计的项目设置内容、建筑防火类别、建筑功能组成、建筑面积（或体积）、建筑层数、建筑高度以及能反映建筑规模的主要技术指标等。如旅馆的床位数，剧院、体育馆等的座位数，医院的门诊人数和住院部的床位数等。

3. 设计范围

根据设计任务书和有关设计资料，说明用地红线（或建筑红线）内建筑给水排水工程专业设计的内容和由建筑给水排水工程设计专业技术审定的分包专业公司的专项设计内容。当有其他单位共同设计时，还应说明与建筑给水排水工程设计专业有关联的设计内容。

4. 建筑室外给水设计

简单列出建筑（室外或小区）的给水设计情况。

1）水源：由市政或小区管网供水时，应说明供水干管方位、接管管径及根数、能提供的水压；当建自备水源时，应说明水源的水质、水温、水文地质及供水能力，取水方式及净化处理工艺；说明各构筑物的工艺设计参数、结构形式、基本尺寸、设备选型、数量、主要性能参数、运行要求等。

2）用水量：说明或用表格列出生活用水定额及用水量、生产用水水量、其他项目用水定额及用水量（含循环冷却水系统补水量、游泳池和中水系统补水量，洗衣房、锅炉房、水景用水，道路浇洒、汽车库和停车场地面冲洗、绿化浇洒和未预见用水量及管网漏失水量等）、消防用水量标准及一次灭火用水量、总用水量（最高日用水量、平均时用水量、最大时用水量）。

3）给水系统：要说明给水系统的划分及组合情况、分质分压分区供水的情况及设备控制方法；当水量、水压不足时采取的措施，并说明调节设施的容量、材质、位置及加压设备选型；如系扩建工程，还应简介现有给水系统。

4）消防系统：说明各种形式消防设施的设计依据、设计参数、供水方式、设备选型及控制方法等。

5）中水系统：说明中水系统设计依据、水质要求、设计参数、工艺流程及处理设施、设备选型，并宜绘制水量平衡图。

6）雨水利用系统：说明雨水用途、水质要求、设计重现期、日降雨量、日可回用雨水量、日用雨水量、系统选型、处理工艺及构筑物概况。

7）循环冷却水系统：要说明根据用水设备对水量和计量、水质、水温、水压的要求，以及当地的有关气象参数（如室外空气干、湿球温度和大气压力等）；选择采取循环冷却水系统的组成、冷却构筑物和循环水泵的参数、稳定水质措施及设备控制方法等。

8）当采用重复用水系统时，应概述系统流程、净化工艺并绘制水量平衡图。

9）管材、接口及敷设方式。

5. 建筑室外排水设计

1）现有排水条件简介：当排入城市管渠或其他外部明沟时，应说明管渠横断面尺寸大小、坡度、排入点的标高、位置或检查井编号。当排入水体（江、河、湖、海等）时，还应说明对排放的要求、水体水文情况（流量，水位）。

2）排水制度和形式：要说明设计采用的排水制度（污水、雨水的分流制或合流制）、排水出路；如需要提升，则说明提升位置、规模、提升设备选型及设计数据、构筑物形式、占地面积、紧急排放的措施等。

3）排水量或排水规模：要说明或用表格列出生产、生活排水系统的排水量。当污水需要处理时，应说明污水水质、处理规模、处理方式、工艺流程、设备选型、构筑物概况以及处理后达到的标准等。

4）雨水排水：要说明雨水排水采用的暴雨强度公式（或采用的暴雨强度）、重现期、雨水排水量等。

5）管材、接口及敷设方式：要说明所用的主要管材和敷设方式等。

6. 建筑室内给水排水设计

1）水源：由市政或小区管网供水时，应说明供水干管的方位、接管管径及根数、能提供的水压。

2）用水量：要说明或用表格列出各种用水量定额、用水单位数，使用时数、小时变化系数、最高日用水量、平均时用水量，最大时用水量。当然，如果此内容在前面的室外给水排水说明中已表示清楚时，则可不表示。

3）给水系统：说明给水系统的选择和给水方式，分质、分压、分区供水要求和采取的措施，计量方式，设备控制方法，水箱和水池的容量、设置位置、材质，设备选型、防水质污染、保温、防结露和防腐蚀等措施。

4）消防系统：遵照各类防火设计规范的有关规定要求，分别对各类消防系统（如消火栓、自动喷水、水幕、雨淋喷水、水喷雾、泡沫、消防炮、细水雾、气体灭火等）的设计原则和依据、计算标准、设计参数、系统组成、控制方式、消防水池和水箱的容量、设置位置以及主要设备选择等予以叙述。

5）热水系统：要说明采取的热水供应方式、系统选择、水温、水质、热源、加热方式及最大小时热水量、耗热量、机组供热量等；说明设备选型、保温、防腐的技术措施等；当利用余热或太阳能时，尚应说明采用的依据、供应能力、系统形式、运行条件及技术措施等。

6）对水质、水温、水压有特殊要求或设置饮用净水、开水系统者：应说明采用的特殊技术措施，并列出设计数据及工艺流程、设备选型等。

7）中水系统：说明中水系统设计依据、水质要求、工艺流程、设计参数及处理设施、设备选型，并宜绘制水量平衡图。

8）排水系统：说明排水系统选择、生活和生产污（废）水排水量、室外排放条件；

有毒有害污水的局部处理工艺流程及设计数据；屋面雨水的排水系统选择及室外排放条件，采用的降雨强度和重现期。

9）管材、接口及敷设方式：要说明室内给水排水所用的主要管材和敷设方式等。

7. 节水、节能减排措施

要说明高效节水、节能减排器具和设备及系统设计中采用的技术措施等。

8. 其他要求

对有隔振及防噪声要求的建筑物、构筑物，说明给水排水设施所采取的技术措施。对特殊地区（地震、湿陷性或胀缩性土、冻土地区、软弱地基）的给水排水设施，说明所采取的相应技术措施。对分期建设的项目，应说明前期、近期和远期结合的设计原则和依据性资料。需提请在设计审批时解决或确定的主要问题。施工图设计阶段需要提供的技术资料等。

2. 4. 2 设计图纸

对于简单的建筑给水排水工程设计，初步设计阶段一般不要求出设计图纸，但对一些复杂或技术要求比较高的工程项目，在初步设计阶段，其设计图纸一般应达到以下的设计深度。

1. 建筑室外给水排水总平面图

1）要画出全部建筑物和构筑物的平面位置、道路等，并标出主要定位尺寸或坐标、标高，指北针（或风玫瑰图）、比例等。

2）给出给水排水管道平面位置，标注出干管的管径、排水方向；绘出闸门井、消火栓井、水表井、检查井、化粪池等和其他给水排水构筑物位置。

3）给出室外给水排水管道与城市管道系统连接点的控制标高和位置。

4）消防系统、中水系统、冷却循环水系统、重复用水系统、雨水利用系统的管道平面位置，标注出干管的管径。

5）中水系统、雨水利用系统构筑物位置、系统管道与构筑物连接点处的控制标高。

2. 建筑给水排水局部总平面图

1）取水构筑物平面布置图。如自建水源的取水构筑物，应单独绘出地表水或地下水取水构筑物的平面布置图。各平面图中应标注构筑物平面尺寸、相对位置(坐标)、标高、方位等；必要时还应绘出工艺流程断面图，并标注各构筑物之间的标高关系；

2）水处理厂(站)总平而布置及工艺流程断面图。如工程设计项目有净化处理厂(站)时（包括给水、污水、中水等)，应单独绘出水处理构筑物总平面布置图及工艺流程断面图；平面图中应标注构筑物平面尺寸、相对位置（坐标)、方位等；工艺流程断面图应标注各构筑物水位标高关系，列出建筑物、构筑物一览表，表中内容包括建筑物、构筑物的结构形式、主要设计参数、主要设备及主要性能参数；各构筑物是否要绘制平、剖面图，可视工程的复杂程度而定。

3. 建筑室内给水排水平面图和系统原理图

1）应绘制给水排水底层（首层）、地下室底层、标准层、管道和设备复杂层的平面布置图，标出室内外引入管和排出管位置、管径等。

2）应绘制机房（水池、水泵房、热交换站、水箱间、水处理间、游泳池、水景、冷却塔、热泵热水、太阳能和屋面雨水利用等）平面设备和管道布置图（在上款中已表示清楚的，可不另出图）。

3）应绘制给水系统、排水系统、各类消防系统、循环水系统、热水系统、中水系统、热泵热水、太阳能和屋面雨水利用系统等系统原理图，标注管径、设备设置标高、水池（箱）底标高、建筑楼层编号和层面标高。

4）应绘制水处理流程图（或方框图）。

4. 主要设备器材表

要列出主要设备器材的名称、性能参数、计数单位、数量，备注使用运转说明（宜按子项分别列出）。

5. 计算书

应包括以下主要内容：

1）各类用水量和排水量计算。

2）中水水量平衡计算。

3）有关的水力计算及热力计算。

4）设备选型和构筑物尺寸计算。

2.5　施工图设计阶段的设计深度要求

施工图设计阶段是每个建筑给水排水工程设计所必须经历的阶段。在施工图设计阶段，建筑工程给水排水专业设计文件应包括图纸目录、施工图设计说明、设计图纸、主要设备器材表、计算书。建筑给水排水工程设计的图纸目录先列新绘制图纸，后列选用的标准图或重复利用图。

2.5.1　设计施工总说明

建筑给水排水工程设计中，凡不能用图来表示或表达的施工要求，均应以设计说明的形式来表述，当然，有特殊需要说明的可分列在有关图纸上。

（1）设计总说明：要说明建筑给水排水工程设计的设计依据简述，如已批准的初步设计（或方案设计）文件（注脚文号）；建设单位提供的有关资料和设计任务书；建筑给水排水工程设计所采用的主要标准（包括标准的名称、编号、年号和版本号）；建筑给水排水工程设计可利用的市政条件或设计依据的市政条件；建筑和有关专业提供的条件图和有关资料。

（2）工程概况和设计范围：关于工程概况的介绍，在此阶段介绍的内容与在初步设计的内容是相同的。

（3）给水排水系统概况：如主要的技术指标（如最高日用水量、平均时用水量、最大时用水量，最高日排水量、设计小时热水用水量及耗热量、循环冷却水量，各消防系统的设计参数及消防总用水量等）、控制方法。

（4）说明主要设备、器材、阀门等的选型：要说明建筑给水排水工程设计所用到的主要设备、材料等。

（5）说明施工方式：如管道敷设、设备、管道基础，管道支吊架及支座（滑动、固定），管道支墩、管道伸缩器，管道、设备的防腐蚀、防冻和防结露、保温，系统工作压力，管道、设备的试压和冲洗等。

（6）节能、减排的要求：如要说明节水、节能、减排等技术要求。

2.5.2 图形和图例

2.5.2.1 建筑室外给水排水总平面图

1）建筑室外给水排水总平面图要绘制各建筑物的外形、名称、位置、标高、道路及其主要控制点坐标、标高、坡向、指北针（或风玫瑰图）、比例。

2）要绘制全部给水排水管网及构筑物的位置（或坐标、或定位尺寸）；构筑物的主要尺寸及详图索引号。对较复杂工程，应将给水、排水（雨水、污废水）总平面图分开绘制，以便于施工（简单工程可绘在一张图上）。

3）给水管注明管径、埋设深度或敷设的标高，宜标注管道长度，并绘制节点图，注明节点结构，闸门井、消火栓井、消防水泵接合器井等尺寸、编号及引用详图（一般工程给水管线可不绘节点图）。

4）排水管标注检查井编号和水流坡向，并标注管道接口处市政管网的位置、标高、管径、水流坡向。

2.5.2.2 室外排水管道高程或纵断面图

1）要绘制排水管道高程表，将排水管道的检查井编号、井距、管径、坡度、设计地面标高、管内底标高、管道埋深等写在表内。比较简单的工程，可将上述内容（管道埋深除外）直接标注在平面图上，不列表。

2）对地形复杂的排水管道以及管道交叉较多的给水排水管道，宜绘制管道纵断面图，图中应表示出检查井编号、井距、管径、坡度、设计地面标高、管道标高（给水管道标注管中心，排水管道标注管内底）、管道埋深、管材、接口形式、管道基础、管道平面示意，并标出交叉管的管径、位置、标高；纵断面图比例宜为竖向 1 : 100（或1 : 50，1 : 200），横向 1 : 500（或与总平面图的比例一致）。

2.5.2.3　水泵房平面和剖面图

本文所指的水泵房平面和剖面图一般指利用城市给水管网供水压力不足时设计的加压泵房，净水处理后的二次升压泵房或地下水取水泵房。平面图应绘出水泵基础外框及编号、管道位置，列出主要设备器材表，标出管径、阀件、起吊设备、计量设备等位置、尺寸。如需设真空泵或其他引水设备时，要绘出有关的管道系统和平面位置及排水设备。剖面图则应绘出水泵基础剖面尺寸、标高、水泵轴线、管道、阀门安装标高，防水套管位置及标高。简单的泵房，用系统轴测图能交代清楚时，可不绘剖面图。

2.5.2.4　水塔（箱）、水池配管及详图

要分别绘出水塔（箱）、水池的形状、工艺尺寸、进水、出水、泄水、溢水、透气、水位计、水位信号传输器等平面、剖面图或系统轴测图及详图，标注管径、标高、最高水位、最低水位、消防储备水位等及贮水容积。循环水构筑物的平面、剖面及系统图，当有循环水系统时，应绘出循环冷却水系统的构筑物（包括用水设备、冷却塔等）、循环水泵房及各种循环管道的平面、削面及系统图（或展开系统原理图）（当绘制系统轴测图时，可不绘制剖面图），并标注相关设计参数。

2.5.2.5　污水处理

如有集中的污水处理或局部污水处理时，绘出污水处理站（间）平面、工艺流程断面图，并绘出各构筑物平、剖面及详图，其深度可参照给水部分的相应图纸内容要求。

2.5.2.6　建筑室内给水排水图纸

1. 平面图

1）应绘出与给水排水、消防给水管道布置有关各层的平面，内容包括主要轴线编号、房间名称、用水点位置，注明各种管道系统编号（或图例）。

2）应绘出给水排水、消防给水管道平面布置、立管位置及编号，管道穿剪力墙处定位尺寸，标高、预留孔洞尺寸及其他必要的定位尺寸。

3）当采用展开系统原理图时，应标注管道管径、标高；在给水排水管道安装高度变化处，应在变化处用符号表示清楚，并分别标出标高（排水横管应标注管道坡度、起点或终点标高）；管道密集处应在该平面中画横断面图将管道布置定位表示清楚。

4）底层（首层）平面应注明引入管、排出管、水泵接合器管道等与建筑物的定位尺寸、穿建筑外墙管道的管径、标高、防水套管形式等，还应绘出指北针。

5）标出各楼层建筑平面标高（如卫生设备间平面标高有不同时，应另加注或用文字说明）和层数、灭火器放置地点（也可在总说明中交代清楚）。

6）若管道种类较多，可分别绘制给水排水平面图和消防给水平面图。对于给水排水设备及管道较多处，如泵房、水池、水箱间、热交换器站、饮水间、卫生间、水处理间、

游泳池、水景、冷却塔、热泵热水、太阳能和雨水利用设备间、报警阀组、管井、气体消防贮瓶间等，当上述平面不能交代清楚时，应绘出局部放大平面图。

7）对气体灭火系统、压力（虹吸）流排水系统、游泳池循环系统、水处理系统、厨房、洗衣房等专项设计，需要再次深化设计时，应在平面图上注明位置、预留孔洞、设备与管道接口位置及技术参数。

2. 系统图

1）系统轴测图：对于给水排水系统和消防给水系统，一般宜按比例分别绘出各种管道系统轴测图，图中标明管道走向、管径、仪表及阀门、伸缩节、固定支架、控制点标高和管道坡度（设计说明中已交待者，图中可不标注管道坡度）、各系统进出水管编号、各楼层卫生设备和工艺用水设备的连接点位置。如各层（或某几层）卫生设备及用水点接管（分支管段）情况完全相同时，在系统轴测图上可只绘一个有代表性楼层的接管图，其他各层注明同该层即可；复杂的连接点应局部放大绘制；在系统轴测图上，应注明建筑楼层标高、层数、室内外地面标高；引入管道应标注管道设计流量和水压值。

2）展开系统原理图：对于用展开系统原理图将设计内容表达清楚的，可绘制展开系统原理图。图中标明立管和横管的管径、立管编号、楼层标高、层数、室内外地面标高、仪表及阀门、伸缩节、固定支架、各系统进出水管编号、各楼层卫生设备和工艺用水设备的连接，排水管还应标注立管检查口、通风帽等距地（板）高度及排水横管上的竖向转弯和清扫口等；如各层（或某几层）卫生设备及用水点接管（分支管段）情况完全相同时，在展开系统原理图上可只绘一个有代表性楼层的接管图，其他各层注明同该层即可。引入管还应标注管道设计流量和水压值。

3）卫生间管道应绘制轴测图或展开系统原理图，当绘制展开系统原理图时，应按照要求绘制卫生间平面图。

4）当自动喷水灭火系统在平面图中已将管道管径、标高、喷头间距和位置标注清楚时，可简化绘制从水流指示器至末端试水装置（试水阀）等阀件之间的管道和喷头。

5）简单管段在平面上注明管径、坡度、走向、进出水管位置及标高，引入管设计流量和水压值，可不绘制系统图。

3. 局部放大图

当建筑物内有水池、水泵房、热交换站、水箱间、水处理间、卫生间、游泳池、水景、冷却塔、热泵热水、太阳能、屋面雨水利用等设施时，可绘出其平面图、剖面图（或轴测图，卫生间管道也可绘制展开图），或注明引用的详图，标准图号。

4. 详图

特殊管件无定型产品亦无标准图可利用时，应绘制详图。

5. 主要设备器材表

要以图纸的形式说明主要设备、器材，可在图纸首页或相关图上列表表示，并标明名称、性能参数，计数单位、数量、备注使用运转说明。

2.5.3　计算书

建筑给水排水工程设计的计算书，应根据初步设计审批意见或业主要求进行。在施工图阶段，一般要有设计计算的计算书。在实际中，一些设计人员习惯成自然，进行设计估算或不能提供计算书，这是不符合规定的。

在进行建筑给水排水工程设计时，当为合作设计时，还应依据业主方提供的、供审批的初步设计文件，按所分工内容进行施工图设计。

2.6　建筑给水排水初步设计深度图样举例

图 2-1 列出了初步设计深度常见设备的图样举例。

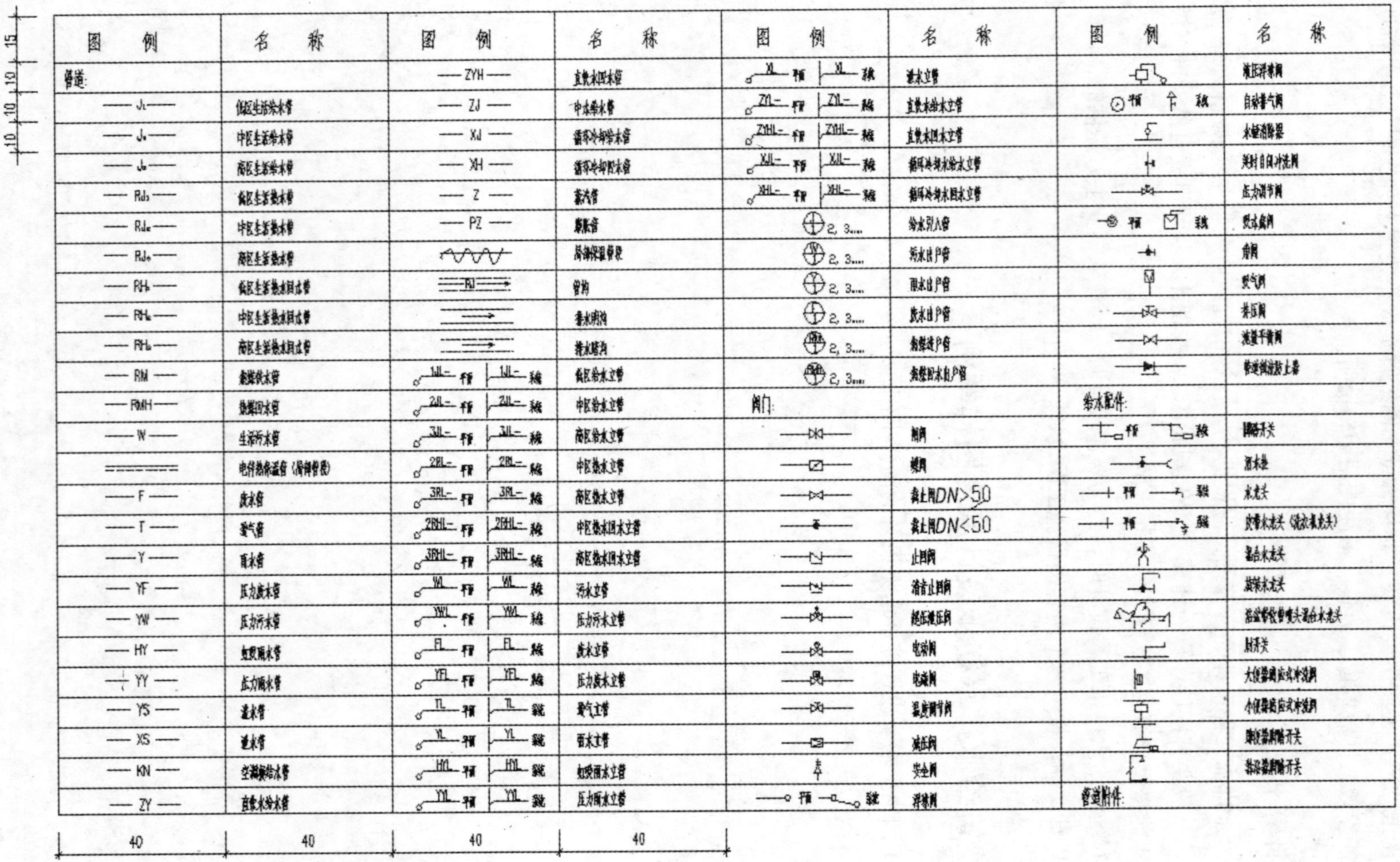

图例	名称	图例	名称	图例	名称	图例	名称
管道:		—— ZYH ——	直饮水回水管	XL 平面 | XL 系统	溢水立管		液压浮球阀
—— J_L ——	低区生活给水管	—— ZJ ——	中水给水管	ZYL- 平面 | ZYL- 系统	直饮水给水立管	平面 系统	自动排气阀
—— J_M ——	中区生活给水管	—— XJ ——	循环冷却给水管	ZYHL- 平面 | ZYHL- 系统	直饮水回水立管		水锤消除器
—— J_H ——	高区生活给水管	—— XH ——	循环冷却回水管	XJL- 平面 | XJL- 系统	循环冷却水给水立管		延时自闭冲洗阀
—— RJ_L ——	低区生活热水管	—— Z ——	蒸汽管	XHL- 平面 | XHL- 系统	循环冷却水回水立管		压力调节阀
—— RJ_M ——	中区生活热水管	—— PZ ——	膨胀管	2, 3……	给水引入管	平面 系统	吸水底阀
—— RJ_H ——	高区生活热水管		局部保温管段	2, 3……	污水出户管		角阀
—— RH_L ——	低区生活热水回水管	RJ	管沟	2, 3……	雨水出户管		吸气阀
—— RH_M ——	中区生活热水回水管		排水明沟	2, 3……	废水出户管		持压阀
—— RH_H ——	高区生活热水回水管		排水暗沟	2, 3……	热媒进户管		流量平衡阀
—— RM ——	热媒供水管	1JL- 平面 | 1JL- 系统	低区给水立管	2, 3……	热媒回水出户管		管道倒流防止器
—— RMH ——	热媒回水管	2JL- 平面 | 2JL- 系统	中区给水立管	阀门:		给水配件:	
—— W ——	生活污水管	3JL- 平面 | 3JL- 系统	高区给水立管		闸阀	平面 系统	脚踏开关
	电伴热保温管（局部管段）	2RL- 平面 | 2RL- 系统	中区热水立管		蝶阀		洒水栓
—— F ——	废水管	3RL- 平面 | 3RL- 系统	高区热水立管		截止阀DN>50	平面 系统	水龙头
—— T ——	通气管	2RHL- 平面 | 2RHL- 系统	中区热水回水立管		截止阀DN<50	平面 系统	皮带水龙头（洗衣机龙头）
—— Y ——	雨水管	3RHL- 平面 | 3RHL- 系统	高区热水回水立管		止回阀		混合水龙头
—— YF ——	压力废水管	WL 平面 | WL 系统	污水立管		消声止回阀		旋转水龙头
—— YW ——	压力污水管	YWL 平面 | YWL 系统	压力污水立管		持压泄压阀		浴盆带软管喷头混合水龙头
—— HY ——	虹吸雨水管	FL 平面 | FL 系统	废水立管		电动阀		肘开关
—— YY ——	压力雨水管	YFL 平面 | YFL 系统	压力废水立管		电磁阀		大便器感应式冲洗阀
—— YS ——	溢水管	TL 平面 | TL 系统	通气立管		温度调节阀		小便器感应式冲洗阀
—— XS ——	泄水管	YL 平面 | YL 系统	雨水立管		减压阀		蹲便器脚踏开关
—— KN ——	空调凝结水管	HYL 平面 | HYL 系统	虹吸雨水立管		安全阀		拖布池脚踏开关
—— ZY ——	直饮水给水管	YYL 平面 | YYL 系统	压力雨水立管	平面 系统	浮球阀	管道附件:	

图 2-1 建筑给水排水初步设计深度常见图例

第3章　建筑给水排水工程设计审查机构

建筑给水排水工程设计审查是保证建筑工程设计领域经济、社会和环境效益统一的重要措施，是根据国家相关法律法规依法进行、执行强制性设计标准的必要步骤，是提高建筑给水排水工程设计质量的根本保证措施。建筑给水排水工程设计文件的审查主要是指根据国家相关法律、法规和规范对施工图文件所进行的审查，所以一些工程设计人员习惯上将工程设计文件的审查称为审图。

3.1　建筑给水排水施工图设计文件审查的概念与意义

3.1.1　设计图纸审查的概念与依据

施工图审查是政府主管部门对建筑工程勘察设计质量监督管理的重要环节，是基本建设必不可少的程序，工程建设有关各方必须认真贯彻执行。施工图审查是指国务院建设行政主管部门和省、自治区、直辖市人民政府建设行政主管部门，依照《建筑工程施工图设计文件审查暂行办法》（建设［2000］41号文）认定的设计审查机构，根据国家的法律、法规、技术标准与规范，对施工图进行结构安全和强制性标准、规范执行情况等进行的独立审查。

建筑给水排水工程设计文件审查是指国务院建设行政主管部门和省、市、自治区、直辖市人民政府建设行政主管部门依法认定的设计审查机构，根据国家的法律、法规、技术标准与规范，对建筑给水排水工程设计文件进行独立的审查。

对建筑给水排水工程设计文件进行审查，既是政府主管部门对设计质量进行监督管理的重要环节，也是与建筑设计其他专业进行配合、沟通的必要程序。因为建筑给水排水工程设计的涉及面比较广，特别是建筑的一些公共的管井、管线等可能需要共用，水、电、气、空调、消防等设计需要协调，建筑、结构、设备各专业之间的设计也需要进行协调，如果碰到需要修改设计文件，则更需要审查。

建筑给水排水工程设计施工图文件审查的主要依据是国家的相应法律、法规、规范、标准以及地方政府所制定的文件、政策等。大的法律、法规如《中华人民共和国建筑法》、《中华人民共和国节约能源法》等。规范、标准如《建筑给水排水设计规范》GB 50015—2003（2009版的修订在后续章节将专门论述，是在2003版本的基础上做出的修改）、《建筑设计防火规范》GB 50016—2006、《高层民用建筑设计防火规范》GB

50045—2005、《建筑工程设计文件编制深度规定》（2008 版）、《房屋建筑 CAD 制图统一规则》GB/T 11182—2000 等。

3.1.2 设计图纸审查的意义

根据对 2003 年建筑设计施工图审查情况的统计，2003 年度全国共审查了 110 402 项总计 8.65 亿平方米的房屋建筑工程项目，共发现违反工程建设标准强制性条文 248 983 条次，13717 个安全隐患（《中国建设报》，2005.3.3）。为加强建筑工程勘察设计质量监督与管理，保护国家财产和人民生命安全，维护社会公众利益，国家相关部门专门出台了关于建筑工程设计施工图设计审查的文件。

建筑给水排水工程设计是做好建筑给水排水工程的前提和基础，好的设计才有好的施工和好的运行。为了保证建筑给水排水工程的设计质量，世界上很多发达国家和地区都建立了建筑给水排水工程设计的图纸审查制度，一些国家甚至将建筑给水排水工程的设计审查上升到了法律（与建筑工程施工图审查一起）。

当前，我国还没有建立起非常规范的建筑给水排水工程交易市场，建筑给水排水工程项目投资主体多元化。建筑给水排水工程的设计制度也不是非常完善，一些设计单位的管理也不到位，特别是一些设计单位片面追求本单位的经济效益，忽视全社会的利益，使建筑给水排水工程的设计质量无法得到保证。因此，在我国建立起建筑给水排水工程设计文件的审查制度是非常必要的。

整个建筑工程的建设质量与社会公共利益和广大人民群众的生命财产安全息息相关，建筑给水排水工程是建筑能耗的主要终端，在节能减排的大背景下，不仅需要对建筑给水排水常规的设计进行审查，更需要对涉及建筑节能的建筑给水排水工程设计进行专门审查。总之，监管好建筑给水排水工程设计的设计质量是政府不可推卸的职责。

3.2 建筑给水排水工程设计审查范围与要点

3.2.1 审查范围

前面已经论述过，建筑给水排水工程设计是根据《建设工程质量管理条例》和《建设工程勘察设计管理条例》，以及相关的设计规范、标准等，对建筑给水排水工程施工图设计文件进行审查。审查的范围包括：作为工程设计依据的政府有关部门的批准文件及附件；全套施工图（含计算书并注明计算软件的名称及版本）；其他审查需要提供的其他资料。

再进一步讲，建筑给水排水工程设计的范围涉及以下几个方面，如设计文件是否符合《工程建设标准强制性条文》和其他有关工程建设强制性标准；工程设计是否符合社会公众利益；施工图设计文件是否达到规定的设计深度要求；是否符合作为设计依据的政府有关部门的批准文件要求等。

3.2.2　审查要点

3.2.2.1　强制性条文使用

这部分审查要点是否符合《工程建设标准强制性条文》（房屋建筑部分，2002 年版）、《建筑工程设计文件编制深度的规定》（2008 版）、《建筑给水排水设计规范》GB 50015—2003、《建筑设计防火规范》GB 50016—2006、《高层民用建筑设计防火规范》GB 50045—2005、《房屋建筑 CAD 制图统一规则》GB/T 11182—2000 等。即设计中所采用的设计依据是否是采用的现行所用的设计标准、是否为现行有效版本。如果采用了现行的设计规范标准，是否遵守了其中的强制性条文等。

例如，给水、排水、热水等各系统设计是否合理，设计技术参数是否符合标准、规范要求。是否按消防规范的要求，设置了相应的消火栓、自动喷水、气体消防、水喷雾消防和灭火器等系统和设施，消防水量水压、蓄水池和高位水箱容积等技术参数是否合理。水泵、水处理设备、水加热设备、冷却塔、消防设施等选型是否安全，符合系统设计的需要。

3.2.2.2　给水系统设计

给水系统的施工图审查要点包括是否遵守了《建筑给水排水设计规范》GB 50015—2003 及其各种特殊建筑（如住宅、学校、医院等）的给水设计规范。

（1）在满足使用要求和保持给水排水系统正常运行的前提下，应采用节水型卫生器具给水配件。节水型卫生器具给水配件应满足产品标准的要求，并具有产品合格证。

（2）生活饮用水贮水池和生活饮用水水箱的溢流管必须采取防污染措施。

（3）在非饮用水管道上接出水龙头时，应有明显标志。

（4）给水管道不宜穿过伸缩缝、沉降缝，如必须穿过时，应采取相应的技术措施。

（5）给水管不得穿过配电间。

（6）给水管网装设消防水泵接合器的引入管和水箱消防出水管，应装设止回阀。

（7）消防给水系统的减压阀后（沿水流方向）应设泄水阀门定期排水。

（8）在有防振或有安静要求的房间的上下和毗邻的房间内，不得设置水泵；在其他房间设置水泵时，水泵机组，吸水管和出水管上，应设隔振装置。

（9）贮水池应设进水管、出水管、溢流管、泄水管和水位信号装置。溢流管排入排水系统应有防回流污染措施。溢流管管径应按排泄贮水池最大入流量确定，并宜比进水管大一级。贮水池应有盖，并应采取不受污染的防护措施。

（10）水箱应设进水管、出水管、溢流管、泄水管和水位信号装置。溢流管、泄水管不得与排水系统直接连接。溢流管管径应按排泄水箱最大入流量确定，并宜比进水管大一级。溢流管出口应设网罩。水箱进水管淹没出流时，应设真空破坏装置。

3.2.2.3 排水系统设计

（1）建筑物雨水管道应单独排出。

（2）医院建筑内门诊、病房、医疗部门等的卫生器具不得共用存水弯。

（3）排水管道不得穿过沉降缝、烟道和风道，并不得穿过伸缩缝，当受条件限制必须穿过时，应采取相应的技术措施。

（4）生活污水立管不得穿越卧室、病房等对卫生、安静要求较高的房间，并不宜靠近与卧室相邻的内墙。

（5）靠近排水立管底部的排水支管连接，应符合规范要求（表 3-1）。

最低横支管与立管连接处至立管管底的垂直距离　　表 3-1

立管连接卫生器具的层数（层）	垂直距离（m）
≤ 4	0.45
5 ～ 6	0.75
7 ～ 12	1.20
13 ～ 19	3.00
≥ 20	6.00

（6）在生活污水和工业废水排水管道上，应根据建筑物层高和清通方式按相关规定合理设置检查口或清扫口。

（7）按规范要求在污水管段应设环形通气管。

（8）按相关规范要求规定，生活污水集水池的设计应设置水位指示装置和直通室外的通气管。

（9）为截留洗车台、汽车修理间和其他少量生产污水中的油类，应设置隔油池。污水在池内的流速，宜采用 0.002 ～ 0.01m/s，停留时间可采用 0.5 ～ 1.0min。隔油池的排出管至井底深度，不宜小于 0.6m。

（10）为截留公共食堂和饮食业污水中的食用油脂，应设隔油井。污水在井内的流速不得大于 0.005m/s，停留时间可采用 2 ～ 10min。井内存油部分容积应根据顾客数量和清扫周期确定，且不宜小于该井有效容积的 25%。

（11）防空的地下室排水干管或污水集水池应设透气管，透气管宜接入排风竖井。

3.2.2.4 消防系统设计

主要审查是否符合《建筑设计防火规范》GB 50016—2006、《高层民用建筑设计防火规范》GB 50045—2005、《自动喷水灭火系统设计规范》GB 50084—2005 等规范要求。民用建筑和工业厂房的系统设计基本参数不应低于表 3-2 的规定。表 3-3 列出了仓库的系统设计基本参数。

（1）消防电梯的井底应设排水设施，排水井容量不应小于 2.0m^3，排水泵的排水量不应小于 10L/s。

民用建筑和工业厂房的消防系统设计基本参数　　表 3-2

火灾危险等级		喷水强度 [L/(min·m^2)]	作用面积 (m^2)	喷头工作压力 (MPa)
轻危险级		4	160	0.10
中危险级	Ⅰ级	6		
	Ⅱ级	8		
严重危险级	Ⅰ级	12	260	
	Ⅱ级	16		

注：系统最不利点处喷头的工作压力，不应低于 0.05MPa。

仓库的消防系统设计基本参数　　表 3-3

火灾危险等级	最大净空高度 (m)	货品最大堆积高度 (m)	喷水强度 [L/(min·m^2)]	作用面积 (m^2)	喷头工作压力 (MPa)
仓库危险级Ⅰ级	9.0	4.5	12	200	0.10
仓库危险级Ⅱ级			16	300	
仓库危险级Ⅲ级	6.5	3.5	20	260	

注：系统最不利点处喷头的工作压力，不应低于 0.05 MPa。

(2) 室内消防给水管道应采用阀门分成若干独立段。阀门的布置，应保证检修管道时关闭停用的竖管不超过一根。当竖管超过四根时，可关闭不相邻的两根。裙房内消防给水管道的阀门布置可按现行的国家标准《建筑设计防火规范》的有关规定执行。

(3) 水泵接合器应设在室外便于消防车使用的地点，距室外消火栓或消防水池的距离宜为 15 ～ 40m。

(4) 高层建筑和裙房的各层均应设室内消火栓且应符合规范要求。

(5) 高位消防水箱的位置和水量应符合相关规定。

(6) 一组消防水泵，吸水管不应少于两条，当其中一条损坏或检修时，其余吸水管应仍能通过全部水量。消防水泵房应设不少于两条的供水管与环状管网连接。消防水泵应采用自灌式吸水，其吸水管应设阀门。供水管上应装设试验和检查用压力表和 65mm 的放水阀门。

(7) 高层建筑内的燃油、燃气的锅炉房、可燃油油浸电力变压器室，充可燃油的高压电容器和多油开关室，自备发电机房，应设置水喷雾灭火系统。喷雾设计喷雾强度与持续喷雾时间应符合表 3-4 的规定。

(8) 高层建筑的灭火器配置应按现行国家标准《建筑灭火器配置设计规范》的有关规定执行。

(9) 消防水箱的设置要符合规定，如能保证最不利点消火栓和自动喷水灭火设备等的水量和水压。

(10) 设置临时高压给水系统的建筑物，应设消防水箱或气压水罐、水塔，并应符合相关规范要求。

喷雾设计喷雾强度与持续喷雾时间　　表 3-4

<table>
<tr><th>防护目的</th><th colspan="2">保护对象</th><th>设计喷雾强度
[L(min·m²)]</th><th>持续喷雾时间
(h)</th></tr>
<tr><td rowspan="6">灭火</td><td colspan="2">固体火灾</td><td>15</td><td>1</td></tr>
<tr><td rowspan="2">液体火灾</td><td>闪点 60 ～ 120℃的液体</td><td>20</td><td rowspan="2">0.5</td></tr>
<tr><td>闪点高于 120℃的液体</td><td>13</td></tr>
<tr><td rowspan="3">电气火灾</td><td>油浸式电力变压器、油开关</td><td>20</td><td rowspan="3">0.4</td></tr>
<tr><td>油浸式电力变压器的集油坑</td><td>6</td></tr>
<tr><td>电缆</td><td>13</td></tr>
<tr><td rowspan="4">防护冷却</td><td colspan="2">甲乙丙类液体生产、储存、装卸设施</td><td>6</td><td>4</td></tr>
<tr><td rowspan="2">甲乙丙类液体储罐</td><td>直径 20m 以下</td><td rowspan="2">6</td><td>4</td></tr>
<tr><td>直径 20m 及以上</td><td>6</td></tr>
<tr><td colspan="2">可燃气体生产、输送、装卸、储存设施和灌瓶间、瓶库</td><td>9</td><td>6</td></tr>
</table>

（11）民用建筑的每个喷头的喷淋面积和喷淋强度符合规范要求。

（12）自动喷水灭火系统的持续喷水时间，应按火灾延续时间不小于 1h 确定。

3.2.2.5 施工图的设计深度

（1）是否符合《建筑工程设计文件编制深度的规定》(2008 版)。

（2）是否叙述室外可以利用的市政给水管根数、管径、压力或生活、生产、室内外消防给水来源情况。

（3）设计总说明中应对高层建筑的分类、多层建筑中生产和储存物品的火灾危险性分类、耐火等级、室内外消防用水量、建筑物的面积和体积等基本情况予以说明。

（4）建筑物中餐饮厨房、游泳池、泡沫灭火设施、气体灭火设施等部分，如果甲方另外委托专业设计部门设计，应做到给水、排水或消防给水预留管接头。

（5）设备表应按《建筑工程质量管理条例》第二十二条的要求注明设备规格、型号、性能等技术参数和数量。不得指定生产厂或供应商。不得使用淘汰产品。

（6）室外给水排水管网图应表明接入市政给水、污水和雨水管道的位置、管径、给水管预埋深、排水管底（或检查井底）标高。

3.3 施工图审查机构

3.3.1 施工图审查机构的成立条件

施工图审查是一项专业性和技术性都非常强的工作，它是一般政府公务员难以完成的，所以必须由政府主管部门审定批准的审查机构来承担，它是具有独立法人资格的公益性中介组织。

按照原建设部所颁发的《建筑工程施工图设计文件审查暂行办法》（建设［2000］41 号文）的规定，设计审查机构的设立，应当坚持内行审查的原则。符合以下条件的机构方可申请承担设计审查工作：

（1）具有符合设计审查条件的工程技术人员组成的独立法人实体。

（2）有固定的工作场所，注册资金不少于 20 万元。

（3）有健全的技术管理和质量保证体系。

（4）地级以上城市（含地级市）的审查机构，具有符合条件的结构审查人员不少于 6 人；勘察、建筑和其他配套专业的审查人员不少于 7 人。县级城市的设计审查机构应具备的条件，由省级人民政府建设行政主管部门规定。

（5）审查人员应当熟练掌握国家和地方现行的强制性标准、规范。

3.3.2 施工图审查机构的审批

根据国家相关规定，如果符合《建筑工程施工图设计文件审查暂行办法》规定条件，直辖市、计划单列市、省会城市的设计审查机构，由省、自治区、直辖市建设行政主管部门初审后，报国务院建设行政主管部门审批，并颁发施工图设计审查许可证；其他城市的设计审查机构由省级建设行政主管部门审批，并颁发施工图设计审查许可证。取得施工图设计审查许可证的机构，方可承担审查工作。首批通过建筑工程甲级资质换证的设计单位，申请承担设计审查工作时，建设行政主管部门应优先予以考虑。已经过省、自治区、直辖市建设行政主管部门或计划单列市、省会城市建设行政主管部门批准设立的专职审查机构，按规定做适当调整、充实，并取得施工图设计审查许可证后，可继续承担审查工作。

按照《建筑工程质量管理条例》的规定：建筑给水排水工程设计文件的审查机构是由政府主管部门审定批准的、具有独立法人资格的公益性法人组织。《建筑工程质量管理条例》规定，建设单位应将施工图设计文件报县级以上人民政府建设行政主管部门其他有关部门审查；县级以上人民政府建设行政主管部门或交通水利等有关部门应对施工图设计文件中设计公共利益、公众安全、工程建设强制性标准的内容进行审查。对不符合建筑节能强制性标准的，施工图设计文件审查结论应为不合格。未经审查或者经审查不符合强制性建筑节能标准的施工图设计文件不得使用。

为加强对建筑给水排水工程施工图审查工作的监督，切实保证建筑给水排水工程设计质量水平，2006 年 6 月 12 日，原建设部工程质量安全监督与行业发展司公布了全国施工图设计文件审查机构名单的函（建质函［2006］66 号）。原建设部根据涉及建筑给水排水工程设计文件审查的《房屋建筑和市政基础设施工程施工图设计文件审查管理办法》（部第 134 号令），颁布了由各地建设主管部门完成的建筑给水排水施工图审查机构。各地建设主管部门按 134 号部长令的要求，认定了一批一、二类建筑给水排水工程（建筑工程）施工图设计文件审查机构名单。

关于建筑给水排水工程设计审查的主要管理性法律、法规（文件）有：

(1)《中华人民共和国建筑法》;

(2)《建设工程质量管理条例》;

(3)《建设工程勘察设计管理条例》;

(4)《建设工程勘察设计企业资质管理规定》(部第93号令);

(5)《工程勘察设计单位年检管理办法》;

(6)《建设工程勘察设计市场管理规定》(部第65号令);

(7)《工程勘察设计收费管理规定》;

(8)《建设工程勘察文件编制深度规定》(2002版);

(9)《房屋建筑和市政基础设施工程施工图设计文件审查管理办法》(部第134号令)。

3.4 施工图审查的程序

3.4.1 施工图文件审查的报送

《建筑工程施工图设计文件审查暂行办法》规定:建设单位应将施工图连同项目批准立项的文件或初步设计批准文件及主要的初步设计文件一起报送建设行政主管部门,由建设行政主管部门委托有关审查机构进行审查。《建筑工程施工图设计文件审查暂行办法》详细规定了建筑工程施工图(建筑给水排水工程施工图)设计文件的审查要求、审查机构、审查项目、审查的工作期限、修改审查、审查经费等内容。

建筑给水排水工程设计文件审查的报送文件有:

(1)建筑给水排水工程设计合同;

(2)初步设计批准文件,主要初步设计文件等;

(3)签署齐全的建筑给水排水工程施工图设计文件;

(4)计算说明书;

(5)设计方如将工程设计中的某部分设计(如环保、消防等)转包给另外的单位分包设计,分包项目的设计文件必须经由总包单位技术审查后并由总包单位技术负责人签署加盖公章方可送审。

3.4.2 施工图文件审查的要求

对建筑给水排水工程施工图设计文件的审查要求,主要是依据国务院《建设工程质量管理条例》和《建设工程勘察设计管理条例》以及住房和城乡建设部的有关规定。对于没有通过节能设计专项审查的设计文件,规划管理部门不予办理规划许可证。对建筑给水排水工程施工图设计文件的审查,是对施工图设计文件中涉及安全、卫生、环保及公众利益方面执行现行工程建设标准特别是强制性条文情况等内容进行审查。因此,审查机构要坚持客观、严肃、公正和科学的态度进行审查。

施工图审查的要求是：

(1) 审查结构再审查结束后，应向建设行政主管部门提交书面的项目施工图审查报告，报告应有审查人员的签字和审查机构的盖章。

(2) 审查合格的项目，建设行政主管部门收到审查报告后，应及时向建设单位通报审查结果，并颁发施工图审查批准书；审查不合格的项目，由审查机构提出书面报告，并将施工图退回建设单位，交由原设计单位修改后，重新报送。

(3) 审查机构在收到审查材料后，应在一定期限内完成审查工作，并提出工作报告。

(4) 施工图一经审查批准，不得擅自进行修改。如遇特殊情况需要进行涉及审查主要内容的修改时，必须重新报请原审批部门委托审查机构审查，并经过批准后方能实施。

(5) 施工图审查所需要的经费，由施工图审查机构向建设单位收取。

建筑工程施工图设计文件审查原为行政审查，属于行政许可范畴。审批制度改革后，确定改变管理方式，由行政审查转变为行业自律管理。原建设部 134 号令对该项制度作了明确规定，主要内容如下：

(1) 施工图审查机构是以不营利为目的的独立法人，其资质（分为两类）由建设行政主管部门审查发证。

(2) 施工图设计文件（包括修改文件）法定必须经由有资格的施工图审查机构审查，未经审查的，不得使用；审查不合格的，不予颁发施工许可证。

(3) 施工图审查机构对是否符合工程建设强制性标准、地基基础和主体结构的安全性、是否规范出图（文件）、其他法律、法规、规章规定必须审查的内容进行审查，根据不同审查结果分别履行处理义务。

①审查合格的，审查机构应当向建设单位出具审查合格书，并将经审查机构盖章的全套施工图交还建设单位。审查合格书应当有各专业的审查人员签字，经法定代表人签发，并加盖审查机构公章。审查机构应当在 5 个工作日内将审查情况报工程所在地县级以上地方人民政府建设主管部门备案。

②审查不合格的，审查机构应当将施工图退建设单位并书面说明不合格原因。同时，应当将审查中发现的建设单位、勘察设计企业和注册执业人员违反法律、法规和工程建设强制性标准的问题，报工程所在地县级以上地方人民政府建设主管部门。

3.5 施工图审查各方的责任

3.5.1 设计单位的责任

设计单位及设计人员必须对自己的设计文件的质量负责，这是《建设工程质量管理条例》、《建设工程勘察设计管理条例》等规章制度所明确规定了的，也是国际上通行的规则。因此，设计文件并不是因为通过了审查机构的审查就可以免责或由审查机构来承担质量责任。审查机构对图纸和设计文件的审查只是一种监督行为，它对工程设计质量承担间接的审查责任，其直接责任仍由完成设计的单位及个人负责。如果出现质量问题，设计单位及设计人员还必须依据实际情况和相关法律的规定，承担相应的经济责任、行政责任和刑事责任。

3.5.2 审查机构及审查人员的责任

1. 设计文件质量责任

设计文件的质量责任，设计单位和设计人员承担直接责任，设计审查单位和设计审查人员只负责间接的监督责任。例如，如因设计质量问题而造成损失时，业主只能向设计单位和设计人员追责，审查机构和审查人员在法律上并不承担赔偿责任。

2. 工作责任

审查机构和审查人员在设计质量问题上的免责并不意味着审查机构和审查人员就不要承担任何责任。权力和责任总是相对的，社会赋予了审查机构的审查权力，则必须认真、慎重地行使这个权力。也就是说，既不能滥用权力，刁难建设单位和设计单位，也不能放弃权力，对审查工作失职或放弃不管。因此，审查机构和审查人员也必须承担自己的直接责任，这些责任可以分为经济责任、行政责任和刑事责任，它将依据具体事实和相关情节依法认定。

3.5.3 政府主管部门的责任

依据相关法律规定，政府各级建设行政主管部门在施工图审查中享有行政审批权，主要负责行政监督管理和程序性审批工作。政府主管部门对设计文件的质量不承担直接责任，但对其审批工作的质量，负有不可推卸的责任。这个责任具体表现为行政责任和刑事责任，因此，《建设工程勘察设计管理条例》明确规定："国家机关工作人员在建设工程勘察设计活动的监督管理工作中玩忽职守、滥用职权、徇私舞弊，构成犯罪的，依法追究刑事责任；尚不构成犯罪的，依法给予行政处分。"

3.6 施工图审查案例分析

3.6.1 案例背景

××省××市，严格制定施工图审查检查方案，认真落实建筑节能专项检查，对市区及所属县的建筑工程设计进行了拉网式普查。某建筑工程热水系统和地暖工程设计项目，采用低温热水。施工图审查人员发现，该建筑工程设计计算书未给出室温控制的要求，没有指出设计的前提条件，未对管路排列密集处的管路采取保温措施。该工程设计违反自 2008 年 4 月 1 日起实行《中华人民共和国节约能源法》、国务院第 530 号令颁布的《民用建筑节能条例》和第 531 号令颁布的《公共机构节能条例》，遂被 ×× 市进行了严肃处理。×× 市对擅自变更建筑节能设计的 4 个设计单位，5 名设计个人给予了通报批评，并对取消节能设计的该项目下达了罚款 30 万元的行政处罚决定。

3.6.2　案例分析

该案例中，相关部门通过严格执法，有力地促进了当地建筑工程设计中建筑节能工作的规范发展。实际上，在建筑工程设计的给水排水工程设计中，也有大量的节能（节水）设计。节水系统如通过采用节水型器具和设备，以及回用水系统（如中水冲厕系统、雨水绿化灌溉系统等）实现水资源的合理和高效利用；节水型器具（如节水型水龙头、节水型大便器、节水型小便器、节水型淋浴器等）；节水型设备（如变频泵、节水型洗衣机、节水型洗碗机等）；中水利用系统（生活污水处理达到国家标准后，回用冲厕）；雨水利用系统（收集处理利用雨水进行绿化、灌溉、浇洒道路和补充水体等）；冷凝水利用系统（收集空调冷凝水，处理达标后用于补充景观水体等）；海水利用系统（利用海水进行冲厕等）。

在建筑工程设计中，一些比较成熟的、常见的问题容易引起重视，而对建筑节能的审查还不够重视，以为建筑给水排水工程设计与建筑节能强制性规范关联不大。目前，所称的强制性标准包含三部分的标准：一部分是批准发布时未明确为强制性标准，但从不带"/T"的编号可看出其为强制性标准；另一部分是批准发布时已明确为强制性标准的；还有一部分就是 2000 年后批准发布的，批准时虽然未明确其为强制性标准，但其中有必须严格执行的强制性条文（黑体字），编号也不带"/T"，此类标准也应视为强制性标准。强制性标准是每个工程技术及管理人员在正常技术活动中均应遵循的规则。强制性标准中的所有条文都是围绕某一范围的特定目标提出的技术要求或技术途径，这些技术要求或技术途径都是成熟可靠、切实可行的，工程技术人员应当根据标准条文中采用的严格程度不同的用词（如"必须"、"应"、"宜"、"可"等）去遵照执行。强制性标准更多体现了政府的技术指导性，在无充分理由且未经规定程序评定时，不得突破强制性标准的规定。当发生质量安全问题后，强制性标准将作为判定责任的依据。即"事后处理"。根据《公共建筑节能设计标准》规定，通过如下措施，确保新建建筑符合建筑节能标准：

（1）设计单位进行节能设计。

（2）施工图设计文件审查机构进行建筑节能施工图专项审查。

（3）建设行政主管部门对审查合格的施工图设计文件进行抽查，发现不符合建筑节能强制性标准和技术规范的，不予颁发施工许可证。

（4）实行专项验收，建筑工程竣工后，建设单位须向主管部门申请建筑节能专项验收。

（5）建筑节能专项验收合格的，由主管部门颁发建筑节能专项验收合格证明文件；验收不合格的，主管部门不予办理竣工验收备案手续。

第4章　设计施工总说明审查及常见错误分析

建筑给水排水工程设计施工图设计文件的深度应符合国家有关施工图设计文件深度的要求以及各类建筑的设计要求。建筑给水排水设计施工总说明既是对建筑给水排水工程设计的指导性说明，也是指导建筑给水排水工程安装和调试的指导性文件。

4.1　设计施工总说明的内容

4.1.1　一般规定

建筑给水排水工程设计中，设计施工总说明主要是说明建筑概况、建筑给水排水概况、建筑设计依据、建筑给水设计范围、建筑给水排水、消防各个系统扼要的叙述，以及管材及接口、阀门及阀件、管道敷设、管道试压、防腐涂漆、管道及设备保温等内容。

其中，建筑给水排水系统概况，如主要的技术指标（如最高日用水量，最大时用水量，最高日排水量，最大时热水用水量，耗热量，循环冷却水量，各消防系统的设计参数及消防总用水量等），控制方法。

原则上，建筑给水排水工程设计中，凡是不能用图示来表达的施工要求，均应以设计说明表述。此外，有特殊需要的说明也可分别列在有关图纸上。

4.1.2　公共建筑给水排水设计施工总说明的内容

要简要说明建筑工程的设计概况，最高建筑层数、高度或最大体积的建筑性质和防火类别，并说明水泵房、贮水池水箱或高位水塔设置位置和高度。

4.1.2.1　给水系统

（1）水源：由市政给水管网供水（一路或二路）的管径和水压；当用第二水源时，应说明其位置、水质、供水能力和取水构筑物的工艺流程等概况。

（2）用水量：要最高日用水量、最大时用水量，不同水质用水量，变频供水系统的设计秒流量。

（3）供水方式：要说明利用市政管网供水的层数。说明用水池—水泵—水箱供水或变频装置、气压给水设备的供水情况。说明各系统分质、分区供水情况和减压措施。

（4）增压设施：说明各供水系统选用的水泵技术性能、数量及运行工况。

（5）要说明生活贮水池和水箱容量。

4.1.2.2　热水系统

（1）热源选择：要说明选用锅炉、燃油或燃气热气炉、电加热器及地热供水等热源和加热方式，主要设备选型及耗热量。

（2）用水量：要说明最高日用水量、最大时用水量，各分区热水量和变频供热系统的设计秒流量。

（3）供水方式：要说明直接供热系统的情况。说明用水池—水泵—水箱供水或变频装置供水系统情况。要说明供热范围和各系统分区及回水方式、减压措施。

（4）增压设施：要说明各分区选用的热水泵、回水泵的技术性能、数量及运行工况。

（5）要说明热水贮水池和水箱容量。

4.1.2.3　饮用水供应

主要要说明饮用水供应和制备方式、设备选型、最高日饮水量。说明直接饮用净水系统、循环方式及设备选型等内容。

4.1.2.4　中水系统

如果有中水系统，则要说明中水的性质等，如：

（1）说明中水水源的确定和水质要求。

（2）说明最高日、最大时中水用水量。

（3）说明中水系统供水方式、工艺流程、设计参数及设备选型。

（4）说明中水贮水池和水箱容量。

4.1.2.5　空调冷却水循环系统

如果安装有水冷式中央空调，要说明冷却塔、冷却水处理装置的情况，如：

（1）说明空调机组制冷量、台数和分区情况。

（2）说明冷却循环水系统流程、冷却水量、进出水温要求等设计参数。

（3）说明冷却塔、冷却循环泵的选型及配置情况，冷却塔噪声要求。

（4）冷却水水质处理装置的选择。

4.1.2.6　游泳池

（1）要说明游泳池的容积、循环水量和反冲洗强度等设计参数。

（2）要说明游泳池的水净化处理流程、过滤、消毒和加热方式的选择。

（3）要说明毛发聚集器和循环泵的选型。

（4）要说明游泳池的补水和平衡水箱的设置以及清污的方式。

4.1.2.7　消防系统

（1）消防水源：要说明水源接自市政管的位置、管径、水压。建筑周围可利用的市政消火栓及其他消防备用水源情况。

（2）消防用水量：室内外消火栓用水量、自动喷水量、水喷雾水量、水幕和雨淋系统等用水量，各系统火灾延续时间，消防总用水量。

（3）消火栓系统：要说明消防给水系统和分区情况；说明系统增压装置（稳压泵、气压罐）和设备选型；说明消火栓系统水泵选型，防超压或减压措施；说明消火栓箱型号规格、箱内配置和系统的控制方式；说明水泵接合器的选型、数量和压力要求；说明消防电梯井底排水设施。

（4）自动喷水灭火系统：要说明保护场所的喷水危险等级、作用面积、喷水强度、最不利点的压力要求；说明喷水系统的增压装置（稳压泵、气压罐）和设备选型；说明喷水泵的选型、防超压或减压措施；说明报警阀的分区情况和选型，各场所喷头配置形式、等级和安装要求，吊顶内净高大于800mm且有可燃物，喷头设置情况说明；说明水泵接合器的选型、数量和压力要求；说明喷水系统控制方式等内容。

（5）水喷雾系统：说明保护场所的设计喷雾强度、持续喷雾时间、响应时间和水雾喷头的工作压力要求；说明水喷雾系统的加压设施，说明雨淋阀、信号阀和喷头等的选型和设计要求；说明系统的控制方式；说明水泵接合器的选型、数量和压力要求。

4.1.2.8 排水和地下人防系统

（1）要说明生活和生产污（废）水、雨水的排放量和室外排放条件。

（2）要说明厨房隔油池、化粪池和小型污水处理构筑物的选型。地下污、废水提升设施。

（3）要说明当地暴雨重现期、径流系数和汇水面积等设计参数。

（4）说明人防等级、防护单元的划分、供水水源、掩蔽人员数和用水量标准。

（5）说明战时饮用和生活用水箱的容量和供水方式。

（6）说明各种管道穿人防顶板、围护结构墙的防护密闭措施。

（7）说明人防口部防爆地漏和集水坑的设置。

（8）要说明人防内部阀门抗力要求，说明应有明显的启闭标志。

4.1.2.9 设备和管道安装

（1）卫生洁具：说明各种洁具、配件和感应冲洗装置的选型。

（2）阀门和仪表：说明闸阀、截止阀、蝶阀、止回阀、水表、压力表等的技术要求和选型。

（3）管材：要说明各种管材、管件和接口方式，说明管材的公称压力要求，列出标准管径与相应产品规格的对照。

（4）管道敷设方式：要说明管道的减振、防噪、抗震、防火、防结露、防污隔断、防伸缩和沉降等技术措施，支、吊架的安装要求。

（5）管道保温和防腐：说明保温材料、厚度、各种管道和埋地管的防腐处理。

（6）套管形式：要说明管道穿楼板、梁、屋面、地下室外墙以及穿水池、水箱防水套管的形式和技术措施。

4.1.2.10　标注和图集

（1）说明标注的情况，如管道标高标注法，相对和绝对标高关系。

（2）说明各种设备、配件、仪表、卫生洁具、消防设备及构筑物等套用的标准图或重复利用图。

（3）图例以给水排水制图标准图例为主，列出本工程使用的各种图例和相对应的名称。

4.1.2.11　节水节能、试压和验收

（1）要说明环保要求，选用的节水设备、洁具和节能措施。

（2）要说明各种给水、消防管道的水压试验，排水、雨水管的通水试验和竣工验收的要求。

4.1.2.12　其他

如果有其他问题，可以对设计和施工需要补充说明的问题进行阐述。

4.1.3　多层住宅建筑给水排水设计施工总说明的内容

对多层住宅建筑，要简要介绍建筑的概况，说明建筑给水排水工程设计的层数、面积。

4.1.3.1　给水系统

（1）水源：应说明供水干管的位置、接管管位，能提供的水量与水压。

（2）用水量：要说明最大日用水量。

（3）供水方式：要说明生活给水系统分区分质供水的情况，说明水表选型、水箱和水池的容量、水箱高度、各设备型号及技术参数、控制方式及防污染措施等。

4.1.3.2　热水及饮用水供应

（1）水源：应说明热水供应的热源。

（2）用水量：应说明集中供应热水及饮用水时的最大日用水量。

（3）供水方式：应说明采取的热水及饮用水供应方式。说明直接饮用水系统应说明采用的技术措施，并列出设计数据及工艺流程、设备选型等。

（4）当利用太阳能时，还应说明采用的依据、系统形式、供应能力及技术措施等。

4.1.3.3　排水系统

（1）要说明排水体制选择。

（2）要说明排水量。

（3）要说明排水管的设计坡度及相关要求。

4.1.3.4　消防系统

（1）要说明室内、室外消防用水量及总用水量。

（2）要说明水源的形式（市政供水或消防贮水）。应先说明室外各类消防设施的概况（包括室外消火栓、水泵接合器、消防环状管及管径等）。

（3）对消火栓系统的设计原则、系统组成（包括加压、减压措施）、控制方式以及各设备型号参数、消火栓箱内的配置、屋顶试验栓等予以叙述。

4.1.3.5 卫生设备及管材

（1）要说明卫生洁具的选用。

（2）要说明各系统的管道材料及敷设方式和接口情况。

（3）要说明阀门的选用（明确消防阀门配置的技术要求）。

（4）要说明保温材料、厚度及做法。管道防腐处理、防伸缩沉降处理。

（5）要说明管道支、吊架的安装，说明水箱、水池、楼板等所设的防水套管及选用型号。

（6）要说明建筑给水排水工程设计所需套用的各类图集。

4.1.3.6 管道试压

要说明各种给水、消防管道的水压试验，排水、雨水管的通水试验和竣工验收的要求。

4.1.3.7 其他

对建筑给水排水工程设计和施工需要补充说明或特别说明的，也应该进行说明。

4.2 设计施工总说明的编写要求及注意事项

4.2.1 编写要求

建筑给水排水设计施工总说明总的编写要求为文字应通俗易懂、简明清晰，内容应全面齐全，字体工整，字号大小合适。有关全工程项目的问题应在首页说明，局部问题应注写在本张图纸内。施工设计总说明是图纸的一部分，属于施工图。

（1）设计依据简述：初步设计遗留问题及处理意见的简要说明；建筑给水排水设计的设计依据，如某部分是依据行业的规范（规程）等；有使用功能限制要求的建筑，应明确其使用功能。

（2）设计范围与工程概况简述：所叙述的内容应突出建筑的规模、体积以及消防定性等。应确定冷、热水日用水量，水箱、水池容量，污水日排水量，雨水排水量，各个消防系统用水标准、消防总用水量、消防储水量。应简单说明建筑给水排水与消防各个系统设计概况。

（3）其他要求：应说明所选用管材的选型及接口的作法；应说明卫生器具选型与套用图集；应说明所选用的阀门与阀件的选型；应介绍管道的敷设要求、防腐、防锈等处理方法；应说明管道及其设备保温、防结露技术措施；应说明污水处理如隔油池（器）、化粪池、地埋式污水处理装置等的选型、处理能力、套用图集等。

4.2.2 注意事项

在建筑给水排水工程设计中，关于设计施工总说明应注意以下事项：

(1) 设计总说明是否包括了设计依据、设计范围、各系统主要设计数据、大型复杂工程各系统的设计简述、施工安装及验收要求，以及防腐、防伸缩、防沉降、防污染、保温等内容。

(2) 其他需要说明的问题：如在施工过程中，设计人员需要特别交代和说明的问题。

(3) 凡不能用图示表达的施工要求，均应以设计说明的方式表达出来。

(4) 设计施工总说明与图例一般应列在首页。

(5) 在设计、施工总说明中，应严禁使用落后技术、淘汰图集、淘汰产品。

4.3 建筑给水排水工程设计总说明审图要点

(1) 设计说明应包括设计依据、设计范围，给水排水、消防各个系统扼要的叙述，管材及接口、阀门及阀件、管道敷设、管道试压、防腐油漆、管道及设备保温等内容。

(2) 主要设备、材料表中的水泵、水处理设备、水加热设备、冷却塔、消防设施、卫生器具等的造型是否安全合理。

(3) 管道、设备的防隔振、消声、防水锤、防膨胀、防伸缩沉降、防污染、防露、防冻、放气泄水、固定、保温、检查、维护等是否采取有效合理的措施。

(4) 是否按消防规范的要求设置了相应的消火栓、自动喷水灭火、气体灭火、水喷雾灭火、灭火器等系统和设施，消防水量计算是否合理。

(5) 是否选用了淘汰产品。

4.4 设计施工总说明的常见错误分析

4.4.1 设计规范和依据常见错误

常见的错误是采用过时或淘汰的设计规范，如选用《高层民用建筑设计防火规范》GB 50045—1995、《自动喷淋灭火系统设计规范》GB 50084—2001，特别是一些专用的规范更是如此，主要原因是一些设计人员拷贝以前的设计说明，又忘记进行修改。

笔者见过的建筑给水排水工程设计总说明中，问题严重的竟然完全无设计依据、无设计范围、无设计参数，就是一个“三无”产品的总说明。

4.4.2 选用材料与设备常见错误

在建筑给水排水工程设计中，要说明各种管材、附件、配件、水泵等常用材料与设备的选择情况。常见的错误是没有进行说明，如缺乏对材料与设备的规格、品种、数量等进行说明。如某建筑给水排水工程设计，没有说明室内排水管的材料是选用优质排水铸铁管、PVC 排水管、PVC 复合芯层排水管还是其他管材。再如，消火栓水龙带的配置是用麻质水龙带、维棉水龙带还是衬胶水龙带；水枪是选用 ϕ19 水枪还是选用 ϕ16 的水枪（在计算中有选用，但设计说明中没有说明）。再如，热水系统干管没有说明是采用镀锌钢管、钢塑复合管、铝塑复合管、铜管还是其他管材等。

4.4.3 施工技术措施说明常见错误

施工技术设计措施说明常见的错误是说明不明确或缺少相关说明。一项建筑给水排水工程设计，应积极采用新工艺、新方法、新设备，如需要采用特殊施工措施时，应能保证施工质量和施工安全。因此，在设计施工总说明中，应说明设计意图、工程特点、设备设施及其控制工艺流程；应注意说明管道安装位置是否美观和使用方便。对固定、防振、保温、防腐、隔热部位及采用的方法、材料、施工技术要求及漆色规定是否明确。需要注意采用特殊施工方法、施工手段、施工机具的部位要求和作法是否明确。

如某建筑坐落在广州市，是集公共食堂、办公、会议、卡拉 OK、客房、车库等多功能于一体的大厦，总建筑面积为 23 818m^2。地下一层，地上 19 层，地下一层层高为 4.5m，首层层高为 6m，2 ～ 4 层层高为 4.5m，5 层层高为 4.2m，架空层层高为 2.8m，6 ～ 19 层层高为 3.5m，室内外高差为 0.6m。

该建筑给水排水工程设计的设计施工总说明中，在管道连接方式中，就没有说明 $DN \leqslant 80$mm 的镀锌钢管，是螺纹连接、焊接还是采用法兰连接。对热水系统的管道保温，没有说明是采用高密度玻璃纤维预制瓦外包铝箔、高密度玻璃纤维预制瓦外包玻璃布、膨胀珍珠岩预制瓦保温层、泡沫塑料预制瓦保温层、石棉灰钢丝网保温层还是其他的保温方式，导致施工人员将无所适从。再如，该设计施工说明中，没有说明消火栓的安装方式是全暗装、半暗装还是明装。

4.5 建筑给水排水工程设计施工总说明举例

本书给出一个比较完整的建筑给水排水工程设计施工总说明例子，供相关人员参考。值得注意的是，实际工程设计中，未必需要这么详细，设计人员根据工程实际，可以灵活选用。

4.5.1 工程概况

本建筑位于 ×× 市，是集商务、办公、娱乐、餐饮为一体的综合性大楼，总建筑面积 ×× m^2，建筑楼高 68m。其中地上 20 层，1 ～ 4 层为裙楼，是商务、餐饮部分，5 ～ 15 楼为办公部分，16 ～ 20 楼为宾馆住宿部分。地下 2 层，地下 1 层为停车场，地下 2 层为设备层。

4.5.2 设计依据和设计范围

本工程的设计依据为：

(1) 设计合同和业主所提供的有关市政给水、污水、雨水管网资料。

(2) 本工程方案会审、扩初会审及管线协调会审批意见。

(3) 现行国家有关设计规范及标准，省内地方法规及本院专业技术统一措施。包括：

1)《高层民用建筑设计防火规范》GB 50045—95 (2005 版)；

2)《自动喷淋灭火系统设计规范》GB 50084—2001 (2005 版)；

3)《建筑给水排水设计规范》GB 50015—2003；

4)《给水排水制图标准》GB/T 50106—2001；

5)《汽车库、修车库、停车场设计防火规范》GB 50067—97；

6)《房屋建筑制图统一标准》GB/T 5001—2001。

(4) 本院各专业提供的设计资料。

本工程的设计范围是：

1) 室外消防给水系统的管网、室外消火栓及各系统消防水泵接合器设计。

2) 室内消火栓系统、自动喷水灭火系统、水喷雾灭火系统设计。

4.5.3 设计参数

本工程的设计参数为：室外消火栓用水量：30L/s；室内消火栓用水量：40L/s；自动喷淋灭火系统用水量：20L/s；本建筑的火灾危险等级属于中Ⅰ级，因此自动喷淋灭火系统用水量取 20L/s (见表 4-1)。

设计参数表　　表 4-1

项 目	用水量 (L/s)	火灾延续时间 (h)	总用水量 (m^3)
室外消火栓系统	30	2	216
室内消火栓系统	40	3	432
自动喷水灭火系统	20	1	108
水喷雾灭火系统	20	1	72

4.5.4 管材选用

4.5.4.1 给水系统

本工程室内干管选用镀锌钢管；卫生间支管采用 UPVC 给水塑料管；室外干管采用镀锌钢管。

4.5.4.2 排水系统

本工程排水系统室内干管采用PVC复合芯排水管；卫生间排水支管采用普通PVC排水管；室外排水管采用优质铸铁管。

4.5.4.3 消防系统

本工程中，室内消火栓系统采用镀锌钢管；室外消火栓系统管道采用加厚钢管；自动喷淋系统采用镀锌钢管。

4.5.4.4 热水系统

本工程中，热水系统干管采用钢塑复合管；卫生间支管采用铝塑复合管。

4.5.5 设备选用

本工程水喷雾喷头采用ZSTG10/114型，喷头工作压力均大于0.35MPa。电梯机房设柜式气体灭火装置（七氟丙烷），型号：JR-70/54。

消防水泵DL型立式多级分段式离心泵2台，型号100DL108-20×4，一用一备。其参数为：流量Q=20～53L/s，扬程H=96～126m，η=73%～76%，转速n=2950r/min；电机型号JO_2-82-2，电机功率为40kW。水泵安装尺寸为$L \times B$ = 700mm×700mm。选择SD1000-6气压罐给水设备，其有效容积为0.300m^3，总容积为1.44m^3。

本工程的喷头动作温度为68℃。易碰撞部位采用带保护罩喷头。连接喷头与配水支管的短立管管径为DN25。

4.5.6 管道敷设及防腐处理

4层以下室内消火栓系统及自动喷水灭火系统主干管采用加厚内外壁热镀锌钢管（P=1.6 MPa）及配件。其余消防管采用内外壁热镀锌钢管及配件，管径小于100mm，采用螺纹连接。管径不小于100mm，采用沟槽式卡箍连接。支吊架安装后先除锈，红丹打底，再刷色漆二道，消防管刷红色漆二道。地下室穿出外墙埋地部分刷石油沥青涂料二道，加强防腐处理。

消防立管及水平管吊架安装详国标S161，喷淋管支、吊架安装位置不应妨碍喷水效果，与喷头之距离不宜小于300mm，与末端喷头之距离不宜大于750mm，设有检修阀位置的吊顶处应设检修孔。

一般阀门的选用：管径小于DN50，采用铜质截止阀。管径不小于DN50，采用优质闸阀及蝶阀，工作压力为1.6MPa。

水泵出口止回阀采用防水锤消声止回阀，其余止回阀采用静音式止回阀。工作压力为1.6MPa。所有消防阀门均设有明显启闭标志。压力表测量范围应为工作压力的2～2.5倍。

管道穿墙体、楼板应预留孔洞，穿梁及穿出外墙应设大二号套管，其间隙应采用不燃性材料填塞密实。管道穿过伸缩缝采用金属柔性接头。

消防管穿水箱壁采用Ⅲ型水翼环，消防泵吸水管穿贮水池池壁及地下室消防管穿外墙采用Ⅳ型防水套管，安装详国标 S312-8-7 ～ 8。

水泵基础采用隔振器或橡胶隔振垫，水泵进出水管安装可曲挠橡胶柔性接头或膨胀节，管道固定采用弹性支、吊架，基础隔振垫安装及惰性块钢筋混凝土配筋等详国标 98S657。

4.5.7　系统试压和冲洗及竣工验收

(1) 施工单位应对所承担的消防设备及管道等安装进行全面的调试，以符合国家有关规定及设计的要求。

(2) 消防管安装完毕必须进行系统的试压和冲洗。试验压力为 1.8MPa。

(3) 施工单位在竣工验收前，对消防水池（箱）、水泵流量、压力、消火栓、报警阀控制系统、阀门、开关以及联动控制系统等应先进行调试运行，各项信号显示正常后方可进行验收。

(4) 以上均按国家规定、国家标准安装，消防部门规定及验收规范，如《建筑给水排水及采暖工程施工质量验收规范》和《自动喷水灭火系统施工及验收规范》进行验收。

4.5.8　其他

(1) 消防管穿人防围护结构时，其内侧均设 P=1.6MPa 闸阀（防爆波及密闭用）。

(2) 凡图中及本说明未详尽的部分，施工单位均应按照国家有关规范执行。

第 5 章　设计计算书审查及常见错误分析

5.1　水力计算审查及常见问题分析

5.1.1　计算依据与规范

水力计算的依据与规范包括各种常用的国家设计标准与规范，这些标准在前面的章节已经进行了介绍，在此不再详述。此外，还有各种常用的行业设计标准与规范：如《管道直饮水系统技术规程》CJJ 110—2006、《建筑排水金属管道工程技术规程》CJJ 127—2009、《游泳池给水排水工程技术规程》CJJ 122—2008、《游泳池水质标准》CJ 244—2007、《节水型生活用水器具》CJ 164—2002、《建筑排水硬聚氯乙烯管道工程技术规程》CJJ/T 29—98、《小区集中生活热水供应设计规程》CECS 222：2007、《虹吸式屋面雨水排水系统技术规程》CECS 183：2005。除上述依据与规范之外，还有各省、市的一些地方审查依据等等。

5.1.2　设计计算参数与审查要点

设计计算书审查中，计算参数选取偏大、偏小等是比较常见的问题。

5.1.2.1　居住小区室外给水排水设计

居住小区的供水范围和服务人口数介于城市给水和建筑给水之间，有其独特的用水特点和规律。因此，居住小区给水管道的设计流量既不同于建筑内部的设计秒流量，也不同于城市给水最大小时流量。目前居住小区室外给水管道的设计流量分别根据小区的规模和小区管网的布置形状进行计算。

1）规模在 3000 人以下的居住小区，且室外给水管网为树状管网时，其住宅及小区内配套的文体、餐饮娱乐、商铺及市场等设施的生活用水设计流量应按引入管的设计流量计算节点流量和管段流量。

2）规模在 3000 人以上的居住小区，室外给水管网为环状管网，并且有两条或两条以上的引入管，事故时能够保证 70%以上流量的居住小区，其住宅及小区内配套的文体、餐饮娱乐、商铺及市场等设施生活用水设计流量。

3）小区内配套的文教、医疗保健、社区管理等设施，以及绿化和景观用水、道路及广场洒水、公共设施用水等，均以平均用水小时平均秒流量计算节点流量。

值得注意的是，小区用水量中的未预见水量和管网漏失量不计入管网节点流量，仅在计算小区管网与城市管网连接的引入管时，考虑预留此余量。不属于小区配套的公用建筑用水量均应另计。

1. 居住小区设计用水量审查要点

设计小区室外给水管网时，小区用水量应按小区最大日用水量、最大小时用水量进行设计。小区给水设计用水量应包括居民生活用水量、公共建筑用水量、绿化用水量、水景、娱乐设施用水量、道路、广场用水量、公用设施用水量、未预见用水量及管网漏失水量和消防水量。其中消防用水量仅用于校核管网计算，不属于正常用水量。设计用水量应根据小区的实际规划设计的内容，各自独立计算后综合确定。

居住小区绿化浇洒用水量包括公共绿地用水量、居民小院绿化用水量和阳台盆栽花用水量。一般可按浇洒面积 1.0 ~ 3.0L/(m^2· d）计算，干旱地区酌情增加。

居住小区道路、广场浇洒用水可按浇洒面积 2.0 ~ 3.0L/(m^2· d）计算。居住小区内公用设施用水量，由该设施的管理部门提供水量，当无重大公用设施时，不另计用水量。

居住小区管网漏失水量和未预见水量之和，可按小区最高日用水量的 10% ~ 20% 计算。小区室外水景工程循环系统的补充水量取循环水量的 3% ~ 10%。

居住小区消防用水量、水压和火灾延续时间，应按现行的《建筑设计防火规范》GB 50016—2006 及《高层民用建筑设计防火规范》GB 50045—2005 等确定。一般生活小区，常住居民在 2.5 万以下，可按 15L/s、持续 2h 供水的消防用水标准进行考虑，此时的储备消防水量为 108m^3，这是室外水池储存的最小消防备用水量。

2. 居住小区室外给水管道的水力计算审查要点

小区室外给水管道上常接入室外消火栓，为了保证消防车能够顺畅地从管道中抽水灭火，此时的管径不得小于 *DN*100，推荐采用 *DN*150 的管材。所以，一般对小区供水管的管径可不做专门计算，而是直接选用管径为 100mm 或 150mm 的管材，对于居住人口超过 10000 人的较大小区，可直接选用 *DN*200 的管材进行校核。

管段设计流量确定后，求管段的管径和水头损失的方法与城市给水管网相同。水表的水头损失，应按选用产品所给定的压力损失值计算，在未确定具体产品时，可按下列情况取用：小区引入管上的水表，在生活用水工况时，宜取 0.03MPa；在校核消防工况时，宜取 0.05MPa。除水表外的其他局部水头损失可按沿程水头损失的 15% ~ 20% 计算。居住小区的室外给水管道，不论小区规模及管网形状，均应在计算节点流量后，再叠加区内一次火灾的最大消防流量（有消防贮水和专用消防管道供水的部分扣除），对管道进行水力计算校核，管道末梢的室外消火栓从地面算起的水压，不得低于 0.1MPa。

3. 居住小区排水量及排水管道水力计算及审查要点

（1）居住小区生活排水量和雨水排水量计算

1）生活排水量计算

居住小区生活污水排水量是指生活用水使用后排入污水管道的流量，其数值应该等于生活用水量减去不可回收的水量。包括居民生活排水量和公共建筑排水量。

居住小区生活排水的设计流量应按住宅生活排水最大小时流量与公共建筑生活排水最大小时流量之和确定。居住小区生活排水系统定额是其相应的生活给水系统用水定额的 85% ~ 95%，居住小区生活排水系统小时变化系数与其相应的生活给水系统小时变化系数相同，应按相关规范确定。公共建筑生活排水定额和小时变化系数与公共建筑生活给水用水定额和小时变化系数相同。值得注意的是在负担的设计人口数较少的接入管和小区支管起端，按上式计算结果很小，不能按设计流量选择管径，只能用限制最小管径的方法解决。

2）居住小区的雨水管道的设计降雨历时包括地面集水时间和管内流行时间两部分，按式（5-1）计算：

$$t=t_1+Mt_2 \tag{5-1}$$

式中 t —— 降雨历时（min）；

t_1 —— 地面集流时间（min）；

M —— 折减系数；小区支管和接户管：M=1；暗管：M=2；明沟：M=1.2；

t_2 —— 排水管道内雨水流行时间（min）。

地面集流时间 t_1 视距离长短、地形坡度和地面铺盖情况而定，一般可选用 5 ~ 10min。管内流行时间 t_2 按下式计算：

$$t_2=\sum\frac{L}{60V}(\text{min}) \tag{5-2}$$

式中 L —— 各管段的长度（m）；

V —— 各管段满流时的水流速度（m/s）。

居住小区排水系统采用合流制时，设计流量为生活排水流量与雨水设计流量之和，其中生活排水量可取平均值。计算雨水设计流量时，设计重现期宜高于同一情况下分流制雨水排水系统的设计重现期。

(2) 居住小区排水管道水力计算

首先根据城镇排水管网的位置、市政部门同意的小区污水和雨水排出口的个数和位置，小区的地形坡度，布置小区排水管网，确定管道流向，最后进行水力计算。水力计算的目的是确定排水管道的管径、坡度以及需提升的排水泵站设计。

1) 生活排水管道水力计算

居住小区生活排水管道应按非满流设计，原因有以下三点：为未预见水量留有余地；以利于管道通风，排除有害气体；便于管道的疏通和维护管理。居住小区室外排水管道中最小管径的最大设计充满度按相关规定选用，其中管径大于 150mm 的管道设计充满度见表 5-1。

为保证污水管道不发生淤积，生活排水管道最小流速为 0.6m/s。为防止流速过大冲

居住小区室外生活排水管道设计参数　　　　表 5-1

管别	管材	最小管径（mm）	最小设计坡度	最大设计充满度	管别	管材	最小管径（mm）	最小设计坡度	最大设计充满度
接户管	埋地塑料管	160	0.005	0.5	支管	混凝土管	200	0.004	0.55
	混凝土管	150	0.007		干管	埋地塑料管	200	0.004	
支管	埋地塑料管	160	0.005			混凝土管	300	0.003	

刷损害管道，金属管道最大允许流速为 10m/s，非金属管的最大允许流速为 5.0m/s，设计流速应在最小流速和最大流速范围内。

当污水管径为 200mm 时，其相应最小坡度为 0.004，若管径增大，相应于该管径最小坡度小于 0.004。

在设计生活污水接户管和居住组团的排水支管时，设计流量很小，在满足自净流速和最大设计充满度的情况下，查水力计算图或水力计算表确定的管径偏小，容易发生管道堵塞。这时，不必进行详细的水力计算，按最小管径和最小坡度进行设计。

2）雨水排水管道水力计算

居住小区雨水排水管道和合流制排水管道按满流设计，因为管道内含有泥沙，为防止泥沙沉淀而堵塞管道，管内流速不宜小于 0.75m/s。最大流速和污水管道的要求相同。雨水和合流制排水系统的接户管、支管等位于系统的起端，接纳的汇水面积较小，计算的设计流量偏小，按设计流量确定管径排水不安全，因此也规定了最小管径和最小坡度，见表 5-2。

雨水管道的最小管径和横管的最小设计坡度　　　　表 5-2

管别	最小管径（mm）	横管最小设计坡度	
		铸铁管、钢管	塑料管
小区建筑物周围雨水接户管	200（225）	0.005	0.003
小区道路下干管、支管	300（315）	0.003	0.0015
雨水口的连接管	200（225）	0.01	0.01

小区雨水口连接管的最小管径为 200mm。居住小区排水接户管管径不应小于建筑物排水管管径，下游管段的管径不应小于上游管段的管径，有关居住小区排水管网水力计算的其他要求和内容，可按现行《室外排水设计规范》执行。

5.1.2.2　室内给水系统设计用水量及管道水力计算审查

1. 室内生活给水系统的竖向分区

建筑物室内生活给水系统由于其层数多、竖向高度大，为避免建筑物底层配水点静水压力过大，需要进行分区供水。

所谓竖向分区，是指沿建筑物的垂直方向，依次合理地将其划分为若干个供水区，每个供水区均形成一个完整的供水系统。

目前，国内外的高层建筑给水设计中，普遍都是以给水分区最底层配水点处最大允许静水压力值为依据，进行竖向分区。我国《建筑给水排水设计规范》GB 50015—2003规定：各分区最低卫生器具配水点处的静水压不宜大于0.45MPa，特殊情况下不宜大于0.55MPa。

2. 室内给水系统设计用水量计算

一般情况下，室内配水管网、气压给水设备、变频调速给水设备、不设高位水箱的增压水泵采用设计秒流量；设有高位水箱的增压水泵采用最大时平均秒流量；当建筑物内的生活用水全部由室外管网直接供水时，引入管的设计流量采用设计秒流量；当建筑物内的生活用水经贮水池后自行加压供给时，引入管的设计流量采用最大用水小时平均秒流量；当建筑物内的生活用水既有室外管网直接供水，又有自行加压供水时，引入管的设计流量等于直接供水部分的设计秒流量加上加压部分的最大用水小时平均秒流量。

3. 设计流速

当管段的设计流量确定后，流速的大小将直接影响到管道系统技术、经济的合理性。流速过大易引起水锤，发出噪声，损坏管道或附件，并增加管道的水头损失，提高建筑内给水系统所需的压力和增压设备的运行费用；流速过小，会使管道直径变大，增加管网成本。设计时应综合考虑以上因素，将给水管道设计流速控制在适当的范围内。生活或生产给水管道公称直径为15～20mm的水流速度宜不大于1.0m/s，公称直径为25～40mm的水流速度不宜大于1.2m/s，公称直径为50～70mm的水流速度不宜大于1.5m/s，公称直径在80mm或80mm以上的水流速度不宜大于1.8m/s。

4. 室内给水系统管道水力计算

室内给水系统管道的水力计算，就是在满足各配水点用水要求的前提下，确定给水管道的直径及管道的水头损失，复核室外给水管网是否满足所需压力，对于设置升压设备和高位水箱的给水系统，需要根据计算结果选择设备型号和确定水箱安装高度。

（1）局部水头损失

生活给水管道的配水管的局部水头损失，宜按管道的连接方式，采用管（配）件当量长度法计算。螺纹接口的阀门及管件摩阻损失的当量长度见表5-3。当管道的管（配）件当量长度资料不足时，可根据下列管件的连接状况，按管网的沿程水头损失的百分数取值：

管（配）件内径与管道内径一致，采用三通分水时，取25%～30%；采用分水器分水时，取15%～20%；

管（配）件内径略大于管道内径，采用三通分水时，取50%～60%；采用分水器分水时，取30%～35%；

管（配）件内径略小于管道内径，管（配）件的插口插入管口内连接，采用三通分水时，

螺纹接口的阀门及管件的摩阻损失当量长度表　　表 5-3

管件内径（mm）	各种管件的折算管道长度（m）						
	90° 弯头	45° 弯头	三通 90° 弯头	三通直向流	闸阀	球阀	角阀
9.5	0.3	0.2	0.5	0.1	0.1	2.4	1.2
12.7	0.6	0.4	0.9	0.2	0.1	4.6	2.4
19.1	0.8	0.5	1.2	0.2	0.2	6.1	3.6
25.4	0.9	0.5	1.5	0.3	0.2	7.6	4.6
31.8	1.2	0.7	1.8	0.4	0.2	10.6	5.5
38.1	1.5	0.9	2.1	0.5	0.3	13.7	6.7
50.8	2.1	1.2	3.0	0.6	0.4	16.7	8.5
63.5	2.4	1.5	3.6	0.8	0.5	19.8	10.3
76.2	3.0	1.8	4.6	0.9	0.6	24.3	12.2
101.2	4.3	2.4	6.4	1.2	0.8	38.0	16.7
127.0	5.2	3.0	7.6	1.5	1.0	42.6	21.3
152.4	6.1	3.6	9.1	1.8	1.2	50.2	24.3

注：本表的螺纹接口是指管件无凹口的螺纹，当管件为凹口螺纹或管件与管道为等径焊接，其当量长度取本表值的一半。

取 70% ~ 80%；采用分水器分水时，取 35% ~ 40%。

水表的水头损失，应按选用产品所给定的压力损失值计算，在未确定具体产品时，可按下列情况取用：住宅入户管上的水表，宜取 0.01MPa；建筑物或小区引入管上的水表，在生活用水工况时，宜取 0.03MPa；在校核消防工况时，宜取 0.05MPa。

比例式减压阀的水头损失，阀后动水压宜按阀后静水压的 80% ~ 90% 采用；管道过滤器的局部水头损失，宜取 0.01MPa；管道倒流防止器的局部水头损失，宜取 0.025 ~ 0.04MPa。

（2）水量调节

1）贮水池

对采用水箱水泵联合给水方式、气压给水方式或变频调速给水方式的建筑给水系统，从节能的角度考虑，在水量能够得到保证的前提下，水泵宜直接从市政管网抽水，以充分利用市政管网水压。但是，供水管理部门通常不允许建筑内部给水系统的水泵直接从市政管网吸水，以免管网压力剧烈波动，影响其他用户的使用。另一方面，为了提高供水可靠性，避免在用水高峰期市政管网供水能力不足时出现无法满足设计秒流量的情况发生，或者降低因市政管网或引入管检修造成的停水的影响，建筑给水系统一般都设有贮水池。

2）水箱

有效容积：高位水箱在建筑给水系统中起到稳定水压、贮备和调节水量的作用。水箱的有效容积应根据调节容积、生产事故备用水量及消防贮备水量之和计算。

水箱的调节容积应根据进水（室外给水管网或水泵向水箱供水）与出水（水箱向建

筑内部给水管网供水）情况，应分析后确定。

5. 室内排水系统计算要点及审查

（1）室内生活排水系统计算

1）排水定额

室内排水定额有两个，一个是以每人每日为标准，另一个是以卫生器具为标准。每人每日排放的污水量和时变化系数与气候、建筑物内卫生设备完善程度有关。生活排水定额和时变化系数与生活给水相同。生活排水平均时排水量和最大时排水量的计算方法与室内生活给水量计算方法相同，计算结果主要用来设计污水泵、化粪池等。对于某个管段的设计流量，它与接入的卫生器具类型、数量和同时使用数有关。为了计算上的方便，和室内给水一样，每个卫生器具的排水量折算成排水当量，即以污水盆排水量 0.33L/s 为一个排水当量。由于卫生器具排水具有突然、迅速、流速大的特点，所以，一个排水当量的排水流量是一个给水当量额定流量的 1.65 倍。

2）排水管道的规定

室内排水管的最小管径为 50mm。医院、厨房、浴室以及大便器排放的污水水质特殊，其最小管径应大于 50mm。

公共食堂厨房排水实际选用管径应比计算管径大一级，且支管管径不小于 75mm，干管管径不小于 100mm。

医院污物洗涤间洗涤盆和污水盆管径不小于 75mm。

凡连接大便器的支管，即使仅有 1 个大便器，其最小管径也应为 100mm。小便槽或连接 3 个及 3 个以上小便器，其污水支管管径不宜小于 75mm。浴池的泄水管管径宜采用 100mm。

单个洗脸盆、浴盆、下身盆等排泄较洁净废水的卫生器具，最小管径可为 40mm。

连接一根立管的排出管，自立管底部至室外排水检查井中心的距离不大时（100mm管长≤15m，50mm管长≤100m），管径宜与立管相同。

5.1.2.3 消防给水系统设计计算要点及审查

1. 消火栓给水系统设计计算

（1）建筑内消火栓给水系统设计用水量

消火栓给水系统应根据规范规定的消防用水量、水枪数量和水压进行水力计算，最终确定管网的管径，系统所需的水压，水池、水箱容积和水泵型号等。

居住区同一时间内火灾次数与城市人口有关，城市火灾统计资料表明，人口在 25000 人以下的城市（或居住区），同一时间内的火灾次数为 1 次；人口在 25000 ~ 40000 人的城市（或居住区），同一时间内火灾次数为 2 次。

消防水量和所需水压根据消防规范规定是定量的。

高层建筑必须设置室内、外消火栓给水系统，其消防用水总量应按室内、外消防用水量之和计算。高层建筑内设有消火栓、自动喷水、水幕、泡沫等灭火系统时，其室内消防用水量应按需要同时开启的灭火系统用水量之和计算。

高层民用建筑的室内外消火栓给水系统用水量，应不小于国家的规定。

（2）消火栓栓口所需压力

消火栓栓口所需水压应为连接消火栓的水龙带消耗的水头损失与水枪喷口造成充实水柱所需水压之和，见（5-3）式：

$$H_{xh}=H_q+A\cdot L\cdot q^2_{xh}+H_k \tag{5-3}$$

式中 H_{xh}—— 消火栓口水压（kPa）；

H_q —— 水枪喷口造成所需充实水柱所需水压（kPa）；

A —— 水带比阻，口径为 50mm 的帆布、麻织水带比阻为 0.1501，衬胶水带的为 0.0677；口径为 65mm 的帆布、麻织水带比阻为 0.0430，衬胶水带的为 0.0172；

L —— 水带长度（m）；

q_{xh} —— 水枪出水量（L/s）；

H_k —— 消火栓口的水头损失，取 20kPa。

水枪喷嘴处的压力 H_q 可按同时满足对每支水枪最小流量的要求和对充实水柱的要求，根据国家规范确定。

（3）室内消火栓的布置间距

室内消火栓布置间距应由计算确定，对于高层工业建筑、高架库房、甲、乙类厂房、设有空气调节系统的旅馆，室内消火栓的布置间距不大于 30m。其他单层和多层建筑室内消火栓间距不应大于 50m。

（4）消火栓管道水力计算要点及审查

对于底层建筑消火栓给水系统，管径不应小于 *DN*50；对于高层建筑消火栓给水系统立管管径不应小于 *DN*100。无论是低层还是高层建筑，消火栓给水系统中的立管管径不变。

计算管径时，管内流速一般不应大于 2.5L/s。

当消火栓口动水压力大于 500kPa 时，应设减压装置，常见为减压阻力片。

消防系统为环状管网，在进行水力计算时，假设环状管网某段断开，并确定最不利消火栓和计算管路，按枝状管路进行水力计算。

2. 自动喷水灭火系统设计计算

自动喷水灭火系统可用于各种建筑物中允许用水灭火的保护对象和场所，根据被保护建筑物的使用性质、环境条件和火灾发生、发展特性的不同，可以有多种不同类型，工程中通常根据系统中喷头开闭形式的不同，分为闭式和开式自动喷水灭火系统两大类。

（1）闭式自动喷水灭火系统设计计算

应根据我国《建筑设计防火规范》和《高层民用建筑设计防火规范》规定，在规范规定的场所设计闭式自动喷水灭火系统。

采用闭式自动喷水灭火系统场所的最大净空高度，民用建筑和工业厂房不超过8m，仓库不超过9m，采用快速响应早起抑制喷头的仓库不超过12m。露天场所不宜采用闭式系统。

配水管道的工作压力不应大于1.20MPa，并不应设置其他用水设施。管道的直径应经水力计算确定，短立管及末端试水装置的连接管，其管径不应小于25mm。配水管道的布置，应使配水管入口的压力均衡。轻危险级、中危险级场所中各配水管入口的压力均不宜大于0.40 MPa。

管件及阀门的当量长度（m） 表5-4

管件名称	管件直径（mm）											
	25	32	40	50	70	80	100	125	150	200	250	300
45°弯头	0.3	0.3	0.6	0.6	0.9	0.9	1.2	1.5	2.1	2.7	3.3	4.0
90°弯头	0.6	0.9	1.2	1.5	1.8	2.1	3.1	3.7	4.3	5.5	5.5	8.2
三通或四通	1.5	1.8	2.4	3.1	3.7	4.6	6.1	7.6	9.2	10.7	15.3	18.3
蝶阀	–	–	–	1.8	2.1	3.1	3.7	2.7	3.1	3.7	5.8	6.4
闸阀	–	–	–	0.3	0.3	0.3	0.6	0.6	0.9	1.2	1.5	1.8
止回阀	1.5	2.1	2.7	3.4	4.3	4.9	6.7	8.3	9.8	13.7	16.8	19.8
U形过滤器	12.3	15.4	18.5	24.5	30.8	36.8	49.0	61.2	73.5	98.0	122.5	–
Y形过滤器	11.2	14.0	16.8	22.4	28.0	33.6	46.2	57.4	68.6	91.0	113.4	–
异径接头	32～25	40～32	50～40	70～50	80～70	100～80	125～100	150～125	200～150	–	–	–
	0.2	0.3	0.3	0.5	0.6	0.8	1.1	1.3	1.6	–	–	–

注：异径接头的出口直径不变而入口直径提高1级时，当量长度应增大0.5倍；提高2级或2级以上时，当量长度应增大1.0倍。

干式系统配水管道的充水时间不宜大于1min，预作用系统与雨淋系统配水管道的充水时间不宜大于2min。利用有压气体作为系统启动介质的干式系统、预作用系统，其配水管道内的气压值应根据报警阀的技术性确定。利用有压气体检测管道是否严密的预作用系统，配水管道内的气压值不宜小于0.03 MPa，且不宜大于0.5 MPa。干式系统、预作用系统的供气管道，采用钢管时，管径不宜小于15mm；采用铜管时，管径不宜小于10mm。

管道的局部水头损失，宜采用当量长度法计算。管件及阀门的当量长度见表5-4。湿式报警阀、水流指示器的局部水头损失取0.02MPa，雨淋阀的局部水头损失取0.07MPa。

（2）开式自动喷水灭火系统设计计算要点及审查

关于设置范围的审查有：

① 雨淋喷水灭火系统

火柴厂的氯酸钾压碾厂房，建筑面积超过100m^{2}的生产、使用硝化棉、喷漆棉、火胶棉、赛璐珞胶片、硝化纤维的厂房；

建筑面积超过 60m^2 或贮存量超过 2t 的硝化棉、喷漆棉、赛璐珞胶片、硝化纤维的库房；

日装瓶数超过 3000 瓶的液化石油储配站的灌瓶间、实瓶库；

超过 1500 个座位的剧院和超过 2000 个座位的会堂舞台的葡萄架下部；

建筑面积超过 400m^2 的演播室，建筑面积超过 500m^2 的电影摄影棚；

乒乓球厂的扎坯、切片、磨球、分球检验部位。

② 水幕系统

超过 1500 个座位的剧院和超过 2000 个座位的会堂、礼堂的舞台口，以及与舞台相连的侧台、后台的门窗洞口；

应设防火墙等防火隔物而无法设置的开口部位；

防火卷帘或防火幕的上部；

高层民用建筑内超过 800 个座位的剧院、礼堂的舞台口。

③ 水喷雾灭火系统

单台容量在 40MW 以上的厂矿企业可燃油浸电力变压器、单台容量在 90MW 及以上可燃油浸电厂电力变压器或单台容量在 125MW 及以上的独立变电所可燃油浸电力变压器；

飞机发动机试验台的试车部分；

高层建筑内的燃油、燃气锅炉房，可燃油浸电力变压器室，充可燃油的高压电容器和多油开关室，自备发电机房。

开式系统的设置规定：

开式自动喷水灭火系统中供水设施、减压装置、管路系统等，均应满足与闭式自动喷水灭火系统相同的规定。

雨淋系统的防护区内应采用相同的喷头，每个雨淋阀控制的喷水面积不宜大于规定的作用面积。采用多组雨淋阀联合分区，联动控制设备应能准确地启动火源区域上方喷头所属的雨淋阀组。并联设置雨淋阀组的雨淋系统，其雨淋阀控制股的入口应设止回阀。雨淋系统每根配水支管上装设的喷头不宜多于 6 个，每根配水干管的一侧担负的配水支管数量不应多于 6 根。管网系统在任何时间的压力波动不应超过工作压力的 10% ~ 20%。

设有单一的防火卷帘或防火门处、由小型感温雨淋阀或感温释放阀控制的冷却水幕系统，配置的喷头数不超过 8 只，进水总管管径不大于 50mm，一组感温雨淋阀只保护一处分隔设施。由手动快开阀控制的小型冷却水幕系统，一般只设在火灾时能有足够时间由人工启动的场所，给水总管直径不大于 50mm。

防火分隔水幕用于尺寸不超过 15m × 8m 的开口（舞台口除外），喷头位置应保证水幕的宽度不小于6m。防火分隔水幕采用水幕喷头时，喷头不少于3排，采用开始洒水喷头时，喷头不少于2排。

(3) 自动喷水灭火系统水力计算常见错误分析

水力计算时，最不利点喷头工作压力一律按0.05MPa考虑。在发生火灾时，水泵启动之前，允许由消防水箱或其他辅助供水设施供给系统启动初期用水量和水压。目前，国内采用较多的是高位消防水箱，但此时如果顶层最不利点喷头的水压要求为0.1MPa，则屋顶水箱的安装高度必须为10m以上，这会给建筑造型和结构处理带来困难。根据上述情况，在确定高位水箱安装高度时，如按最不利点喷头工作压力0.05MPa考虑无实际意义。正确做法是在计算消防水泵或增压泵时，最不利点处喷头工作压力应按0.1MPa考虑，此时喷头的出水量为1.33L/s，喷头间距可按3.6m计算。

5.1.2.4 热水供应系统设计计算

1. 热水用水量计算要点

集中热水供应系统，其热水用量的计算方法有两种。

一是根据用水单位数计算，即根据建筑物性质、用水情况及用水单位数，按《建筑给水排水设计规范》确定用水定额及小时变化系数，计算出建筑最大日热水用水量及设计小时热水用水量。

$$Q_r = k_h \frac{mq_r}{24} \tag{5-4}$$

式中 Q_r—— 设计小时热水量（L/h）；

m—— 用水单位数，人数或床位数；

k_h—— 热水小时变化系数，全天热水供应系统按规范确定；

q_r—— 热水用水定额 [L/(人·d)或L/(床·d)]，按规范确定。

上式适用于全日供应热水的住宅、别墅、招待所、培训中心、旅馆、宾馆客房、医院住院部、养老院、幼儿园（有住宿）等建筑的设计小时热水量计算。

二是根据使用热水的卫生器具数计算：

$$K_r = \frac{t_h - t_L}{t_r - t_L} \tag{5-5}$$

式中 K_r—— 热水混合系数；

t_r —— 热水系统供水温度，(℃)；

t_h —— 混合后卫生器具出水温度（℃）；

t_L —— 冷水计算温度（℃）。

$$Q_r = \sum K_r q_h n_0 b \tag{5-6}$$

式中 Q_r—— 设计小时热水量（L/h）；

q_h—— 卫生器具的热水小时用水定额（L/h），按规范确定；

n_0—— 同类卫生器具数；

b —— 卫生器具的同时使用百分数：住宅、旅馆，医院、疗养院病房，卫生间内浴盆或淋浴器可按 70% ~ 100%计，其他器具不计，但定时连续供水时间应不小于 2h。工业企业生活间、公共浴室、学校、剧院、体育馆（场）等的浴室内的淋浴器和洗脸盆均按 100%计算。住宅一户带多个卫生间时，只按一个卫生间计算。

上式适用于定时热水供应的住宅、旅馆、医院及工业企业生活间、公共浴室、学校、剧院、体育馆（场）等建筑的设计小时热水量计算。

2. 热水贮水器容积计算

集中热水供应系统中的贮水器容积，应根据日热水用水量小时变化曲线、锅炉和水加热器的工作制度、供热量以及自动温度调节装置等因素经计算确定。当缺乏上述资料时，应根据《建筑给水排水设计规范》确定。

3. 热水管网水力计算

热水系统的水力计算包括热媒管网和热水管网两大部分。热水管网的水力计算内容是计算配水管网和回水管网的流量、循环流量、确定管径和水头损失，从而选择加压设备，复核生活冷水或热水高位水箱高度。

(1) 配水管网水力计算

热水配水管网水力计算中，设计秒流量公式与给水管网计算相同，但由于水温水质的差异，考虑到结垢和腐蚀等因素，在计算管径和水头损失时，管径为 15 ~ 20mm 的热水管流速应不大于 0.8m/s，而管径为 25 ~ 40mm 的热水管流速应不大于 1.0m/s，管径不小于 50mm 的热水管流速不宜大于 1.2m/s。热水管径不宜小于 20mm。热水管网的局部水头损失一般可按沿程水头损失的 25% ~ 30%估算。

(2) 回水管系循环流量计算

回水管系的作用是保证整个管系内有循环水在流动，以保证供水温度。循环方式按动力分自然循环和机械循环两种。

自然循环计算：实现自然循环的条件：$H_{zr} > 1.35H_x$。

$$H_{zr} = 10\Delta h(\gamma_1 — \gamma_2) \tag{5-7}$$

式中 H_{zr} —— 第二循环系统的自然循环压力值（Pa）；

H_x —— 循环流量通过配水回水管路的水头损失（Pa）；

Δh —— 锅炉或水加热器的中心至立管顶部的标高差（m）；

γ_1 —— 最远处立管管段中点的水的密度（kg/m^3）；

γ_2 —— 配水主立管管段中心的水的密度（kg/m^3）。

管段的热损失：

$$Q_s = \pi DLK(1-\eta)\left(\frac{t_c + t_z}{2} - t_j\right) \tag{5-8}$$

式中 Q_s——计算管段热损失（W）；

K——无保温时管道的传热系数 [W/(m^2·℃)]；

η——保温系数，无保温时 η=0，简单保温时 η=0.6，较好保温时 η=0.7～0.8；

t_j——计算管段周围空气温度（℃）；

D——管道的外径（m）；

L——计算管段的长度（m）；

t_c——计算管段的起点水温（℃）；

t_z——计算管段的终点水温（℃）。

管段的循环流量：

$$Q_x = \frac{Q_s}{c(t_c - t_z)} \tag{5-9}$$

式中 Q_x——循环流量（L/s）；

c——水的比热，c=4.19KJ/(kg·℃)；

t_c、t_z——计算管路起点、终点的水温(℃)。

Q_s——计算管段的热损失（W）。

$$\Delta t = \frac{\Delta T}{F} \tag{5-10}$$

$$t_z = t_c - \Delta t \sum f \tag{5-11}$$

式中 Δt——配水管网中的面积比温降（℃ /m^2）；

ΔT——配水环路起点和终点的温差，一般 ΔT=5 ~ 15℃；

F——计算管路的总外表面积（m^2）；

$\sum f$——计算管路的散热面积（m^2），查表可得。

（3）配水管网总的热损失

将各管段的热损失相加便得到配水管网总的热损失 Q_s，即$Q_s = \sum_{i=1}^{n} q_s$。初步设计时，Q_s 可按设计小时耗热量的 3%～5%来估算，其上下限可视系统的大小而定：系统服务范围大，配水管线长，可取上限；反之，取下限。

(4) 总循环流量计算

将 Q_s 代入式（5-9），计算全日供应热水系统的总循环流量 q_x：

$$q_x = \frac{Q_s}{c \Delta T \rho_r} \tag{5-12}$$

式中 q_x——全日热水供应系统的总循环流量（L/s）；

Q_s——配水管网的热损失（W）；

c、ΔT——分别为水的比热及配水环路起点和终点的温差（℃）；

ρ_r——热水密度（kg/L）。

(5) 循环水泵扬程计算

循环管网的总水头损失计算如（5-13）式：

$$H=(H_p+H_x)+H_j \tag{5-13}$$

式中　H —— 循环管网的总水头损失（kPa）；

H_p —— 循环流量通过配水计算管路的沿程和局部水头损失（kPa）；

H_x —— 循环流量通过回水计算管路的沿程和局部水头损失（kPa）；

H_j —— 循环流量通过水加热器的水头损失（kPa）。

5.2　设计计算书的内容及要求

5.2.1　给水排水初步设计计算书内容

5.2.1.1　工程概况

工程概况应包括工程位置及附近规划的介绍；工程性质及规模的介绍。

工程性质的介绍包括：居住区、住宅、公共建筑等。

工程规模的介绍包括：建筑面积（住宅、公建分述）；建筑高度（多层、中高层、高层）等内容。

给水排水系统设置情况（含分区）等内容的介绍。

5.2.1.2　生活给水系统

1. 生活饮用水量计算的内容和介绍

水源：城市自来水；自备水源，供水可靠性。

城市给水管道供水参数：水压、水温。

生活饮用水量表（如有分区分别列表）。

2. 给水管网水力计算

室外给水管网水力计算部分：

1）生活饮用水及消防给水合用管道系统。

2）一般用两者流量之和进行总管管径计算。

室内给水管网水力计算部分：

1）管网水力计算简图（分系统、分区绘制）。

2）确定计算公式和选用管材。

3）分系统、分区计算引入管、立管及进户管流量管径及阻力损失。

4）户内给水管可不计算。

5）低区应该校核市政水压能否满足要求。

3. 二次加压给水系统的计算

1）生活饮用水贮水池容积计算：应有计算依据、计算过程和结果。

2）二次加压泵组选型计算：

加压泵的流量和扬程的计算过程和结果；加压泵规格性能及水量（含备用泵）。如为变频调速泵组应将主泵、辅泵分别注明，如配气压水罐说明规格。

3）如为水泵与高位水箱联动供水，则应有屋顶生活水箱的计算。

5.2.1.3 生活热水

内容包括以下几个方面：

1. 热源类型

2. 耗热量计算

1）分区、分系统计算

2）选用耗热量计算公式

3）计算过程及结果

3. 热媒计算

4. 加热设备及贮热设备选型计算（应分区分系统计算）

1）应分区、分系统计算

2）选用加热设备形式及贮热时间

3）加热设备容积、加热面积计算

4）加热设备规格型号、数量

5. 生活热水管网水力计算（可只计算干管和立管）

6. 热水循环水泵选型

1）应分区、分系统按经验公式计算

2）循环水泵流量

3）循环水泵扬程按检验公式计算

4）循环水泵的规格性能及数量（高压、低压分别列出）

5.2.1.4 饮水

饮水计算设计书中的内容应包括以下几个方面：

1. 开水供应

1）供应范围及分区、分层计算开水量

2）开水器形式、规格及数量

2. 饮用净水

1）饮用净水量计算

2）净水处理工艺流程

3）处理设备（含水池、水箱、水泵等）计算

3. 管道水力计算（可只计算各区供水干管）

5.2.1.5 生活排水系统

生活排水系统的计算书应包括以下内容：

1. 生活排水量的计算

管道流量计算，包括以下内容：

1）按系统绘制计算简图

2）进行管道水力计算

3）计算设计秒流量确定管径

2. 生活排水提升装置

1）集水坑容积计算

2）提升泵选型计算

3. 室外生活排水

1）小型污水处理构筑物（降温池、隔油池、化粪池等）选型计算

2）管道水力计算（含管径及市政接管标高等）

5.2.1.6 雨水排水系统

1. 暴雨强度公式

2. 设计参数选定

3. 屋面雨水排水系统

1）雨水系统形式（重力流、压力流）

2）分系统水力计算（含雨水斗选型）

4. 室外雨水排水系统

1）按排出管划分计算汇水面积

2）计算每个排出管总管管径

3）计算排出管与市政接管管井控制标高

5.2.1.7 中水系统

1. 中水原水回用水量计算

2. 中水使用水量计算

3. 中水回用水量与使用水量平衡

4. 计算调节池、中水池容积及中水给水水泵装置容量

5. 中水系统管道水力计算

1）确定管材

2）管道只计算干管及立管

6. 中水处理工艺流程确定后，其设备可由专业公司计算

5.2.1.8 循环冷却水系统

1. 循环水量

2. 气象参数

3. 冷却塔选型

4. 管道水力计算

5. 补充水量计算及水源

6. 水泵选型

1）循环水泵如分工由空调专业负责，可不计算

2）补充水水泵

3）补水泵流量

4）水泵扬程

5）水泵规格、型号、性能及数量

5.2.1.9 消防给水

1. 建筑性质、分类及消防系统类型

2. 消防用水量计算

1）室外消防用水量的确定依据：建筑物体积、建筑物使用性质、建筑高度。

2）室内消防用水量，要用消防用水量表的形式进行说明，设计消防用水量，即本建筑同时开启的消防系统流量之和。

3. 消防系统种类

确定各种消防系统用水量的依据：建筑物使用性质、建筑分类、火灾危险等级、火灾延续时间。

4. 室内消火栓给水系统

1）消火栓水枪充实水柱要求。

2）计算要画出简图，要有管网水力计算过程及结果（含最低消火栓静水压校核）；有消防水池和高位消防水箱的容积计算；有增压稳压装置及消防水泵接合器计算。

3）消防加压泵选型计算。

5. 自动喷水灭火系统

1）设计参数，要有简单的设计参数说明。

2）按系统绘制计算简图。

3）管道水力计算。

4）消防水池容积计算。

5）消防高位水箱及气压给水设备的计算。

6）加压泵选型计算。

7）干式系统、预作用系统管道充水时间校核。

8）消防水泵接合器计算。

5.2.2 给水排水施工图设计计算书内容

给水排水施工图设计计算书的内容比初步设计要复杂一些，施工图的计算深度和标

准应达到可以直接施工的程度，一些比较简单的工程，可以略过初步设计内容，直接进行施工图设计计算。

5.2.2.1　工程概况

1. 工程位置及附近规划

2. 工程性质和规模

1）工程性质：居住小区、单栋公共建筑等

2）工程规模：建筑面积（住宅、公建分述）、建筑高度（多层、中高层、高层等分述）

5.2.2.2　生活给水系统

1. 生活饮用水量计算。

2. 水源：城市自来水、自备水等。

3. 城市给水管道供水参数：水压、水温。

4. 给水管网水力计算：

（1）室外给水管网水力计算：

1）如为单栋建筑且为生活饮用与消防给水合用管道时，可只计算引入管。

2）如为小区管网，对不同管道系统，如生活给水管网、杂用水（中水管网）、消防加压给水管网等等分别进行干管计算。

（2）室内给水管网水力计算：

1）标有管段编号的给水管网计算简图（分系统、分区绘制）。

2）管网水力计算表。

3）最不利供水点所需水压。

（3）生活饮用水贮水池（箱）计算：

1）分别列出贮水池（箱）调节容积和贮水容积的计算依据，计算过程及计算结果。

2）列出高位生活饮用水箱调节容积和贮水容积的计算依据和计算过程及结果。

3）根据计算结果和建筑所给房间绘出贮水池（箱）及高位水箱平面、剖面示意图。

5. 加水泵组选型计算：

（1）列出选择水泵流量、扬程的计算过程及结果。

（2）列出选用工作水泵及备用水泵的型号、性能和数量。

（3）如为变频泵组，应分别列出工作主泵、工作辅泵及各自备用泵的型号、性能和水量。

（4）水泵隔振措施的计算过程和结果，如为选用标准图则列出标准图集编号及图号。

5.2.2.3　生活热水

1. 热源类型

（1）城市热力网：说明热媒性质（高温水、蒸汽）及参数（冬夏供水温度和压力差或蒸汽压力）。

（2）小区或自建锅炉房：说明高温水供、回水温度或蒸汽压力。

（3）地热水：说明热水温度、水质、水量。

（4）太阳能或电力。

2. 耗热量计算

（1）冷、热水计算温度及其取值依据。

（2）热水供应方式（集中热水系统，局部热水供应系统）。

（3）热水供应制度（全日供应热水，定时供应热水）。

（4）全日供应生活热水的单体建筑物内的设计小时耗热量计算过程及结果。

（5）定时供应生活热水的单体建筑物内的设计小时耗热量计算过程及结果。

（6）供应生活热水的综合建筑物内的设计小时耗热量计算过程及结果。

3. 热媒计算

（1）直接加热：烧煤、燃气、燃油、耗电等用量计算。

（2）间接加热：

1）蒸汽。

2）高温热水。

4. 加热设备及贮热设备计算

1）热水锅炉及贮热器容量计算。

2）锅炉型号及数量的计算过程及结果。

3）贮热器的容积及数量计算过程及结果。

4）换热器，包括换热器的贮热时间、换热器的容积、型号、数量（按分区计）的计算过程及结果。

5. 热媒管道的计算

1）加热设备或换热设备机房面积计算。

2）太阳能热水器可由专业公司进行计算。

6. 生活热水管道水力计算

1）小区或建筑物热水管网计算。要绘制小区热水管网或建筑物的计算简图，并标注出各栋建筑物内管长和各栋建筑热水引入管的设计秒流量。要列表进行管网水力计算，并在表下注明管材。

2）单栋建筑物内热水管网计算。要绘制建筑物内热水管网计算简图（含竖向分区方式）；要列表计算设计秒流量及管道水头损失。

3）循环系统计算

包括循环流量及水头损失计算（可只计算管网总循环流量和水头损失）；循环水泵扬程计算；循环水泵选型（规格、性能和数量）；小区循环系统宜对最不利点的热水温度进行复核。

7. 热水系统膨胀装置计算

1）膨胀罐的计算。

2）膨胀管的计算。

5.2.2.4　饮水

1. 开水供应

按建筑物分层或分功能区域计算开水量，确定开水器型号、数量、总数量。

2. 饮用净水

1）设计秒流量计算。

2）深度水处理设备容量及占地面积计算。

3）饮用净水供应管网计算（含循环管网、循环水泵的计算等）。

5.2.2.5　生活排水系统

1. 管道水力计算

2. 按系统分别逐个计算

1）管道水力计算。要绘制管道系统计算简图；要计算设计秒流量过程及结果。

2）处理构筑物（降温池、隔油池及化粪池等）的计算参数、计算过程及结果。

3）小区排水管网计算。

3. 污废水提升装置计算

1）按设置数量逐个计算。

2）潜水泵坑容积计算。

3）潜水排污泵选型（型号及数量）。

5.2.2.6　雨水排水系统

1. 暴雨公式及设计参数

1）暴雨公式。

2）设计参数：包括重现期和集水时间。

3）径流系数。

2. 室外雨水计算

1）绘制计算简图（含管道及汇水面积的划分）并注明汇水面积。

2）列表按系统（排出口）进行管道水力计算。

3. 屋面雨水排水系统（重力流系统）

1）绘制屋面雨水排水布置图（雨水天沟、雨水斗、排水悬吊管、每个雨水口汇水范围及面积、立管及排出管等）。

2）对雨水斗进行编号，标注每个雨水斗的汇水面积（含侧墙面积）。

3）绘制雨水系统计算简图。

4）按系统将雨水斗、连接管、悬吊管、立管、排出管等计算过程及结果列出。

4. 压力流屋面雨水计算一般由专业公司进行

5.2.2.7 中水系统

1. 中水原水水量

1）要列表计算。

2）如屋面雨水作为中水水源时，应扣除降雨初期的雨水量。

2. 中水使用水量计算

3. 中水回用水量与使用水量平衡计算

要计算回用水量与使用量之差；要说明水量平衡措施；冬季不能用于绿化、道路时的措施；要说明回水量过大的处理措施。

5.2.2.8 消防给水

1. 室内消火栓系统

1）说明建筑的性质、分类和消火栓的用水量、消火栓水枪的充实水柱要求。

2）建筑物消火栓给水管网计算简图或小区消火栓给水管网计算简图。如有分区则示出分区方法（即减压分区还是分区设加压泵）。

2. 管网水力计算

1）消火栓水枪喷嘴处所需水压计算过程及结果。

2）管网阻力损失计算过程及结果。

3. 消防水池容积计算

1）火灾持续时间的确定。

2）消防水池容积的计算过程及结果。

3）高层建筑如含室外消防贮水亦应计算贮水池容积。

4. 消防加压水泵计算

1）水泵流量。

2）水泵扬程计算过程及结果。

3）水泵规格、性能、型号及数量（含备用泵）的选定。如有室外消火栓加压泵，同样按上述要求进行计算。

5. 高位消防水箱计算

1）水箱容积。

2）水箱高度不够时增压稳压装置计算过程和结果。

3）增压稳压装置水泵型号、性能及数量、气压水罐容积。

6. 自动喷水灭火系统

1）火灾危险等级和系统类型及设计参数。

2）最不利作用面积计算简图和管道系统计算简图。

7. 管道水力计算

1）最不利作用面积计算过程及结果。

2）管道系统流量、水头损失计算过程及结果。

3）系统设计流量及所需水压计算过程及结果。

4）减压孔板、减压阀计算（含配水管及各楼层配水干管）。

8. 屋顶消防水量计算

1）消防水池容积计算。

2）自动喷水灭火系统加压水泵。

3）水泵流量。

4）水泵扬程计算过程及结果。

5）加压水泵的规格、型号及数量（含备用泵）的选定。

第 6 章　系统图与原理图审查及常见错误分析

6.1　系统图的绘制要点

6.1.1　系统图的常见画法

建筑给水排水工程系统图主要用来表达各设备在管道系统上的连接点位置（连接顺序、连接方式）及技术要求（管径、坡度、安装高度、设备的技术参数等）。系统图分为系统轴测图和展开系统原理图。

（1）系统轴测图为系统图传统的画法，通常按比例、走向绘制，使系统图具有三维立体的特征，系统轴测图上标明管道走向、管径、阀门、标高变化，每个系统轴测图后面应有编号，上下相同的支管在系统图可只绘出一层，其余各层则注明相同即可，完全相同的系统在图上只绘一层系统轴测图，图下或附近写多个编号，或有文字说明相同即可。

（2）展开系统原理图是数年前在水图上出现的。现在绘制一栋楼的给水、排水、消火栓系统和喷淋系统，常常用展开系统原理图画法，而喷淋系统的展开系统原理图简化得更多一些，以减少重复工作量，提高绘图效率，节省绘图时间。展开系统原理图除了用二维表示系统以外，系统的标高及管径方面的某些变化是较难反映出来的，因此在平面图上要增加一些标注（喷淋系统更是如此），使施工人员能明白设计者的意图。

（3）目前设备机房的系统图及卫生间大样的系统图（局部空间）用系统轴测图绘制的比较多，大的系统用展开系统原理图绘制的比较多，也可根据自己习惯进行选择。

6.1.2　系统图绘制的注意事项

绘制系统原理图时应注意以下几点：

（1）强调系统性。即以整幢建筑中一类管道（或干管）以及设备和附件为一个系统，绘制完整的一张系统原理图，而不能任意分割，即系统图要给识图者整体、完整和直观的工程概念。表 6-1 列出了系统图审图要点。

（2）强调原理性。即对于一些支管以及不影响表达系统原理的细部可以忽略，因此它不按比例绘制，而将这些忽略的支管及细部用别的方法表达。例如，增加平面图的深度；绘制局部放大平、剖面图，局部轴测图等。

建筑给水排水工程系统图审图指导表 **表 6-1**

分类	审图内容及要点
图纸要求	1. 给水、排水、消防系统图是否有遗漏的管道； 2. 平面图与系统图是否对应
给水	1. 给水干管的标高、管径是否正确； 2. 水表位置是否便于抄表，是否影响建筑外观； 3. 给水分区是否合理（利用市政压力供水，是否安全、可靠）
排水	污水排水： 1. 排水通气管是否伸顶，其上是否有开启的门、窗，是否有上人屋面； 2. 排水管标高、管径是否正确。 雨水排水： 1. 排出管标高及管径是否正确； 2. 检查口设计是否正确。 空调冷凝水排水： 1. 空调排水管宜明装； 2. 排水立管、排出管管径是否正确； 3. 支管接入口、排出管标高是否正确
消火栓	1. 地下室部分或架空层部分消防环管设置是否表达清楚； 2. 标高、管径标注是否正确
喷淋	1. 末端试水装置是否便于排水； 2. 湿式报警阀处是否有排水设施

6.1.3 系统图的绘制规定

(1) 多层建筑、中高层建筑和高层建筑的管道以立管为主要表示对象，按管道类别分别绘制立管系统原理图。如绘制立管在某层偏置（不含乙字管）设置，该层偏置立管宜另行编号。

(2) 以平面图左端立管为起点，顺时针自左向右按编号依次顺序均匀排列，不按比例绘制。

(3) 横管以首根立管为起点，按平面图的连接顺序，水平方向在所在层与立管相连接，如水平呈环状管网，绘两条平行线并于两端封闭。

(4) 立管上的引出管在该层水平绘出。如支管上的用水或排水器具另有详图时，其支管可在分户水表后断掉，并注明详见图号。

(5) 楼地面线、层高相同时应等距离绘制，夹层、跃层、同层升降部分应以楼层线反映，在图纸的左端注明楼层层数和建筑标高。

(6) 管道阀门及附件（过滤器、除垢器、水泵接合器、检查口、通气帽、波纹管、固定支架等）、各种设备及构筑物（水池、水箱、增压水泵、气压罐、消毒器、冷却塔、水加热器、仪表等）均应示意绘出。

(7) 系统的引入管、排水管绘出穿墙轴线号。

(8) 立管、横管均应标注管径，排水立管上的检查口及通气帽注明距楼地面或屋面的高度。

(9) 建筑给水排水系统原理图均不按比例绘制。

6.2 生活给水系统图审查及常见问题分析

6.2.1 给水系统图的审查要点

(1) 高层、低层建筑的给水区是否符合规范要求，最不利用水处的水压能否得到保证。

(2) 给水管道的连接是否存在回流污染问题。

(3) 水池、水箱至生活饮用水点的供水管上是否按规定采取了安全可靠的一次防污染措施。

(4) 按规定需设中水的项目，是否设置了中水处理与供水系统，中水水量是否平衡。

6.2.2 给水系统图的审查内容

(1) 水箱的材料、最大开孔不得大于 200 mm，否则须设置两个出口。采用市政供水时进水出口应装设浮球阀控制，并且当管径不小于 50 mm，应设两个进水口。当采用加压泵进水时应设水位控制仪控制加压泵。水箱溢流排水处理措施。当进水管和出水管连在一起时，出水管的连接管上应装止回阀。溢流管上严禁装阀，其管径应比进水管大 1 ~ 2 号。排污清洗管可与溢流管相连，排污清洗管上加截止阀。当膨胀水箱的房间保温效果不佳时，应当在膨胀水箱上设置循环管道，膨胀管、溢流管、循环管上均不得装阀，并做好保温，为保持膨胀水箱水位，应当有供水管、信号管（浮球阀）。水箱的容积按进水管顶标高进行验算。

(2) 进水管、截止阀（有底阀时可省去）、橡胶软接头、反冲过滤器、水泵、出水管、橡胶软接头、试验用三通截止阀、单向阀（应采用缓闭止回阀减振）、蝶阀或截止阀、压力表、净水设备对照各连接设备的管径是否相符和遗漏（一泵三阀）。另外，当泵为非自灌启动时，吸水管应采用逆坡坡度 3‰ ~ 5‰（水流方向与坡度相同时为顺坡），并加设压力表。并应减少弯头的数量，以减少气塞的情况。如果有降低噪声的要求需要设计弹性吊架。当水泵直接从市政管道中吸水时，应设旁通管绕过水泵，并在旁通管上安装截止阀。消防泵应采用自灌式供水。

(3) 各种管的连接方法：镀锌管管径不大于 100mm 时，应采用螺纹连接，套丝时破坏的镀锌层和外漏丝应做防腐处理；镀锌管管径大于 100mm 时，应采用法兰连接或卡箍连接，法兰须二次镀锌。钢塑管表面亦应进行防腐处理。焊接管管径不大于 32mm 时，应采用螺纹连接，当管径大于 32mm 时应采用焊接。镀锌管道不得伸进生活用水内，引起二次水质污染。

(4) 穿越人防部分的给水管道应设防爆阀门。

(5) 对照系统图确认管径的变化有无异常，变径的部位与平面图上是否一致，消防管道穿越人防时不设套管，消防管道上不得设置截止阀，均为蝶阀，对照系统图单双栓的标注与平面图是否一致，顶层消防管道应形成连通的给水系统，与屋面的消防水箱连接间加设单向阀（单向阀距箱底应大于80 cm的立管上）仅能向下供水。当消防与生活共用时，生活出口应安装消毒设备。消防管道是以4℃进行设计的，露天部位须采取保温措施。消防结合器的做法及位置是否明确。减压稳压的减压板孔径有无规定。减压后动压不得大于0.5MPa。

（6）墙面三通穿墙时，以管件作为接头时，接头不得在套管内。

（7）各种阀门（含止回阀）的型号、公称压力；池内安装的浮球阀的阀杆长度须离进口100 cm，否则加消能筒。减压阀的型号、并联水平安装、压力表、过滤器、表后压力、分区供水时、高位水箱的出水管至最低点应有500 mm的保护高度及系统应设自动排气阀。无缝钢管的标注方法为“外径 × 壁厚”。净水设备的工作压力应满足扬程的要求。

（8）热水管应当在冷水管之上，是否有防结露措施。吊顶内，阀门预留检修口。防火漆作为保温管道外防腐。

(9)采暖管道的保温措施及位置,固定支架的位置和构造,平衡阀(回水管上)的位置,过门时的处理方法，各种补偿器的安装位置（同一管道存在两个固定支架时，中间存在L或者凹型时采用弯头还是做成揻弯，补偿器应有预拉伸记录）（垂直安装时，应有排水和排气阀）。散热器的位置，一般宜在墙下居中安装。各种供暖方式的排气和泄水措施，上供上回双管式，散热器应有手动排气阀；或立管顶加自动排气阀，立管底端应有泄水丝堵（此方式温度均衡）。上供下回双管式，散热器应有手动排气阀；或立管顶加自动排气阀。下供下回双管式，散热器应有手动排气阀。单管垂直式串联，上供下回，温度不均，可在顶部加闭合立管或散热器片数进行调整。一般供水水平管（局部未采用垂直安装补偿器时）采用汽水同向的坡度（逆坡），一般回水水平管（立管底部无泄水）采用汽水逆向的坡度(顺坡)。坡度均指向泄水方向。散热器水平支管控制阀应用不易锈蚀的材质。

（10）钢塑管应用范围：大于1MPa时，应用无缝管；否则，用焊接管。应有防冻和防结露措施。铝塑管：黑管（热水管），白管（冷水管）。

（11）室内供水管后压力0.04MPa，供水管道的设备应以不易锈蚀的材质。

（12）公共部分的水表在寒冷地方应采取保温措施。主管道水表前后应加截止阀，阀与表之间应有泄水装置。为满足隔振，可安装隔振过滤器。冷水表的管道与热水相连应加装单向阀防表倒转。

（13）变频控制应安装远传压力表，供水压力表冷水与热水表不同。

6.2.3 给水系统图审查过程中的常见错误分析

6.2.3.1 建筑物内的给水系统设计方案不合理

建筑物内给水系统设计方案不合理是系统图审图中最常见和最严重的问题之一，建筑物内的给水系统设计,《建筑给水排水设计规范》GB 50015—2003（2009 年版）第 3.3.3 条规定，建筑物内的给水系统设计宜按下列要求确定：

1）应利用室外给水管网的水压直接供水。当室外给水管网的水压和（或）水量不足时，应根据卫生安全、经济节能的原则选用贮水调节和加压供水方案；

2）给水系统的竖向分区应根据建筑物用途、层数、使用要求、材料设备性能、维护管理、节约供水、能耗等因素综合确定；

3）不同使用性质或计费的给水系统，应在引入管后分成各自独立的给水管网。

建筑物内给水系统除要按不同使用性质或计费的给水系统在引入管后分成各自独立的给水管网，尚要在条件许可时采用分质供水，充分利用中水、雨水回用等再生水资源；尽可能利用室外给水管网的水压直接供水；给水系统的竖向分区应根据建筑物用途、层数、使用要求、材料设备性能、维护管理、节约供水能耗等因素综合确定。

（1）建筑高度超过 100m 的建筑，采用垂直分区串联供水方式的设计方案

建筑高度超过 100m 的建筑，宜采用垂直串联供水方式。《建筑给水排水设计规范》GB 50015—2003（2009 年版）第 3.3.6 条：“3.3.6 建筑高度不超过 100m 的建筑的生活给水系统，宜采用垂直分区并联供水或分区减压的供水方式；建筑高度超过 100m 的建筑，宜采用垂直串联供水方式。”

建筑高度不超过 100m 的高层建筑，一般低层部分采用市政水压直接供水，中区和高区优先采用加压至屋顶水箱（或分区水箱），再自流分区减压供水的方式，也可采用一组调速泵供水，这就是垂直分区并联供水系统，分区内再用减压阀局部调压。

对建筑高度超过 100m 的高层建筑，若仍采用并联供水方式，其输水管道承压过大，存在安全隐患，而串联供水可化解此矛盾。垂直串联供水可设中间转输水箱，也可不设中间转输水箱，在采用调速泵组供水的前提下，中间转输水箱已失去调节水量的功能，只剩下防止水压回传的功能，而此功能可用管道倒流防止器替代。不设中间转输水箱，又可减少一个水质污染的环节和节省建筑面积。

（2）高层建筑生活给水系统竖向分区不当

高层建筑生活给水系统竖向分区要根据建筑物用途、建筑高度、材料设备性能等因素综合确定。分区供水的目的不仅为了防止损坏给水配件，同时可避免过高的供水压力造成用水不必要的浪费。

对供水区域较大多层建筑的生活给水系统，有时也会出现超出本条分区压力的规定。一旦产生入户管压力、最不利点压力等超出本条规定时，也要为满足本条文的有关规定采取相应的技术措施。

高层建筑竖向分区范围过大、造成最低层卫生器具配水点的静水压力过大，违反了《建筑给水排水设计规范》GB 50015—2003（2009 年版）第 3.3.5 条。

1）各分区最低卫生器具配水点处的静水压不宜大于 0.45MPa；

2）静水压大于 0.35MPa 的入户管（或配水横管），宜设减压或调压设施；

3）各分区最不利配水点的水压，应满足用水水压要求。

用户最佳适用水压 0.20 ~ 0.30MPa，各分区顶层住宅入户管进口水压不宜小于 0.10MPa，但也不应大于水压 0.35MPa，过高或过低会给用水带来不便。在水压 ≥ 0.35MPa 的入户管（或配水横管）上宜设减压阀，分区水压控制如图 6-1。

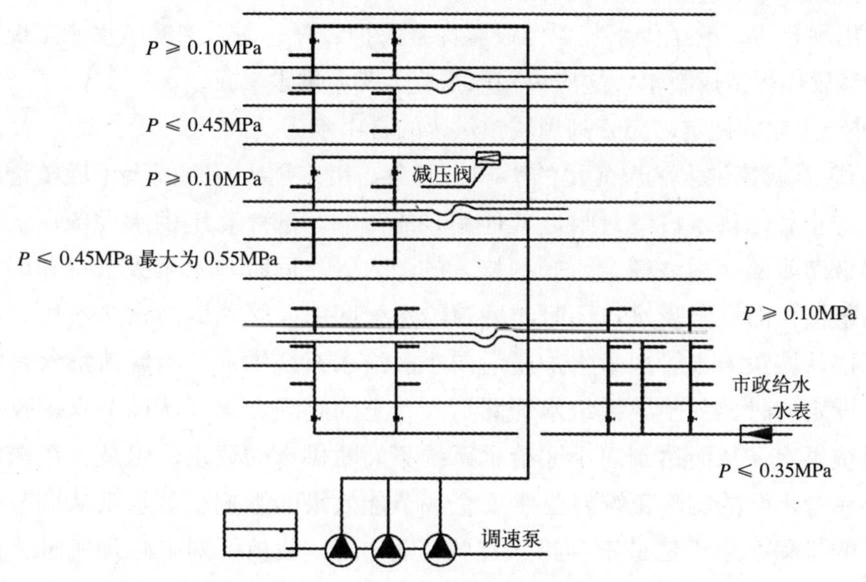

图 6-1　给水系统分区水压的控制

（3）在新建、扩建或改造项目中设计、使用管网叠压供水方式不合理

管网叠压供水设备是近年来发展起来的一种新的供水设备，可利用城镇给水管网的水压，节约了能耗，设备占地较小，节省了机房面积等优点，在工程中得到了一定的应用。但是作为供水设备的一种形式，叠压供水设备也是有其特定的使用条件和技术要求。

1）叠压供水设备在城镇给水管网能满足用户的流量要求，而不能满足所需的水压要求，设备运行后不会对管网的其他用户产生不利影响的地区使用。各地供水行政主管部门（如水务局）及供水部门（如自来水公司）会根据当地的供水情况提出使用条件要求，北京市、天津市等均有具体的规定和要求。中国工程建设标准化协会标准《管网叠压供水技术规程》CECS 221 第 3.0.5 条对此也作了明确的规定：供水管网经常性停水的区域；供水管网可资利用水头过低的区域；供水管网供水压力波动过大的区域；使用管网叠压供水设备后，对周边现有（或规划）用户用水会造成严重影响的区域；现有供水管网供水总量不能满足用水需求的区域；供水管网管径偏小的区域；供水行政主管部门及供水部门认为不宜使用管网叠压供水设备的其他区域等七种区域不得采用管网叠压供水技术。因此，当采用叠压供水设备直接从城镇给水管网吸水的设计方案时，要遵守当地供水行政主管部门及供水部门的有关规定，并将设计方案报请该部门批准认可。未经当地供水行政主管部门及供水部门的允许，不得擅自在城市供水管网中设置、使用管网叠压供水设备。

2）由于城镇给水管网的压力是波动的，而室内供水系统的所需用水量也发生着变化。为保证管网叠压供水设备的节能效果，宜采用变频调速泵组加压供水。在确定叠压供水装置水泵扬程的时候，以城镇供水管网限定的最低水压为依据，各地供水部门都有规定，更不允许出现负压。叠压供水装置中设置许多保护装置，在受到城镇供水工况变化的影响，保护装置作用造成断水，这应该采取措施，避免供水中断。

3）补充了注的规定。充分利用城镇供水的自由水头。

4）为应对城镇供水工况变化的影响，避免当用户用水量瞬间大于城镇给水管网供水能力，防止叠压供水设备对附近其他用户的影响，部分叠压供水设备在水泵吸水管一侧设置调节水箱。由城镇给水管网接入的引入管，同时与水泵吸水口和调节水箱进水浮球阀连接，而水泵吸水口同时与城镇给水管网引入管和调节水箱连接。正常情况下水泵直接从城镇给水管网吸水加压后向小区给水系统供水，当城镇给水管网压力下降至最低设定值时，关闭城镇给水管网引入管上的阀门，水泵从调节水箱吸水加压后向室内系统供水，从而达到向小区给水系统不间断供水的要求。但是，在选用这类设备时，要注意水泵的实际工况对供水安全和节能效果的影响。如水泵从调节水箱吸水时，水泵的扬程必须满足最不利用水点的压力；而当城镇管网串联加压时，由于城镇管网的余压，变频调速泵组的实际扬程要比前者小。因此，叠压供水设备选型时变频调速泵组的扬程应以调节水箱的最低水位确定，但同时应校核利用城镇给水管网压力时变频调速泵组的工作点仍应在高效区内，并且关注变频调速泵组对所需提升水压值不高的多层建筑供水系统在最低转速运行时供水安全性。同时，为设置低位贮水池贮存城镇供水管网限定的最低水压以下时段（不能叠压供水）小区所需用水量，以策安全供水。由于城镇供水工况变化莫测，低位贮水池的水可能由于得不到更新而变质，特此规定。

5）由于叠压供水设备有其特定的使用条件和技术要求，应符合现行的行业标准《管网叠压供水设备》CJ/T 254 的要求。

6.2.3.2 给水系统图绘图的常见错误分析

（1）未设置止回阀

例如，在建筑给水引入管上、密闭的水加热器或用水设备的进水管上、进出水管合用一条管道的水箱出水管段上，未设置止回阀。

这就直接违反了《建筑给水排水设计规范》GB 50015—2003（2009 年版）第 3.4.7 条。给水管道的下列管道上应设置止回阀。

1）直接从城镇给水管网接入小区或建筑物的引入管上（注：装有倒流防止器的管段，

不需再装止回阀)。

2）密闭的水加热器或用水设备的进水管上。

3）水泵出水管上。

4）进出水管合用一条管道的水箱、水塔和高地水池的出水管段上。

止回阀只是引导水流单向流动的阀门，不是防止倒流污染的有效装置。此概念是选用止回阀还是选用管道倒流防止器的原则。管道倒流防止器具有止回阀的功能，而止回阀则不具备管道倒流防止器的功能，所以设有管道倒流防止器后，就不需再设止回阀。

第1条明确只在直接从城镇给水管接入的引入管上。

第2条明确密闭的水加热器或用水设备的进水管上，应设置止回阀（如根据本规范3.2.5条已设置倒流防止器，不需再设止回阀)。由于住宅使用的热水机组容积均较小，无热水循环时发生倒流的可能性较小，故住宅户内没有设置热水循环的贮水容积不大于200L的热水机组，可不设止回阀。

第4条明确了水箱、水塔当进出水管为一条时，为防止底部进水，在底部出水的管段上应装止回阀。应注意此止回阀在水箱（塔）进水时，由于三通射流作用，使止回阀处于压力不稳定状态，会引起阀瓣（芯）振动，因此止回阀处应作隔振处理。改进措施如图6-2和图6-3。

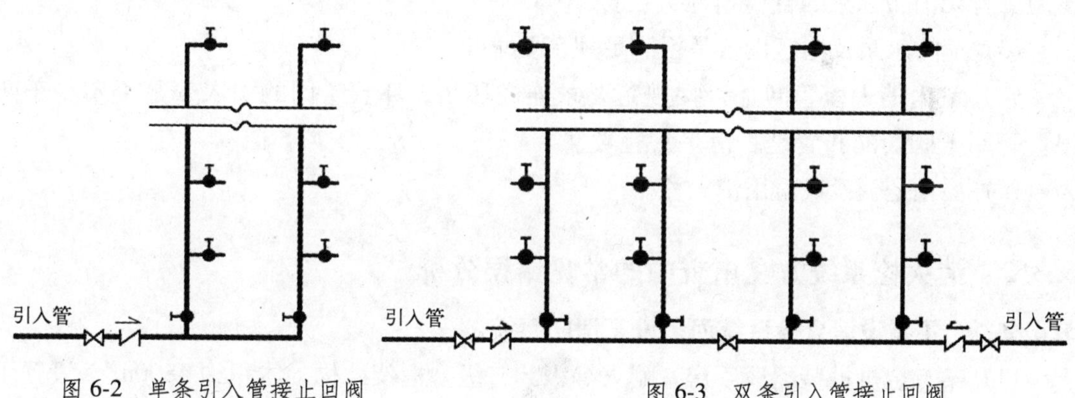

图6-2　单条引入管接止回阀

图6-3　双条引入管接止回阀

(2) 给水管网缺少自动排气阀

给水管缺少自动排气阀违反了《建筑给排水设计规范》GB 50015—2003（2009年版）第3.4.13条第1、3款。给水管道的下列部位应设置排气装置：1)间歇性使用的给水管网，其管网末端和最高点应设置自动排气阀；2）气压给水装置，当采用自动补气式气压水罐时，其配水管网的最高点应设自动排气阀。

要求设置排气阀的地点都是管道容易积气的地方，设置排气阀后，能及时排除管道的积气，有利水的流动，避免气塞、水击造成的噪声等。改进措施如图6-4。

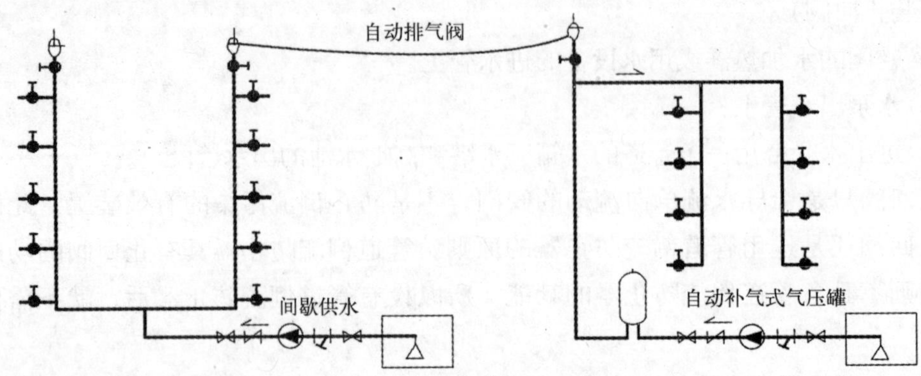

图 6-4 给水系统设排气管的地方

6.3 消火栓系统图审查及常见问题分析

6.3.1 消火栓消防系统图审图要点

(1) 消防水池和屋顶消防水箱的储水容积是否符合规定。当消防、生活合用水池、水箱时，有无保证消防水量不被动用的措施。

(2) 消防满足规范要求。系统上是否有减压、泄压等安全使用和保证灭火效果的措施。有无消防水泵的自检措施。

(3) 消防水泵及增压设备是否满足规范要求。

(4) 室内消火栓管网是否按规范要求连成环状。环状管网的引入管是否不少于两根。管网上阀门的布置是否满足规范要求。

(5) 屋顶是否设试验用消火栓。

6.3.2 消火栓系统方案审查中的常见错误分析

6.3.2.1 不需设消火栓系统而多设了消防系统

(1) 某五金机械装配厂厂房，耐火等级为二级，框架结构，体积约 4800m^3，设置了消防系统。

该厂房装配机械零件，产品在空气中遇到火烧时不起火，不微燃，不碳化，不会因使用的原料或成品引起火灾，生产火灾危险性为戊类。根据《建筑设计防火规范》GB 50016—2006 第 8.1.1 条：耐火等级不低于二级，且建筑物体积小于等于 3000m^3 的戊类厂房或居住区人数不超过 500 人，且建筑物层数不超过两层的居住区，可不设置消防给水。虽然某五金机械装配厂厂房体积超过 3000m^3，但《建筑设计防火规范》GB 50016—2006 第 8.4.2 条中的注释说明："耐火等级为一、二级且可燃物较少的单层、多层丁、戊类厂房（仓库），耐火等级为三、四级且建筑体积小于等于 3000m^3 的丁类厂房和建筑体积小于等于 5000m^3 的戊类厂房（仓库），粮食仓库、金库可不设置室内消火栓”。因此，某五金机械装配厂厂房，耐火等级为二级，框架结构，体积约 4800m^3，可以不设置消防系统。

（2）某三层综合楼（一半为办公，一半为员工宿舍），体积小于 5000m^3。该楼设置了室内消防给水系统。

根据《建筑设计防火规范》GB 50016—2006 第 8.3.1 条第四款之规定，该楼可不设室内消防给水系统。而根据该规范第 8.4.2 条，似乎应设室内消防给水系统。两者是否矛盾呢？该规范第 8.3.1 条：“除符合本规范第 8.3.4 条规定外（存有与水接触能引起燃烧爆炸的物品的建筑物和室内没有生产、生活给水管道，室外消防用水取自储水池且建筑体积小于等于 5000m^3 的其他建筑可不设置室内消火栓），下列建筑应设置 *DN*65 的室内消火栓：体积大于 5000m^3 的车站、码头、机场的候车（船、机）楼、展览建筑、商店、旅馆建筑、病房楼、门诊楼、图书馆建筑等。”因此，它是讲何时应设置室内消防给水系统。根据该规定，本案例工程不设室内消防给水系统。该规范第 8.4.2 条是讲当设有室内消防给水系统时，究竟如何具体布置其管道的问题。可见，两个条文并不矛盾。

改进措施：某三层综合楼（一半为办公，一半为员工宿舍），体积小于 5000m^3。根据《建筑设计防火规范》GB 50016—2006 第 8.3.4 条，该楼可不设室内消防给水系统。

6.3.2.2 该设消火栓系统而少设了消防系统

（1）高层民用建筑的架空层及底层无住宅的入户大堂，没有设置室内消火栓。

根据《高层民用建筑设计防火规范》GB 50045—2005 第 7.4.6 条，除无可燃物的设备层外，高层建筑和裙房的各层均应设室内消火栓，并应符合下列规定：消火栓应设在走道、楼梯附近等明显易于取用的地点，消火栓的间距应保证同层任何部位有两个消火栓的水枪充实水柱同时到达。但是，对于架空层当作为上部管道转换空间时，可看作无可燃物的设备层，按《高层民用建筑设计防火规范》GB 50045—2005 第 7.4.6 条规定，可不设置室内消火栓；而对于底层无住宅的入户大堂并非无可燃物的楼层，故应保证同层任何部位，都要有两个水枪的水枪充实水柱同时到达。

（2）高层住宅消防电梯间前室必须设消火栓

《高层民用建筑设计防火规范》GB 50045—2005 规定“高层建筑消防电梯间前室必须设消火栓”，那么设于前室的消火栓可否保护相邻部位呢？《高规》的条文说明对此并没有具体说明，但是《建筑设计防火规范》GB 50016—2006 中对消防电梯前室应设室内消火栓的条文说明中明确指出：消防电梯前室内消火栓是为便于消防队员使用消火栓并开辟通路，不能计入总消火栓数内。因此在设计中我们通常将其视为消防电梯间前室专用，而不保护其余部位。目前上海等部分地方消防设计规定，高层建筑的防烟楼梯间前室也需设消火栓。如图 6-5。

消防电梯间前室不设消火栓违反了《建筑设计防火规范》GB 50016—2006 第 8.4.3

条的第 2 款（强制性条文）——室内消火栓应符合下列要求：消防电梯间前室应设室内消火栓。同时，也违反了《高层民用建筑设计防火设计规范》(GB 50045—2005）第 7.4.6.8 款的规定——消防电梯间前室应设消火栓。

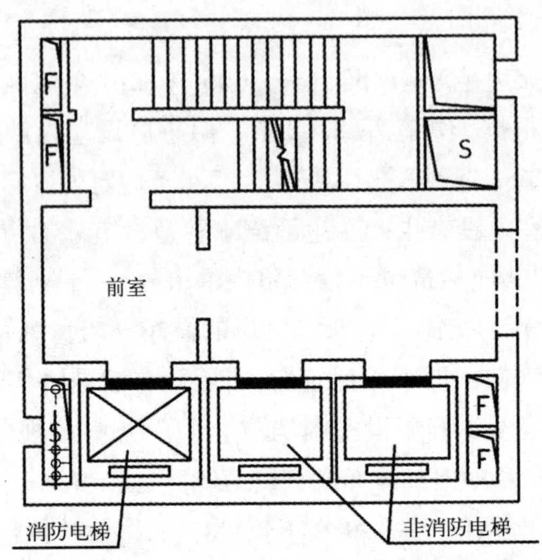

图 6-5　消防电梯前室设消火栓系统的做法

6.3.2.3　消火栓系统设置方式或参数不对

（1）某塑胶厂沿街建 7 层宿舍楼，底层、2 层拟为商业网点，3 ~ 7 层为宿舍，室内消火栓用水量采用 5 L/s。

此情况主要是对建筑物用途判定错误引起的。底层、2 层为商业网点，3 ~ 7 层为宿舍，建筑物类别应定位为商住楼或其他建筑，而不是住宅。根据《建筑设计防火规范》GB 50016—2006 第 8.4.1 条规定，室内消火栓用水量采用 15 L/s。

（2）供消防车取水的消防水池，保护半径大于 150m。

消防水池供移动式消防车用水时，消防车发挥最大供水能力时的供水距离为 150m，故消防水池的保护半径为 150m。厂区一般都在偏远地区，处于城镇供水管网的尾部，水源不足，更加需要依靠消防水池的贮水。大中型工业厂区占地面积较大，设一个消防水池，半径往往保护不到所有的建筑物。但因执行此条文有一定的困难，设计人员以为不是强制性条文，就将其忽略，结果违反了《建筑设计防火规范》GB 50016—2006 第 8.6.1 条中第 5 条与第 6 条的规定：符合下列规定之一的，应设置消防水池，消防水池的保护半径不应大于 150.0m。改进措施：设计中应增设水池或设连通取水口，也可采取增设室外消火栓加压泵加压至室外消防专用管，以保证所有的建筑物、构筑物都在保护半径内。

（3）在高层民用建筑消防设计中，采用了双阀型双出口消火栓。

双阀型双出口消火栓，不能随意设置。一般地，设计中禁止使用单阀型双出口消火栓，也不建议使用双阀型双出口消火栓。仅下列情况可采用双阀型双出口消火栓：(1) 按照《建筑设计防火规范》GB 50016—2006 第 8.4.3 条，在建筑物的最上一层设置；(2)《高层民用建筑设计防火规范》GB 50045—2005 第 7.4.2 条规定的 18 层及以下的单元式和塔式住宅（但每层不超过 8 户、建筑面积不超过 650m^2），可有条件地使用双出口消火栓；(3) 条形建筑的尽端（参见《全国民用建筑工程设计技术措施－给水排水》第 7.1.4.2.13 条），但仍要征得消防审批部门许可。

(4) 在高层建筑消防设计中，使用双阀双出口消火栓代替两组单阀消火栓。

在某些条形高层建筑中，其端部是否可以采用双阀双出口消火栓，从而省去 1 组单阀消火栓的设置呢？《高层民用建筑设计防火规范》GB 50045—2005 第 7.4.2 条规定：消防竖管的布置，应保证同层相邻两个消火栓的水枪的充实水柱同时达到被保护范围内的任何部位。每根消防竖管的直径应按通过的流量经计算确定，但不应小于 100mm。以下情况，当设两根消防竖管有困难时，可设一根竖管，但必须采用双阀双出口型消火栓。1) 18 层及 18 层以下的单元式住宅；2) 18 层及 18 层以下、每层不超过 8 户、建筑面积不超过 650m^2 的塔式住宅。

因此，对于 18 层及 18 层以下，每层不超过 8 户、建筑面积不超过 650m^2 的塔式住宅，当设两根消防竖管有困难时，可设一根竖管。但必须采用双阀双出口消火栓，且以强制性条文的形式予以规定。因此，在设计中我们应该力求避免出现这种情况。

(5) 小区甲、乙幢高层建筑共用消防水池、消防泵及消防水箱，乙幢消火栓环状管网由区域内设有消防水源的甲幢供给，乙幢在两根引入管上均设有阀门，每根竖管上下亦设阀门，但底部环状管上中间未设一个分段检修阀。

小区多幢高层建筑可共用消防水池、消防泵及消防水箱。目前常发现的问题是，乙幢消火栓环状管网由区域内设有消防水源的甲幢供给，乙幢在两根引入管上均设有阀门，每根竖管上下亦设阀门，但底部环状管上中间未设一个分段检修阀，若底部环状管某段损坏要进行检修时，就必须关闭二路进水，造成整栋楼无消防水源，存在着极大的安全隐患，违反了相关的规定。

消防水泵房向环状管供水的加压管不应少于两条，环状管上应分段设阀门，即在两根出水管之间要设阀门，环状管上至少还要再设一只检修阀，保证管路分段，检修时才能向管网供应全部的消防用水，设计人员未正确设计，倘若管网出现故障需维修，就无法保证供应全部的消防用水，违反了强制性条文。

犯以上错误，主要还是对用阀门将环状管分成若干独立段的意义理解不够，环状管若未分成独立段，就不能保证管网在任何情况下都能供给火场用水，实际就是枝状管。改进措施：乙幢消火栓底部环状管网上的中间设一个分段检修阀。

(6) 多层建筑漏设水泵接合器

多层建筑未按要求设置水泵接合器，违反了《建筑设计防火规范》GB 50016—2006

第 8.4.2 条的第 5 款（强制性条文）的规定。多层建筑消防系统，如果不设消防水泵接合器，当室内消防水泵发生故障或消防水量、水压不足时，消防人员必要从室外铺设水龙带至室内火场，耽误火灾扑灭时间，使火灾蔓延，从而增加火灾损失。

消防水泵接合器应设置在易于寻找，使用方便的地方。消防水泵接合器有标准定型产品，设计人员在选择时可根据具体工程情况按照给水排水国家标准图 99S203《消防水泵接合器》而定。消防水泵接合器可设在给水进口立管上，也可设在底层消防环网上；消防水泵接合器的数量应根据消防水量和接合器的额定流量确定。

（7）消火栓布置不能保证两股水柱同时到达室内任何部位，在进行建筑室内消火栓平面布置时，按建筑物性质、高度、层数、体积等特征，消火栓布置应为两支水枪的充实水柱同时到达建筑物室内任何部位，而设计未按要求去做。一是违反了《建筑设计防火规范》GB 50016—2006 第 8.4.3 条第 7 款（强制性条文）的规定；二是违反了《高层民用建筑设计防火设计规范》GB 50045—2005 第 7.4.2 条的规定。

进行消防设计时，如果不能做到室内任何部位都保证有两支水枪的充实柱同时到达，火灾时，当出现某一消火栓在受到火灾威胁或恰遇检修不能使用时，与其相邻的另外消火栓的充实水柱又不能覆盖到该消火栓所保护的范围，就有可能造成灭火失败或火灾蔓延。

改进措施：室内消火栓的布置间距，应根据两支水枪的充实水柱同时到达室内任何部位为原则进行布置；充实水柱的长度应计算确定，当计算值大于规范规定值时，充实水柱长度取计算值；当计算值小于规范规定值时，充实水柱长度取规范规定值。

（8）高层建筑消防水箱容积不够，或架空高度不足且不采取措施

如某高层建筑，属于二类建筑，消防水箱容积不够（图 6-6）。《高层民用建筑设计防火设计规范》GB 50045—2005 第 7.4.7.1 和第 7.4.7.2 款明确规定："高位消防水箱的消防储水量，一类公共建筑不应小于 18m^3；二类公共建筑和一类居住建筑不应小于 12m^3；二类居住建筑不应小于 6.00m^3。"

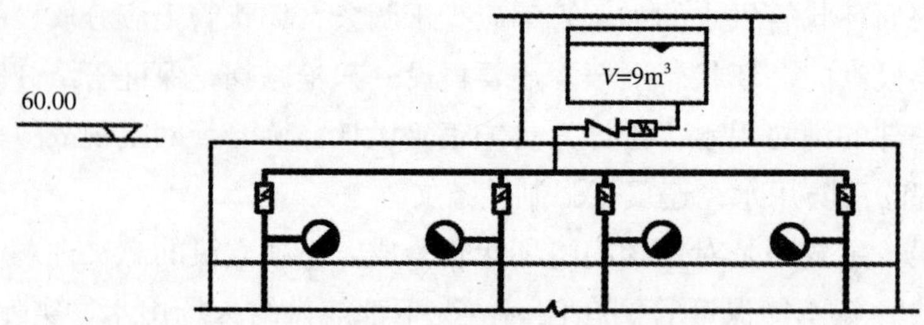

建筑性质为二类公共建筑

图 6-6 消防水箱容积不够

消防水箱的设置高度若不能满足规范对不同建筑最不利点消火栓栓口静水压力要求，将会影响扑救初期火灾时的灭火效果；消防水箱的储水量不足，则不能保证扑救初期火灾所需的消防水量。因此，高位消防水箱的设置高度应保证最不利点消火栓静水压力。当建筑高度不超过 100m 时，高层建筑最不利点消火栓静水压力不应低于 0.07MPa；当建筑高度超过 100m 时，高层建筑最不利点消火栓静水压力不应低于 0.15MPa。当高位消防水箱不能满足上述静压要求时，应设增压设施。为达到规范要求，应将水箱底与最高层消火栓栓口的距离增大到不小于 7m，将水箱容积扩大至 $18m^3$，如图 6-7。或当水箱架空高度不能满足要求时，设增压设施。详见国标图集 98S205《消防增压稳压设备选用与安装（隔膜式气压罐）》。

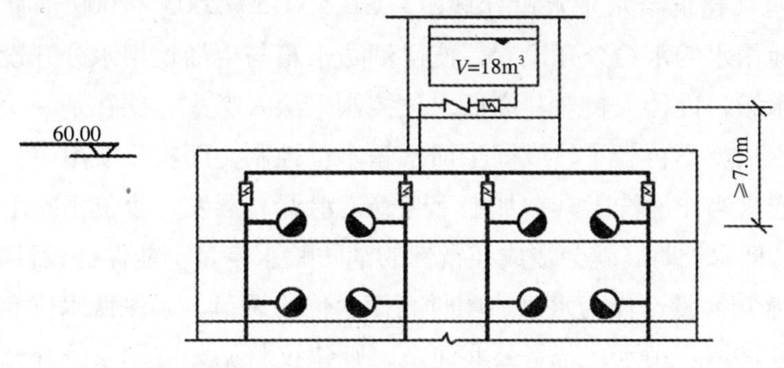

建筑性质为二类公共建筑

图 6-7　当高位消防水箱不能满足静压要求时的做法

（9）消火栓跨越防火分区进行灭火

火灾发生时，用于防火分隔的防火门或防火卷帘都将关闭，因此，消火栓不宜跨越防火分区进行灭火。

《建筑设计防火规范》GB 50016—2006 第 8.4.3.7 条明确规定："室内消火栓的布置，应保证每一个防火分区同层有两只水枪的充实水柱同时到达任何部位"。虽然《高层民用建筑设计防火规范》GB 50045—2005 未对"消火栓应为所在防火分区服务"作出明文规定，但一般认为，高层建筑的防火等级不宜低于非高层民用建筑的，故《建筑设计防火规范》GB 50016—2006 第 8.4.3.7 条可认为同样适用于高层民用建筑。

（10）防烟楼梯间设置消火栓

防烟楼梯间不应设消火栓。原因有二：1）防烟楼梯间本身无火灾危险，并不需要消火栓；2）《高层民用建筑设计防火规范》GB 50045—2005 第 5.4.2 条规定："用于疏散的走道、楼梯间和前室的防火门，应具有自行关闭的功能"。消防龙带若穿越防火门，将导致防火门不能完整关闭，因此会影响防烟楼梯前室或消防电梯前室的防烟效果。所以，防烟楼梯间即使设置消火栓，也不允许穿越防火门为防烟楼梯间之外的场所服务。

(11) 消防管网布置成环的问题

高层建筑中一般要求消火栓系统布置成环状管网，在某些大面积的建筑内，由于各方向均布置了消火栓和消防立管，此时我们可将底层与顶层的消防干管均连成水平环路，立面又形成以立管相连的竖直环路，这种立体管网对消防供水最为安全。可是对于某些条形建筑，设计中我们只要将管网竖向成环即可，不必刻意追求这种立体管网，如果强行将消防干管绕成环路，将人为的使系统复杂化，且无太大意义。

(12) 屋顶消防水箱贮水量与水质问题

过去消防与生活共用水箱，消防水有不被动用措施，上部生活用水不断补充，水位能够得到保证，但《建筑给水排水设计规范》GB 50015—2003（2009 年版）要求生活饮用水箱应与其他用水的水箱分开设置，使得消防水箱与生活饮用水分开设置。对于由水泵补水的消防水箱，设计人员对其高低水位控制未深入考虑，往往是一次加压存满室内十分钟消防用水后就不再管了，或同生活水箱水位控制，而实际使用中，人们常常会把消火栓或消防卷盘当作冲洗工具，加上平时管道泄漏、蒸发，水位不断下降，但又尚未达到启泵所设的低水位时，就会造成经常性的消防贮水容量不能保持设计容量，为此，建议适当增大 1t 水箱容量，作为水泵启闭时高低水位的调节，确保低水位启泵时水箱内还贮存有室内十分钟消防用水。若是公共建筑，则建议将诸如空调系统补充水、便器冲洗水等不与人体直接接触的杂用水与消防用水合用水箱，既解决了此问题，又使消防水箱内的水不至于成为死水。

并不是每个室外消火栓的接出支管上都加设管道倒流防止器，如：单独接出消防用水管道时，在消防用水管的起端应设置倒流防止器（注：不含室外给水管道上接出室外消火栓），有些设计人员不知是未注意到注释还是觉得多设保险，在每个接出室外消火栓的支管上都加设管道倒流防止器。市政供水管向小区单路供水，在引入管上设管道倒流防止器，绿地喷灌采用地下式洒水栓，每接出一个洒水栓再加设一个管道倒流防止器，经过两个管道倒流防止器水头损失后，水压所剩无几，其实小区内部有人管理，洒水栓可采用地上式，高出地面 400m 以上即可，市政管单路向小区供水亦不必设管道倒流防止器。

6.3.2.4 消火栓系统画图过程中的错误

(1) 减压阀在消防给水系统中的位置设置问题

1) 推荐比例式减压阀

减压阀有卧式和立式两种安装方式。许多商住大厦的住宅楼层高只有 2.68 ~ 3.0m，采用适宜安装在横干管上的可调式减压阀勉强能布置在吊顶上，但对今后减压阀的拆卸更换、管理维修和仪表监测等工作相当不利。故首选比例式减压阀且水流向下的立式安装方式。

2）出口应加设排气阀

接减压阀的管段不应有气堵、气阻现象。设置减压阀的给水管道，在减压阀设置位置的前后管段应设排气阀。

3）水箱下降管需放大

减压阀分区给水系统需由高位水箱供水，水箱出水管至水箱最低水位应有不少于 500mm 的保护高度。完善消防水箱有效存水的供水灭火功能，推荐将出水下降管的口径放大一至二号，把顶部竖直大口径短管高度控制在 2m 以上，确保水箱到达较低水位时，恰到好处的淹没水深能更好地避免出水口吸入空气。

目前国内减压阀品种繁多，产品质量良莠不齐。为进一步控制产品长期使用质量，推荐首选以“国标图”与“应用”的图文资料为依据，有关各方人员共同努力加强选用减压阀方面的科学管理。减压阀的安装如图 6-8。

（2）消防水箱出水管未设止回阀

例如，某消防水箱绘图如图 6-9 所示。首先，该图违反了《建筑设计防火规范》GB 50016—2006 第 8.4.24 条第 4 款的规定：设置常高压给水系统并能保证最不利点消火栓和自动喷水灭火系统等的建筑物，或设置干式消防竖管的建筑物，可不设置消防水箱。

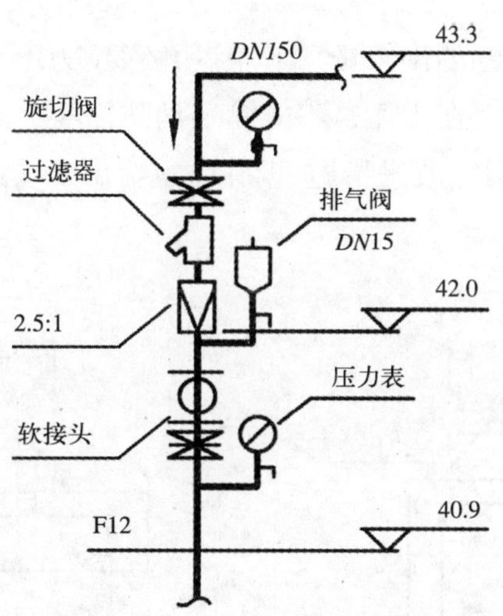

图 6-8　减压阀的常见安装方法

设置临时高压给水系统的建筑物应设置消防水箱（包括气压水罐、水塔、分区给水系统的分区水箱）。消防水箱的设置应符合下列规定：发生火灾后，由消防水泵供给的消防用水不应进入消防水箱。如消防水箱出水管未设止回阀，火灾时消防泵出水经管网进入水箱，使消防管网泄压，不能保证火灾时消火栓所需的水压和水量。改进措施：在高位水箱的消防出水管上增设止回阀。

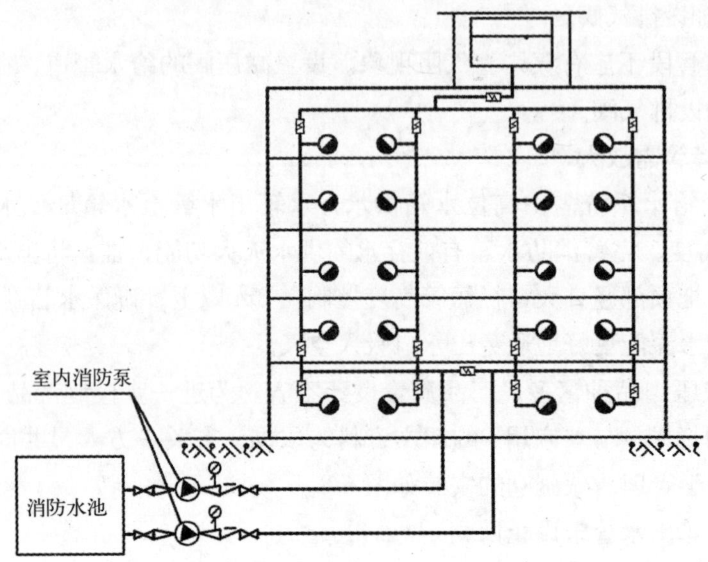

图 6-9　高位水箱的出水管上未装止回阀

（3）屋顶消防水箱处设有增压稳压设备时，未设并联重力出水管与消防管网连接。

某消防系统图如图 6-10，屋顶消防水箱处设有增压稳压设备时，消防水箱未设并联重力出水管与消防管网连接。

消防水箱应保证火灾初期的供水量。若不设并联重力出水管与消防管网连接，则在气压装置供水后，只有稳压泵在工作，不能满足消防需要，这样消防水箱储水就不能起到在火灾初期供水灭火的作用。改进措施：设并联重力出水管与消防管网连接，如图 6-11。

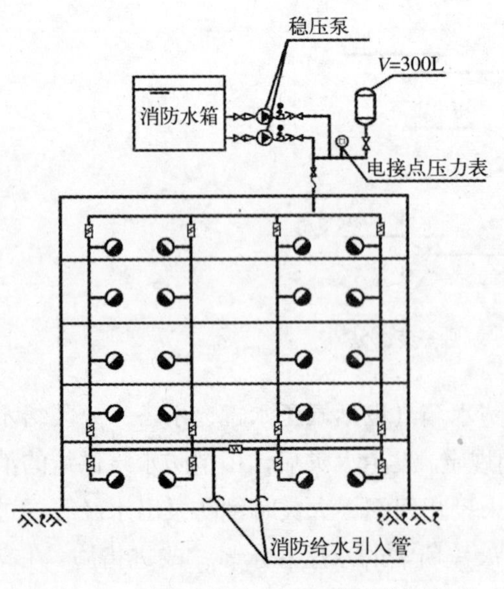

图 6-10　消防水箱未连重力管的错误画法

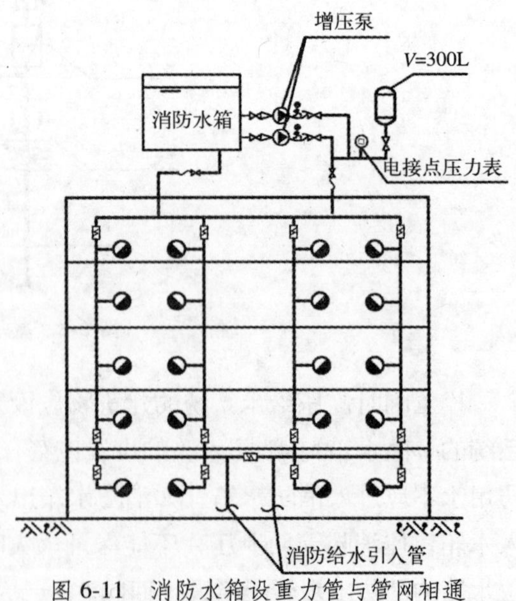

图 6-11　消防水箱设重力管与管网相通

6.4　自动喷淋系统图审查及常见问题分析

6.4.1　自动喷水灭火系统设计图审查要点

(1) 消防水池和屋顶消防水箱的储水容积是否符合规定。当消防、生活合用水池、水箱时，有无保证消防水量不被动用的措施。

(2) 消防满足规范要求。系统上是否有减压、泄压等安全使用和保证灭火效果的措施。有无消防水泵的自检措施。

(3) 消防水泵及增压设备是否满足规范要求。

(4) 自动喷水灭火系统各层末端是否设有终端放水试验装置。

(5) 消火栓与自动喷水灭水系统管径是否合理。

(6) 寒冷地区，地下不采暖车库是否采用干式或预作用自动喷水灭火系统。

(7) 消防水泵接合器的设置是否满足规范要求。

6.4.2　方案与建筑功能审查及常见错误分析

(1) 在设置喷淋系统时，商住楼上部的住宅按公共建筑对待

例如，笔者审查过的某自动喷淋系统图，该方案在设置喷淋系统时，商住楼上部的住宅按公共建筑对待。实际上，根据《住宅建筑规范》GB 50368—2005 第 2.0.1 条及《自动喷水灭火系统设计规范》GB 50084—2005 第 3.0.3 条，商住楼中的住宅部分，在设置喷淋系统时，应按普通住宅对待。因此，应更改设计标准。

(2) 35 层及以上的住宅建筑内的户内设置喷淋系统，按照《住宅建筑规范》GB 50386—2005 进行设计。

在自动喷淋系统图设计审查中，经常可以见到引用标准的错误。如《住宅建筑规范》GB 50386—2005 第 9.6.2 条规定:35 层及 35 层以上的住宅建筑应设置自动喷水灭火系统。但它没有说明应在哪些部位设置自动喷淋系统。实际上，具体设置位置应按《高层民用建筑设计防火规范》GB 50045—2005 第 7.6.1 条及第 7.6.2 条执行。

《高规》第 7.6.1 条规定:“建筑高度超过 100m 的高层建筑及其裙房,除游泳池、溜冰场、建筑面积小于 5.00m^2 的卫生间、不设集中空调且户门为甲级防火门的住宅的户内用房和不宜用水扑救的部位外，均应设自动喷水灭火系统。”

《高规》第 7.6.2 条规定:“建筑高度不超过 100m 的一类高层建筑及其裙房,除游泳池、溜冰场、建筑面积小于 5.00m^2 的卫生间、普通住宅、设集中空调的住宅的户内用房和不宜用水扑救的部位外，均应设自动喷水灭火系统。”

因此，本案例中，35 层及以上的住宅建筑内的户内设置喷淋系统，应按照《高规》第 7.6.1 条及第 7.6.2 条执行。

(3) 某多层民用建筑中，底部设有每套均小于 300m^2 的小商铺。多套联排时的总面积大于 3000m^2，小商铺内设置了自动喷水灭火系统。

此时要区分两种情况：1）若此时的小商铺属于“商业服务网点”（定义详见《建筑设计防火规范》GB 50016—2006 的附录解释），则商铺内可不设自动喷水灭火系统。2）除上述情况之外的情形，根据《建筑防火设计规范》GB 50016—2006 第 8.5.1 条第 4 款：下列场所应设置自动灭火系统，除不宜用水保护或灭火者以及本规范另有规定者外，宜采用自动喷水灭火系统。任一楼层建筑面积大于 1500m^2 或总建筑面积大于 3000m^2 的展览建筑、商店、旅馆建筑，以及医院中同样建筑规模的病房楼、门诊楼、手术部；建筑面积大于 500m^2 的地下商店。

因此，设计时应分情况设置自动喷水灭火系统。不过，在笔者所见到的实际情况中，大部分小商铺都设置了自动喷水灭火系统。自动喷水灭火系统有严格之趋势。

(4) 水泵房、制冷机房地下室未设自动喷水灭火系统

在自动喷水灭火系统图审查中，水泵房、制冷机房地下室未设自动喷水灭火系统比较常见。水泵房、制冷机房地下室是否应设置自动喷水灭火系统，应严格按《高层民用建筑设计防火规范》GB 50045—2005 第 7.6.1 条、第 7.6.2 条、第 7.6.4 条执行。

由于发生火灾时，地下建筑不易疏散，扑救困难，故对于地下室防火分区，必须严格要求和控制。为此，当未设自动喷水灭火系统时，包括水泵房、制冷机房在内的地下室面积须控制在 500m^2 以内。另应注意，若生活或消防水池为混凝土结构，则水池所占面积可不包括在内；而当生活水池为不锈钢结构时，由于其周围要留出检修通道，则生活水池所占面积应包括在内。

因此，根据《高层民用建筑设计防火规范》GB 50045—2005 的说明，无自动喷水灭火系统的地下室允许最大面积为 500m^2。当水泵房及制冷机房的面积超过该值时，应设置自动喷水灭火系统。

(5) 普通住宅小区一层设置的棋牌室、乒乓球室里，没有设置自动喷水灭火系统。而对厂区宿舍一层设置的棋牌室、乒乓球室等，设置了自动喷水灭火系统

参照《高层民用建筑设计防火规范》GB 50045—2005 第 4.1.5A 条的界定，“棋牌室”、“乒乓球室”并不属于歌舞娱乐放映游艺场所。当“棋牌室”、“乒乓球室”位于高层建筑内时，是否设自动喷水灭火系统，应按《高规》第 7.6.1 条～第 7.6.3 条执行。而普通的多层住宅小区内的“棋牌室”、“乒乓球室”，可不设自动喷水灭火系统。

对厂区宿舍一层设置的棋牌室、乒乓球室等，首先应执行《建筑设计防火规范》GB 50016—2006 第 8.3.2 条的规定：“集体宿舍、公寓等非住宅类居住建筑的室内消防给水设计要按照公共建筑的要求进行。厂区内非高层宿舍是否设自动喷水灭火系统，应按《建筑防火设计规范》GB 50016—2006 第 8.5.1 条执行；厂区内高层宿舍是否设自动喷水灭火系统，应按《高层民用建筑设计防火规范》GB 50045—2005 第 7.6.1 条至第 7.6.3 条

执行。”

（6）喷淋系统火灾危险等级问题设计错误

在设计中，遇到总建筑面积小于 5000m^2 的商场较多，自动喷水灭火系统按中危险级 I 级定性，设计人员很熟悉，逐渐形成了凡商场就是“中危 I 级”的概念，未注意到《自动喷水灭火系统设计规范》GB 50084—2001 附录 A 规定：总建筑面积大于 5000m^2 及以上的商场时，火灾危险等级应为中危险级 II 级。因此一遇到总建筑面积大于 5000m^2 及以上的商场时，设计就出现了错误。大型商场因其火灾危险性增大，应按中危险级 II 级设防，此时喷水强度增强为 8L/(min·m^2)，喷头正方形布置边长变小，边长为 3.4m，矩形或平行四边形布置的长边边长 3.6m。类似的还有设在商场内的仓库区，局部喷水强度应按仓库所储存的物品危险等级选择 12 ～ 20L/(min·m^2) 的流量，喷头正方形布置边长 3.0m，矩形或平行四边形布置的长边边长 3.6m。

（7）自动喷水灭火系统选型不对

在冬季环境温度低于 4℃的不采暖的地下车库设计自动喷火灭火系统时，仍采用湿式系统或采用干湿两用闭式系统，如图 6-12。

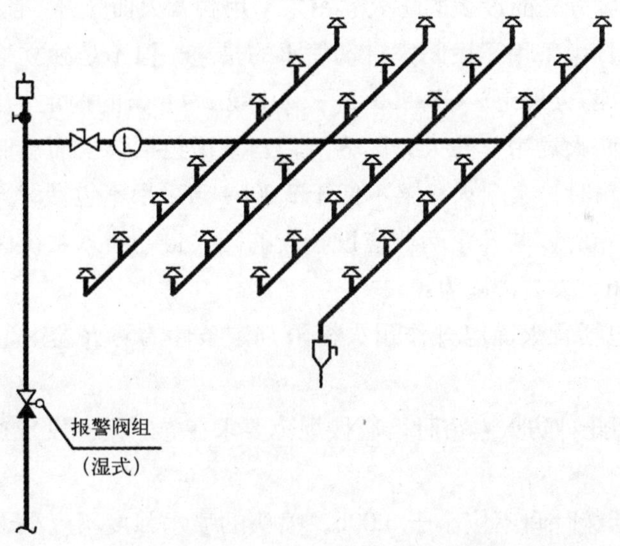

图 6-12　选用湿式报警阀的错误

此案例中，违反了《自动喷水灭火系统设计规范》GB 50084—2001 第 4.2.2 条（强制性条文）的规定：环境温度低于 4℃，或高于 70℃的场所应采用干式系统。这是因为自动喷水系统管道内的水经常不流动，在北方地区冬季要结冰。实际上，在冬季环境温度低于 4℃的不采暖地下汽车库设计时应考虑车库按正常通风设计要求进行换气。干湿两用系统因交替进水与排气，往往排水不净，造成局部电化学腐蚀严重，影响系统灭火效果，目前很少采用，规范也取消了相关内容。因此，本案例中，应选择干式系统；或按规范选择预作用系统。

（8）自动喷水灭火系统未设排水设施

例如，某高层建筑，地下车库和办公区设有自动喷水灭火系统，末端试水装置未设排水设施。

末端试水装置主要是用来检测系统的可靠性，经常要测试排水，应设置有足够排水能力的排水设施。该设计违反了《自动喷水灭火系统设计规范》GB 50084—2005 第 6.5.1 条规定。

《自喷规范》要求每个报警阀组控制的最不利点喷头处，应设置末端试水装置，末端试水装置的出水，应采取孔口出流的方式排入排水管道。设计人员通常不会忘记末端试水装置中试水阀、压力表的设置，但是往往忽视试水接头的设置，特别是试水接头出水口的口径没有交代。其实目前市场许多消防设备生产厂家，可以生产成套的末端试水装置，只需要设计者根据设计要求，按照试水接头出水口的流量系数选择定型产品即可。此外，试水接头不能与管道或软管直接连接，影响孔口出流的效果；自喷排水管也应设计成间接排放，以免下水道气体通过排水漏斗散入室内，影响室内空气品质。

（9）代替防火墙的喷水卷帘，未设独立系统

当作为防火分区分隔而设置的防火卷帘未采用测背火面温升，且耐火极限达到 3.00h 的防火卷帘时，设计中采用了设闭式自动喷水的措施，但不是独立给水系统。此违反了《高层民用建筑设计防火规范》GB 50045—2001 第 5.4.4 条的规定：在设置防火墙确有困难的场所，可采用防火卷帘作防火分区分隔，当采用包括背火面不低于温升作耐火极限判定条件的防火卷帘时，其耐火极限不低于 3.00h；当采用不包括背火面温升作耐火极限判定条件的防火卷帘时，其卷帘两侧应设独立的闭式自动喷水系统保护，系统喷水延续时间不应小于 3.00h。改进措施为：

1）优先采用包括背火面温升作耐火极限判定条件的防火卷帘，其耐火极限不低于 3.00h。

2）若不能采用此种防火卷帘时，应按规范要求在卷帘两侧设置独立的闭式自动喷水系统保护。

3）系统喷水延续时间不应小于 3.00h。喷头的喷水强度不应小于 0.5L/(s·m)，喷头间距应为 2 ～ 2.5m，喷头距卷帘的距离宜为 0. 5m。

（10）净空大于 800mm 的闷顶和技术夹层未设喷头

在设计中，经常可以发现净空大于 800mm 的闷顶和技术夹层未设喷头的现象。此违反了《自动喷水灭火系统设计规范》GB 50084—2001 第 7.1.8 条（强制性条文）的规定：净空高度大于 800mm 的闷顶和技术夹层内有可燃物时，应设置喷头。

根据国内外大量火灾案例分析，吊顶和技术夹层内发生火灾，主要原因为电线故障引燃吊顶内和技术夹层内的可燃物（吊顶材料和风管保温材料使用可燃材料）所致。

因此，当吊顶上方闷顶和技术夹层的净空高度大于 800mm，且其内电线为普通电缆，

吊顶材料和风管保温材料为可燃物时，应在闷顶和技术夹层内设置喷头。若吊顶上方闷顶和技术夹层内的电缆设有金属套管、全封闭线槽、托盘，吊顶和保温材料为非燃烧物时，可不设喷头。

6.4.3 自动喷水系统图绘图审查与常见错误分析

6.4.3.1 漏设喷头

（1）地下汽车库进、出口未设防火卷帘等措施时，坡道漏设喷头

此违反了《汽车库、修车库、停车场设计防火规范》CB 50067—97 第5.3.3条的规定：除敞开式汽车库、斜楼板式汽车库以外的多层、高层建筑地下汽车库、汽车坡道两侧应用防火墙与停车区隔开，坡道的出入口应采用水幕，防火卷帘或设置甲级防火门等措施与停车区隔开，当汽车库和汽车坡道上均设有自动灭火系统时，可不受此限。因此，汽车库进、出口设置防火卷帘等措施。否则应按规范要求在车道设置喷头。

（2）机械立体停车库，底层停车托盘漏设侧喷头

此违反了《汽车库、修车库、停车场设计防火规范》GB 50067—97 第7.2.3条第2款的规定：机械式立体汽车库、复式汽车库的喷头除在屋面板或楼板下按停车位的上方布置外，还应按停车的托板位置分层布置，且应在喷头上方设置集热板。因此，应按规范要求，在停车托盘加设侧喷头，如图6-13。

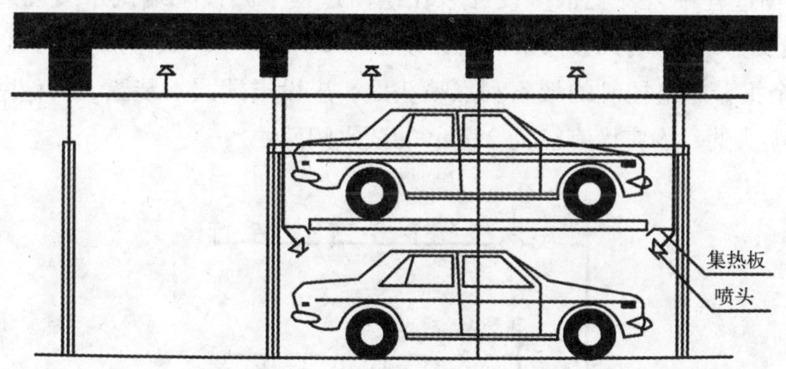

图6-13 汽车停车库侧设喷头示意图

6.4.3.2 走道喷头的布置

在高层建筑中，往往设有吊顶，隐藏结构梁及各专业管道。而走道通常是各种管道最为集中的地方，特别是设置集中空调的高层建筑，结构梁、空调风管以及分层布置的给水排水、电力管线等使设有吊顶的走道净空降低，若其吊顶形式为闷顶，则其闷顶的净空高度极有可能大于800mm。而《自动喷水灭火系统设计规范》GB 50084—2005 第3.4.3.3条规定：净空高度大于80mm 的闷顶和技术夹层内有可燃物时，应设置喷头。这是设计人员在设计中容易忽视的地方。由于走道内管道众多，设计中往往会出现直接在

自喷配水管上、下接喷头的错误做法。首先这种接法不符合配水支管允许设置喷头数量（≤ 8 个）的规定，其次走道内的自喷配水管往往管径较大，它缺少接小管径喷头的管件，在安装上也有弊病。所以走道内的喷头应该从配水支管上接出为宜，在管线的布置上应与暖通、电力专业密切配合。

6.4.3.3 消防增压泵的设置问题

为保证《高规》或《自喷规范》要求的最高层消火栓或喷头的静压力值，在高位水箱的水位差不够的情况下，设计中一般在高位水箱处设置消防增压泵。首先，增压泵的流量要满足 1 股水柱或 1 个喷头的水量；其次，增压泵的扬程不宜过大。由于高位水箱消防水位与顶层消火栓或喷头已有一定的位差，规范要求的静压力值减去这个水位差就是增压泵的最小扬程，所以增压泵的扬程一般只需要几米足以满足要求。如果增压泵扬程选得过大，将导致下层管网承压过高，消火栓出口压力或是各层自喷配水干管入口处压力增大，均需采取减压措施，使消防系统复杂化。但是仅靠增压泵来满足消防静压要求也不合适，因为增压泵的运行由压力传感信号控制向消防系统不断打水以维持压力，水泵需要常年频繁启停，机件容易损坏。故在条件允许的情况下，与建筑协调适当抬高水箱位置，利用高位水箱稳压最为稳妥；建筑条件实在不允许时，设计选择带气压水罐的增压设施亦可。

6.4.3.4 漏设末端试水装置或试水阀

笔者审图过程中，发现很多设计者在绘图过程中漏设末端试水装置或试水阀（图 6-14）。这违反了《自动喷火灭火系统设计规范》GB 50084—2005 第 6.5.1 条（强制性条文）的规定：每个报警阀组控制的最不利点喷头处，应设末端试水装置，其他防火区、楼层的最不利点喷头处，均应设直径为 25mm 的试水阀。

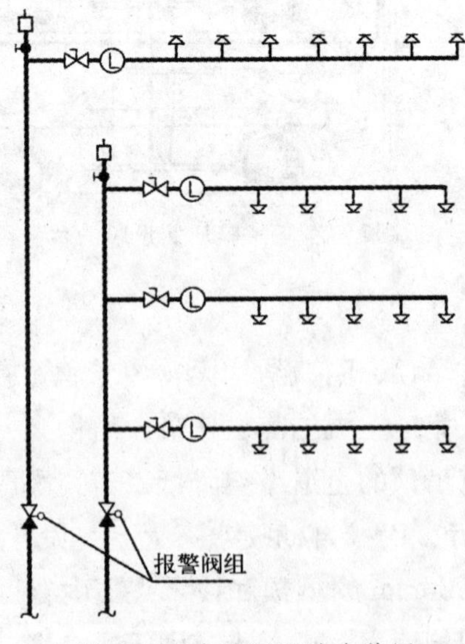

图 6-14　末端漏设试水装置

设置末端试水装置的目的是为了检验系统的可靠性，测试系统能否在开放一只喷头的最不利条件下可靠报警并正常启动。如果漏设将无法进行日常检测。因此，应增设末端试水装置和试水阀，具体做法可见国标图集 04S206《自动喷水与水喷雾灭火设施安装》。

6.5　生活排水系统图审查及常见问题分析

6.5.1　排水系统图的审查内容

(1) 立管检查口的位置：底层和有卫生器具的最高层必须设置，其他层应隔层设置。乙形管应在其上部设置检查口。注意当排水管穿墙必须下返时，应采用 45° 弯头连接，在垂直管段顶部设立清扫口。

(2) 屋面通气管的高度（上人屋面从最上构造层处算起应为 2m)。最低应大于泛水高度（30cm)，并且通气管 4m 范围内有门窗时，应高于门窗 60cm 或引向无门窗一侧。并不得设置在挑檐下。

(3) 立管伸缩节的设置，设计中对采取何种方法有明确的要求。设套管为滑动支点，管卡为固定支点或其他制作方法。

(4) 清扫口的设置（2 个及 2 个以上大便器或 3 个及 3 个以上卫生器具的污水横管上应设清扫口。转角小于 135° 时应设置清扫口）。清扫口距墙不得小于 20 cm。否则设置到上一层以地漏代替。

(5) 高层应设置阻火圈（主要使用于明敷主立管 *DN*>110)，地下室主立管需要设置，最上一层主立管不需设置。注意：采用防火套管（明敷主立管 *DN*>110 及穿越墙体处的横管，穿越不同的水平防火分区时须设）的节点做法（预留洞须增大)。

(6) 外墙排水出口是否与外设施有打架的地方。厨房排水横管宜设在同层。

(7) 墙体厚度发生变化时，预留洞的位置发生变化的处理方法（主要为 2 个 45° 弯头的连接成乙形管，检查口是否设置，清扫口距墙距离是否合适，有套管时接口位置不得在套管内)。

(8) 雨水管伸缩节的设计有无要求；空调外排水的处理；散水部位节点的做法，是否为悬吊管，是否经过室内。

(9) 消防电梯底部应有集水坑，水泵过外墙处应设单向阀［分为升降式垂直止回阀（垂直管道)、升降式水平止回阀和旋启式止回阀（水平管道)，应当注明型号]，防止雨水倒灌。在人防区域的排水干管在穿越人防墙板前应设防爆阀门。

(10) 底层排水横管与外排出管的竖向距离应符合设计规范：7 层，45 cm；7 ~ 9 层，75 cm；10 层，300 cm。外排出管应比立管大一号。

(11) 窗井外排水应有防雨水倒灌措施（安装单向阀)。

(12) 阳台应有防水和排水措施（浇花等)。

(13) 封闭垃圾暂存处应设给水清洗管道和排水地漏。

6.5.2 排水系统图审查重点

(1) 排水系统是否采用了雨、污分流；雨水及其布置是否符合要求。

(2) 污水立管底部的排水横管的连接是否满足规范要求，或采取单独出户的措施。

(3) 排水管是否按规范要求设置通气管及检查口、清扫口。

(4) 阳台排水与屋面雨水连接，未单独设置。这样做的结果一是一旦雨水立管某段发生堵塞，屋面的雨水就会通过阳台地漏溢出；二是一般雨水立管接入雨水检查井，雨水检查井里的臭气就会通过阳台地漏进入室内，污染室内环境。因而要求阳台雨水排水系统应单独设置，且阳台雨水立管底部应间接排水。但若是在生活阳台上考虑了洗衣机放置位置，阳台排水此时已是废水，立管排水应接入排水系统，不能直接排至室外或雨水系统。

(5) 住宅厨房和卫生间的排水立管未分别设置，布置在靠近与卧室相邻的内墙的排水立管未采用有消声措施的管材。

6.5.3 方案与设计审查中的常见错误

1. 生活排水与雨水合流制排水系统

常见的问题是城市新建小区排水系统设计方案采用生活排水和雨水合流制系统。我国《建筑给水排水设计规范》GB 50015—2009 第 4.1.1 条规定：新建小区采用分流制排水系统，是指生活排水与雨水排水系统分成两个排水系统。随着我国对水环境保护力度加大，城市污水处理率大大提高，市政污水管道系统亦日趋完善，为小区生活排水系统的建立提供了可靠的基础。但目前我国尚有城市还没有污水处理厂或小区生活污水尚不能纳入时，小区内的生活污水亦应建立生活排水管道系统，生活污水进行处理后排入城市雨水管道，待今后城市污水处理厂兴建和市政污水管道建造完善后，再接入之。因此，城市新建小区排水系统应采用生活排水与雨水分流制排水。

2. 生活污水与废水合流，但又建立了中水系统

例如，某小区或建筑物要建立中水系统，设计了生活污水与生活废水合流排放的排水系统。但《建筑给水排水设计规范》GB 50015—2009 第 4.1.2 条规定：建筑物内下列情况下宜采用生活污水与生活废水分流的排水系统。建筑物使用性质对卫生标准要求较高时；生活废水量较大，且环卫部门要求生活污水需经化粪池处理后才能排入城镇排水管道时；生活废水需回收利用时。

在建筑物内把生活污水（大小便污水）与生活废水（洗涤废水）分成两个排水系统。由于生活污水特别是大便器排水是属瞬时洪峰流态，容易在排水管道中造成较大的压力波动，有可能在水封强度较为薄弱的洗脸盆、地漏等环节易造成破坏水封，而相对来说洗涤废水排水是属连续流，排水平稳。为防止窜臭味，故建筑标准较高时，宜生活污水

与生活废水分流。

由于生活污水中的有机物比起生活废水中的有机物多得多，生活废水与生活污水分流的目的是提高粪便污水处理的效果，减小化粪池的容积，化粪池不仅起沉淀污物的作用，而且在厌氧菌的作用下起腐化发酵分解有机物的作用。如将大量生活废水排入化粪池，则不利于有机物厌氧分解的条件；但当生活废水量少时也不必将建筑物的排水系统设计成生活污水和生活废水分流系统。有的城镇虽有污水处理厂（站），但随着城镇建设发展已不堪重负，故环卫部门要求生活污水经化粪池处理后再排入市政管网，以减轻城镇污水处理的压力。

因此，如果小区或建筑物要建立中水系统，应优先采用优质生活废水，这些生活废水应用单独的排水系统收集作为中水的水源。各类建筑生活废水的排水量比例及水质可按现行的国家规范《建筑中水设计规范》GB 50336—2002 选用。

3. 高层建筑阳台排水系统直接与屋面雨水排水立管系统相连

例如，某高层建筑排水设计中，阳台排水系统直接与屋面雨水排水立管系统相连。这违反了《建筑给水排水设计规范》GB 50015—2009 第 4.9.12 条的规定：高层建筑阳台排水系统应单独设置，多层建筑阳台雨水宜单独设置。阳台雨水立管底部应间接排水（当生活阳台设有生活排水设备及地漏时，可不另设阳台雨水排水地漏）。

为杜绝屋面雨水从阳台溢出，阳台排水管系应单独设置。住宅屋面雨水排水立管虽都按重力流设计，但当遇超重现期的暴雨时，其立管上端会产生较大负压，可将与其连接的存水弯水封抽吸掉；其立管下端会产生较大正压，雨水可从阳台地漏中冒溢。只有在雨水立管每层设置雨水漏斗，阳台雨水排入漏斗，雨水立管底部自由出流的情况下，才可考虑屋面雨水与阳台雨水合流，但这可能产生雨水排水噪声的弊端。由于阳台雨水地漏不可能经常及时接纳阳台上的雨水，水封不能保证，而小区及城市雨水管道系统聚集臭味通过雨管道扩散至阳台。为防止阳台地漏泛臭，阳台雨水排水系统应与庭院雨水排水管渠间接排水。

当阳台设有洗衣机时，用作洗衣机排水的地漏排水管道应接入污水立管。这种情况下由于飘进阳台的雨水毕竟少量，故可不再另设雨水立管和排除地面雨水的地漏，洗衣机排水地漏可以兼做地面排水地漏，可减少阳台的排水立管和地漏数量。

6.5.4　排水系统图绘图审查与常见错误分析

1. 排水通气管的设置

SARS 病毒的出现，使普通民众都意识到空气被污染的严重性，但有相当多的给水排水专业设计人员却不够重视，在裙房屋面、跃层住宅设计时，排水通气管管口周围 4m 以内有门窗，一般都未进行处理，当审查人员要求采取相关措施时，修改通知照套规范一句话“将通气管高出窗顶 0.6m”，未考虑到裙房通气管高出本层窗顶 0.6m 后，其对上层主楼窗口又在 4m 范围以内，还是不符合《建筑给水排水设计规范》GB 50015—2009 中第 4.6.10 条的规定。此类错误经常出现，在已建成的工程中，也有一些甲方反映室内空气污染严重，经实地检查后，就是这类问题，所以排水通气管应尽量伸向高空排放。

2. 塑料排水管未设伸缩节或设置不合理

排水管道采用塑料管，但设计中未设伸缩节或虽然设置了伸缩节，但设置不合理。此违反了《建筑给水排水设计规范》GB 50015—2009 第 4.3.10 条的规定：塑料排水管道应根据其管道的伸缩量设置伸缩节，伸缩节宜设置在汇合配件处，排水横管应设置专用伸缩节（当排水管道采用橡胶密封配件时，可不设伸缩节；室内、外埋地管道可不设伸缩节）。

塑料管伸缩节设置在水流汇合配件（如三通、四通）附近，可使横支管或器具排水管不因为立管或横支管的伸缩而产生错向位移，配件处的剪切应力很小，甚至可忽略不计，保证排水管道长时期运行。排水管道如采用橡胶密封配件时，配件每个接口均有可伸缩余量，故无须再设伸缩节。

伸缩节的设置应符合：当建筑物层高小于 4m 时，每层立管上均应设一个伸缩节；当建筑物层高大于 4m 时，伸缩节的设置数量应经计算，并同时结合所采用的伸缩节的伸缩量来确定；大于 2m 而小于 4m 的排水横干管、横支管、器具通气管、环形通气管和汇合通气管上无汇合管件的直线段上应设一个伸缩节；水平管道上的伸缩节间距不得大于 4m；为控制塑料排水管道的膨胀方向，两个伸缩节之间应设置一个固定支架。伸缩节的设置施工详见国标图集 96S406《建筑排水用硬聚氯乙烯（PVC-U）管道安装》。

3. 最低排水横支管与立管连接处距立管管底垂直距离不够

仅设置伸顶通气管的排水系统，其最低排水横支管与立管连接处距立管管底垂直距离不够。这违反了《建筑给水排水设计规范》GB 50015—2009 第 4.3.12 条第 1 款的规定。排水立管最低排水横支管与立管连接处距排水立管管底垂直距离不得小于表 6-2 的规定；

最低横支管与立管连接处至立管管底的最小垂直距离 表 6-2

立管连接卫生器具的层数	垂直距离（m）	
	仅设伸顶通气管	设通气立管
≤ 4	0.45	按配件最小安装尺寸确定
5 ~ 6	0.75	
7 ~ 12	1.20	
13 ~ 19	3.00	0.75
≥ 20	3.00	1.20

注：单根排水立管的排出管宜与排水立管相同管径。

由于污水在排放过程中，在其立管底部管道内会产生正压，该正压使靠近立管底部的卫生器具的水封遭到破坏，出现溢返冒泡现象，严重影响使用。因此仅设置伸顶通气管的排水系统，其最低排水横支管与立管连接处距立管管底应有一定的垂直距离（图

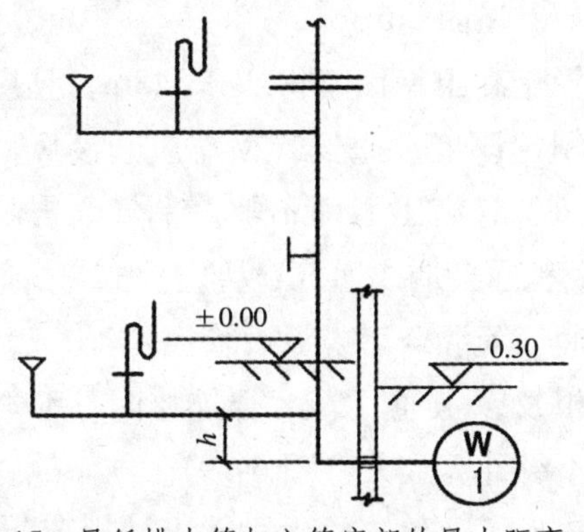

图 6-15　最低排水管与立管底部的最小距离

6-15)。最低排水横支管与立管连接处距排水立管管底垂直距离 h 按规范规定。

4. H 管设置位置不当

在工程设计中，受建筑平面位置的限制，常用 H 管件来代替结合通气管，但经常出现不注明 H 管件与通气管的连接点的位置，施工中造成它不在卫生器具边缘以上不小于 0.15m 处的情况；当污水立管与废水立管合用一条通气立管时，H 管件与通气管的连接点没有隔层分别与污水立管与废水立管设置（图 6-16）。

此违反了《建筑给水排水设计规范》GB 50015—2009 第 4.6.9 条的第 5 款、第 6 款。通气管与排水管的连接，应遵守下列规定：当用 H 管件代替结合通气管时，H 管件与通气管的连接点应设在卫生器具上边缘以上不小于 0.15m 处；当污水立管与废水立管合用一根通气立管时，H 管配件可隔层分别与污水立管与废水立管连接。但最低横支管连接点以下应装设结合通气管。

H 管件与通气管的连接点如果不在卫生器具边缘以上 0.15m 处，在卫生器具横支管发生堵塞时，污水有可能进入通气管。改进措施：按规范设计（图 6-17）。

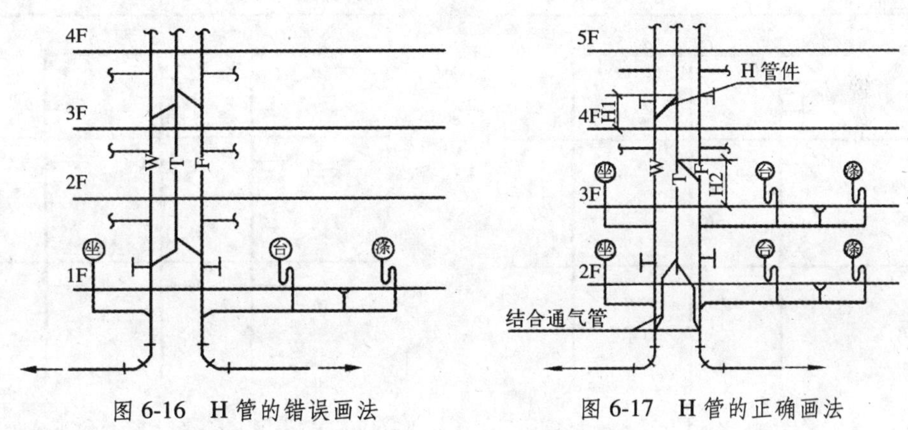

图 6-16　H 管的错误画法　　图 6-17　H 管的正确画法

5. 高出屋顶的通气管高度不够

伸顶通气管高出屋面的高度 H 不够，北方地区常常忽略冬季最大积雪深度；上人屋面通气管高度没有高出屋面 2m，如图 6-18。

此违反了《建筑给水排水设计规范》GB 50015—2009 第 4.6.10 条第 1 款、第 3 款的规定：高出屋面的通气管设置应符合下列要求：通气管高出屋面不得小于 0.3m，且应大于最大积雪厚度，通气管顶端应装设风帽或网罩；在经常有人停留的平屋面上，通气

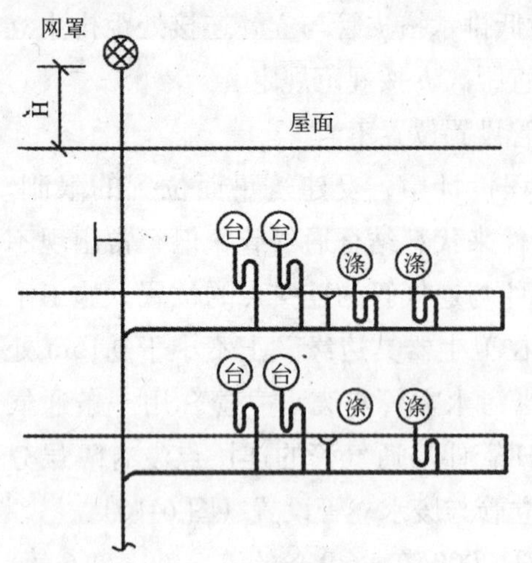

图 6-18　伸顶通气管高出屋面的高度 H 不够

管口应高出屋面 2m。

通气管高出屋面不得小于 0.3m，且应大于最大积雪厚度，通气管顶端应装设风帽或网罩。通气管高出屋面不够，臭气会影响周围环境；积雪会造成通气口堵塞。

6. 通气管汇合后未放大管径

两根及以上通气管汇合连接时，汇合管的管径不经计算放大（图 6-19）。

这违反了《建筑给水排水设计规范》GB 50015—2009 第 4.6.16 条的规定：当两根或两根以上污水立管的通气管汇合连接时，汇合通气管的断面积应为最大一根通气管的断面积加其余通气管断面积之和的 0.25 倍。

如果污水通气管汇合连接后管径不放大，则会导致通气管内气流紊乱，通气效果不佳，从而影响排水效果。改进措施：按规范规定需经计算确定管径（图 6-20）。

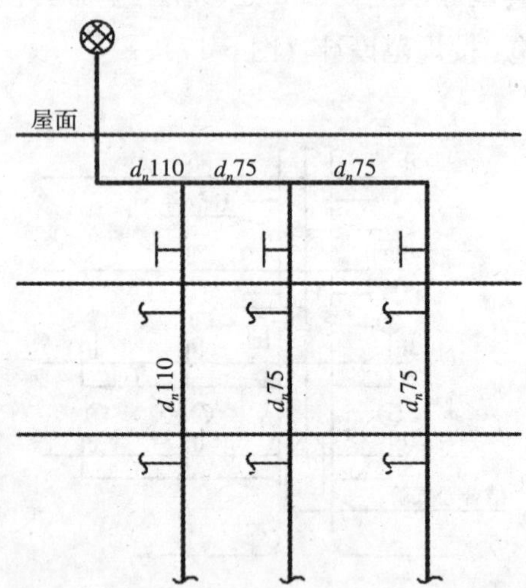

图 6-19　通气管汇合后未放大管径

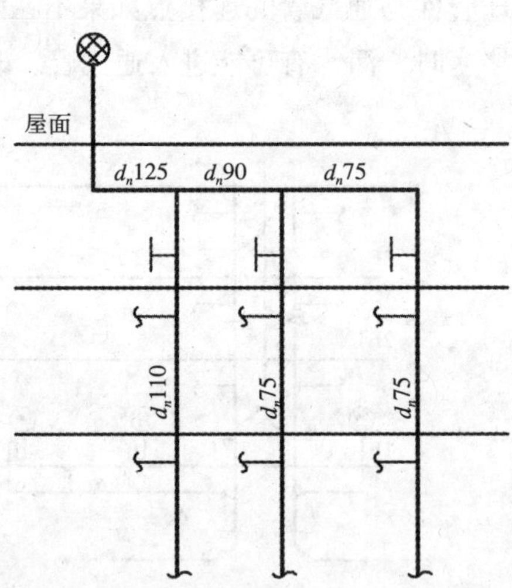

图 6-20　通气管汇合放大管径的正确做法

7. 排水管管径确定不合理

《建筑给水排水设计规范》GB 50015—2009 第 4.4.15 条规定：下列场所设置排水横管时，管径的确定应符合下列要求：1）建筑底层排水管道与其楼层管道分开单独排出时，其排水支管管径可按立管工作高度不大于 2m 的数值确定；2）公共食堂厨房内的污水采用管道排除时，其管径比计算管径大一级，但干管管径不得小于 100mm，支管管径不得小于 75mm；医院污物洗涤盆（池）和污水盆（池）的排水管管径，不得小于 75mm；小便槽或连接 3 个及 3 个以上的小便器，其污水管管径，不宜小于 75mm；浴池的泄水管管径宜采用 100mm。

公共食堂内的排水中往往含有大量油污、菜叶及泥沙等，这些杂质极容易堵塞管道；医院洗涤废水往往会含有棉花球、碎纱布、瓶盖等杂物，管道堵塞往往很严重；小便器排水管道内壁会聚积尿垢，使管道通水能力降低。解决上述问题的方法就是适当放大其排水管道的管径。

6.6　生活热水系统图审查及常见问题分析

6.6.1　热水系统图的审查要点

(1) 热水供水分区是否与给水分区一致，热水供水压力能否与冷水压力平衡（单独使用冷水或热水者除外）。

(2) 其中热水供应系统是否设置了有效的循环系统，高层建筑的热水系统采用减压阀分区时能否保证各区循环系统的正常工作。

(3) 公共浴室是否设有水温稳定和节水措施。

(4) 系统上是否设有防膨胀泄压用的安全阀，膨胀管（或膨胀罐），伸缩节，固定支架等附件。是否设有防止和减缓管道和设备结垢、锈蚀的装置。

(5) 热水管应当在冷水管之上，是否有防结露措施。吊顶内，阀门预留检修外口。防火漆作为保温管道外防腐。

(6) 采暖管道的保温措施及位置，固定支架的位置和构造，平衡阀（回水管上）的位置，过门时的处理方法，各种补偿器的安装位置（同一管道存在两个固定支架时，中间存在 L 或者凹型时采用弯头还是作成摵弯，补偿器应有预拉伸记录）（垂直安装时，应有排水和排气阀）。散热器的位置，一般宜在墙下居中安装。各种供暖方式的排气和泄水措施，上供上回双管式，散热器应有手动排气阀；或立管顶加自动排气阀，立管底端应有泄水丝堵（此方式温度均衡）。上供下回双管式，散热器应有手动排气阀；或立管顶加自动排气阀。下供下回双管式，散热器应有手动排气阀。单管垂直式串联，上供下回，温度不均，可在顶部加闭合立管或散热器片数进行调整。一般供水水平管（局部未采用垂直安装补偿器时）采用汽水同向的坡度（逆坡），一般回水水平管（立管底部无泄水）采用汽水逆向的坡度（顺坡）。坡度均指向泄水方向。散热器水平支管控制阀应选取抗锈蚀的材质。

(7) 公共部分的水表在寒冷地方应采取保温措施。主管道水表前后应加截止阀，阀与表之间应有泄水装置。为满足隔振，可安装隔振过滤器。冷水表的管道与热水相连应加装单向阀防表倒转。

(8) 变频控制应安装远传压力表，供水压力表冷水与热水表不同。

6.6.2 热水系统方案审查中的常见错误

6.6.2.1 设置热水供应的问题

随着医院设备的日益完善和公众生活水平的提高，医院设置热水供应已成为定论。但是一般的设计将医院热水供应统一为一种模式，这既不合理，也比较浪费。事实上，医院手术室、产房、婴儿室等处对热水供应的要求也存在着差异，需要分别设置热水供应系统。一般科室、门急诊室可为定时供应热水；住院楼目前一般为定时供应，但是从发展角度看，应该是 24 h 供应热水，尤其是高级病房。手术室（包括产房）也应 24 h 供应，并且热水应安全可靠，水温应基本控制在人的正常体温内；这种供应方式（从经济角度）应设计成一个独立系统，同时用电加热器来配合。

6.6.2.2 热水循环系统方式错误

某热水系统，循环方式采用异程布置。此违反了《建筑给水排水设计规范》GB 50015—2009 第 5.2.11 条的规定：建筑物内的热水循环管道宜采用同程布置的方式；当采用同程布置困难时，应采取保证干管和立管循环效果的措施。

热水循环管道不同程布置会产生短路循环，使距离较远的用水点回水不畅，造成放掉冷水过多和不必要的经济损失。集中热水供应系统采用管路同程布置的方式，对于防止系统中热水短路循环，保证整个系统的循环效果，各用水点能随时取到所需温度的热水以及节水、节能有着重要的作用。

根据工程实践，小区集中热水供应系统循环管道采用同程布置很困难，因此，此次规范局部修订时，将其限定为建筑物内的热水循环管道的布置要求。采用同程布置的最终目的，是保证循环不短路，尽量减少开启水嘴时放冷水的时间。根据近年来的工程实践，在一定条件下采用温控阀、限流阀和导流三通等方法亦可达到保证循环效果的目的。

6.6.2.3 高层热水系统分区时，回水方式不合理

高层热水系统分区时，回水方式不合理，也无其他平衡措施。这违反了《建筑给水排水设计规范》GB 50015—2009 第 5.2.13 条第 2 款的规定：高层建筑热水系统的分区，应保证各分区热水的循环。回水方法不对会造成中区热水不畅，或回不去，使中区出现供水温度偏低，以至造成排掉冷水过多，使用不便和不节水。

6.6.2.4 热水系统加热不合理

某高层建筑采用减压阀进行热水系统分区，高低两区共用一加热供热系统。《建筑给水排水设计规范》GB 50015—2009 第 5.2.13 条第 2 款规定：高层建筑热水系统的分区，应遵循如下原则：当采用减压阀分区时，应保证各分区热水的循环。

原则上，高层建筑设集中供应热水系统时应分区设水加热器，其进水均应由相应分区的给水系统设专管供应，以保证热水系统压力的相对稳定。如确有困难时，有的单幢高层住宅的集中热水供应系统，只能采用一个或一组水加热器供整幢楼热水时，可相应

的采用质量可靠的减压阀等管道附件来解决系统冷热水压力平衡的问题。

减压阀大量应用在给水热水系统上，对于简化给水热水系统起了很大作用，但在应用实践中也出了一些问题。当减压阀用于热水系统分区时，其密封部分材质应按热水温度要求选择，尤其要注意保证各区热水的循环效果。图 6-21 显示了减压阀安装在热水系统的三个不同图式。

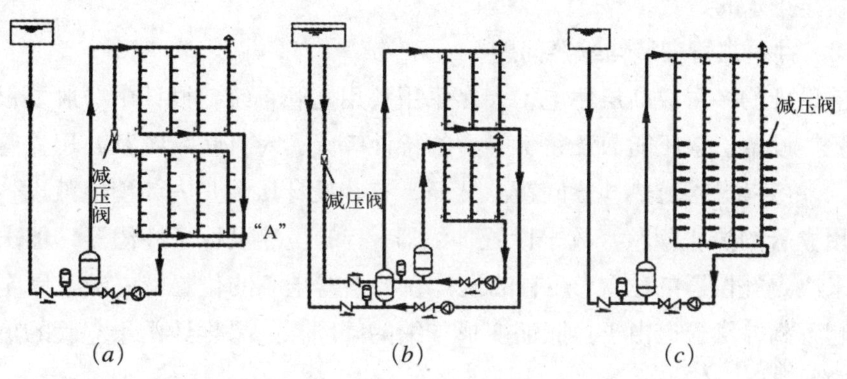

图 6-21　减压阀设置示意图

图 6-21（*a*）为高低两区共用一加热供热系统，分区减压阀设在低区的热水供水立管上，这样高低区热水回水汇合至图中"A"点时，由于低区系统经过了减压其压力将低于高区，即低区管网中的热水就循环不了。解决的办法只能在高区回水干管上也加一减压阀，减压值与低区供水管上减压阀的减压值相同，然后再把循环泵的扬程加上系统所减掉的压力值。这样做固然可以实现整个系统的循环，但有意加大水泵扬程，既造成耗能不经济，也将造成系统运行的不稳定。

图 6-21（*b*）为高低区分设水加热器的系统，两区水加热器均由高区冷水高位水箱供水，低区热水供水系统的减压阀设在低区水加热器的冷水供水管上。这种系统布置与减压阀设置形式是比较合适的。

图 6-21（*c*）为高低区共用一集中热水供应系统的另一种图式。减压阀均设在分户支管上，不影响立管和干管的循环。这种图式对比图 6-21（*a*）和图 6-21（*b*）的优点是系统不需要另外采取措施就能保证循环系统正常工作。缺点是低区一家一户均需设减压阀，减压阀数量多，要求质量可靠。因此，高层建筑采用减压阀进行热水系统分区时，应采用高低区分设水加热器的系统。

6.6.3　热水系统图绘制过程中的常见错误

6.6.3.1　管道连接混乱

某建筑物的热水器、空调冷凝水等的排水直接排入了污废水管道系统。这违反了《建筑给水排水设计规范》GB 50015—2009 第 4.3.13 条的规定：下列构筑物和设备的排水管不得与污废水管道系统直接相连，应采用间接排水的方式：开水器、热水器排水；蒸发式冷却器、空调设备冷凝水的排水。这里说的间接排水，即卫生设备或容器排出管与排水管道不直接连接，这样卫生设备或容器与排水管道系统不但有存水弯隔气，而且还有一段空气间隔。具体设计中，可采用间接排入雨水口、室外明沟、散水坡、花池、绿地等处。本案例中，建筑物的热水器、空调冷凝水等的排水不应直接排入污废水管道系统，应采用间接排水的方式。

6.6.3.2 共用立管安装伸缩器问题

目前设计的多层或高层住宅，大多采用共用立管系统，设计中一般要根据系统水力平衡、散热设备、承压能力及化学管材的特性等因素对供暖系统及共用立管进行竖向分区设置，并应考虑管道热补偿问题。然而，有些设计认为户内为埋地敷设，而忽略了管井内共用立管的热胀问题，故未设置伸缩器；有的虽然设计了补偿器，但未认真校核热膨胀量来决定补偿器的位置；还有的设计在补偿器上下的位置就安装了固定支架，这样补偿器起不到补偿管道由于热胀而变形伸缩的问题，结果导致由于立管的热胀伸缩拉裂了支管的现象。

6.6.3.3 集中热水供应系统不设回水管

常见的热水系统中，不设回水管。如图 6-22（*a*）和图 6-22（*b*）所示。

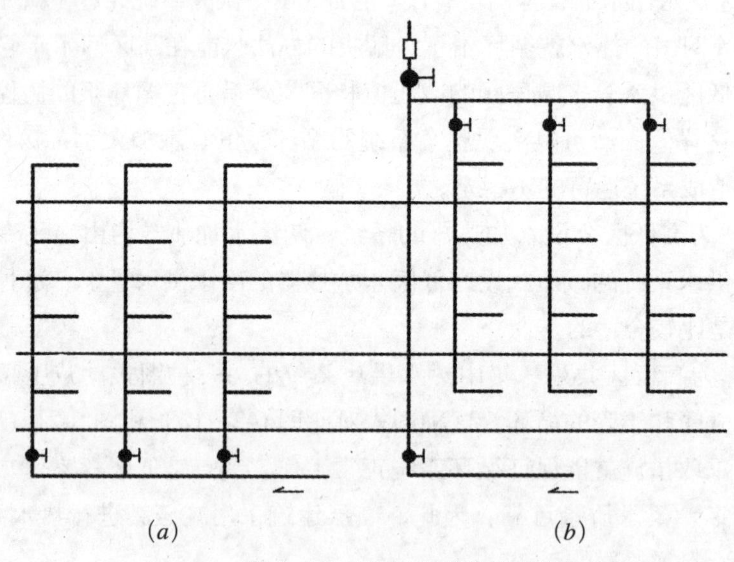

图 6-22 热水系统不设回水管的错误做法

图 6-22 违反了《建筑给水排水设计规范》GB 50015—2009 第 5.2.10 条的规定。集中热水供应系统设热水循环管道，其设置应符合下列要求：1）热水供应系统应保证干管和立管中的热水循环；2）要求随时取得不低于规定温度的热水的建筑物，应保证支管中的热水循环，或有保证支管中热水温度的措施；3）循环系统应设循环泵，并应采取机械

循环。本条对集中热水供应系统设置回水循环管作出规定。强调了凡集中热水供应系统考虑节水和使用的要求均应设热水回水管道，保证热水在管道中循环；所有循环系统均应保证立管和干管中热水的循环。对于要求随时取得合适温度的热水的建筑物，则应保证支管中的热水循环，或有保证支管中热水温度的措施。

热水系统未设回水管会造成每次使用放掉冷水过多，不节水，给用户带来使用不便和经济损失。因此，应根据建筑物的性质、使用要求和热水供应管理等情况，应设循环干管和立管；或要求随时取得不低于规定温度的热水的建筑物，除设循环干管、立管外，还应设置循环支管。

第7章　平面图审查及常见错误分析

7.1　建筑室内给水排水管网的布置和敷设原则

建筑室内给水排水管网的布置原则和管路走向对建筑室内给水排水工程设计的科学性、美观性和经济性影响很大，也决定了平面图的绘制难度和工作量，同时，也是给水排水工程施工图审查的重要内容，广大设计人员只有牢记室内给水排水的布置和敷设原则，才能设计出精美、科学的给水排水工程。

7.1.1　给水管网布置和敷设的基本要求

1. 确保良好的水力条件，力求经济合理

管道尽可能和墙、梁、柱平行，力求管路最短。干管应该布置在用水量大的配水点附近。对不允许间断供水的建筑，应从室外环网不同管段设两条或两条以上引入管，具体方式如图7-1。

2. 满足美观和维修的要求

对美观要求较高的建筑，给水管道可以暗设。对于柔性管道宜暗设，并且为了便于检修，应在管道井的每层设检修门。对于暗设在吊顶和管槽内的管道，在阀门处应留有检修门。

3. 满足生产和使用安全

给水管网的布置和敷设应不能妨碍生产操作、交通运输和建筑物的使用。

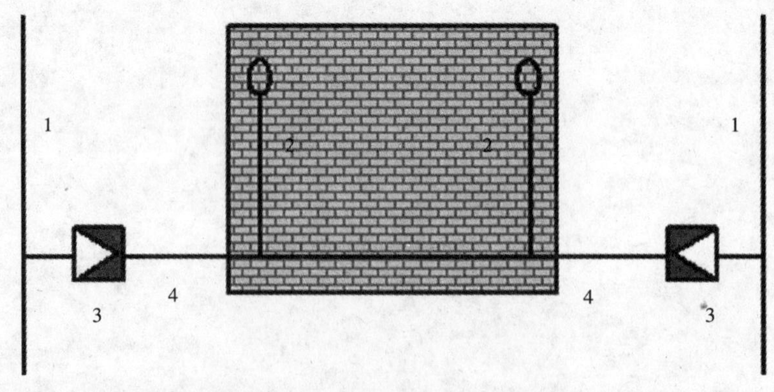

图7-1　不允许间断供水的给水方式

1—室外给水管网；2—立管；3—水表；4—引入管

4. 保证水质不被污染或不影响使用

生活给水引入管与生活排水排出管管外壁的水平净距不能少于1m，给水管道要采取防冻、防露措施。

5. 保护管道不受损害

给水管道应避免布置在重物下面，不能穿越生产设备的基础。主要的保护措施有：软性接头法、丝扣弯头法、活动支架法。

6. 管道的明装与暗装

给水管道明装时，安装维修方便，但不美观；暗装施工复杂，且维修困难、造价高，但是不影响室内的美观整洁。暗装管道在墙中敷设时，应预留墙槽。

7. 管道敷设还应该注意的问题

给水横管穿过承重墙或基础、立管穿过楼板时均要预留孔洞。引入管进入建筑内，穿过建筑物的浅层基础或穿过承重墙或基础时应注意管道保护。

7.1.2　建筑室内排水管网的布置和敷设原则

1. 排水管道应尽量短直

室内排水管道应力求最短，尽量少拐弯。自卫生器具至排出管的距离应最短，管道转弯应最少，一般不大于1个。排水立管宜靠近排水量最大的排水点，一般不超过3m。

2. 排水管道应科学合理布置

排水管道不得穿越卧室、病房等对卫生、安静有较高要求的房间；不得穿过建筑的沉降缝、伸缩缝、变形缝、烟道和风道；不得穿越生活饮用水池的上方；架空管道不得敷设在对生产工艺或卫生有特殊要求的生产厂房内、食品间、变配电间和电梯机房内等。

3. 排水管道的明装和暗装的问题

排水管道宜地下埋设或在地面上、楼板下明设，如建筑有要求时，可在管槽、管道井、管沟或吊顶内暗设，但要便于安装和检修。

4. 排水管道的布置应尽量考虑建筑的功能和使用要求

例如，塑料排水管应避免布置在热源附近，不得布置在遇水会引起燃烧、爆炸的原料、产品和设备的上面，在穿越楼层、防火墙、管道井井壁时，应根据建筑物的性质、管径和设置条件考虑防火、阻火等要求；不管什么管道，能做同层排水时，应尽量考虑采用同层排水方式。

7.2　建筑给水排水平面图的绘制

建筑给水排水工程设计全套施工图纸，包括平面图、系统图、轴测图、机房图、大样图、原理图、剖面图等图纸，其中最重要的图纸是平面图。在施工图设计阶段，建筑室内给水工程设计文件应包括图纸目录、施工图设计说明、设计图纸、主要设备表、计算书等。图纸目录应先列新绘制图纸，后列选用的标准图或重复利用图。

7.2.1 平面图的制图标准

为了统一建筑给水工程排水工程制图规则，保证制图的质量和标准，提高制图效率，做到图面清晰、简明，以符合设计、施工、存档等方面的要求，从而适应建筑给水排水工程建设的需要，原建设部会同有关部门共同对《房屋建筑制图统一标准》等原有的六项标准进行了修订，经有关部门会审，批准实施了《房屋建筑制图统一标准》GB/T 50001—2001、《总图制图标准》GB/T 50103—2001、《建筑制图标准》GB/T 50104—2001、《建筑结构制图标准》GB/T 50105—2001、《给水排水制图标准》GB/T 50106—2001 和《暖通空调制图标准》GB/T 50114—2001 为国家标准，自 2002 年 3 月 1 日起施行。

建筑给水排水工程设计制图除遵守《房屋建筑制图统一标准》GB/T 50001—2001、《总图制图标准》GB/T 50103—2001、《建筑制图标准》GB/T 50104—2001 等几个制图标准外，主要应遵守《给水排水制图标准》GB/T 50106—2001，这是指导建筑给水排水工程制图的主要标准，适合各种新建、改建、扩建工程各阶段的制图，不仅适用于手工制图，也适用于计算机制图。此外，建筑给水排水工程涉及其他专业内容的制图，也必须遵守其他专业的制图标准，如《暖通空调制图标准》GB/T 50114—2001 等。

7.2.2 平面图的绘制内容和原则

建筑室内给水排水工程平面图是在建筑平面图的基础上绘制的，一般建筑平面图此时只需要画出与管道布置和用水设备有关的房间，相邻房间可以用折断线断开。底层平面图中需要画出给水引入管和污水排出管，所以必须单独绘制。平面图中需要画出给水引入管和污水排出管，所以必须单独绘制，当其余各楼层的用水设备和管道布置完全相同时，可以只画出一个平面图（标准层平面）。对给水方式不同布置的楼层，则需要分别画出。其比例与建筑平面图相同，也可以根据需要放大。

建筑给水排水平面图，应绘出与建筑室内给水排水管道布置有关各层的平面，内容包括主要轴线编号、房间名称、用水点位置，注明各种管道系统编号（或图例）；管道密集处应在该平面图中画横断面图将管道布置定位表示清楚；建筑底层平面应注明引入管，排出管、水泵接合器等与建筑物的定位尺寸、穿建筑外墙管道的标高、防水套管形式等，还应绘出指北针。

若建筑室内给水排水工程管道种类较多，在一张图纸上表示不清楚时，可分别绘制给水排水平面图和消防给水平面图。对于给水设备及管道较多处，如泵房、水池、水箱间、热交换器站、饮水间、卫生间、水处理间、报警阀门、气体消防贮瓶间等，当上述平面不能交代清楚时，应绘出局部放大平面图。

平面图上应绘出管道、弯头、配件等设备和位置。应标注管道管径、标高。机房平面图或剖面图应绘出设备的位置、轮廓、基础尺寸，用单线绘出管道的走向以及管道上的各种阀门。标注设备中心距墙边或轴线的尺寸；标注管径、竖向位置尺寸；标注设备中心、基础表面、水池、水面线、溢水口及管道标高。

当建筑室内给水工程的设计内容仅用平面图无法表示清楚时，需要用 45 轴测投影绘制轴测图。

7.2.3　给水排水平面图绘制要点

(1) 建筑物轮廓线、轴线号、房间名称、绘图比例等均应与建筑专业一致，并用细实线绘制。

(2) 各类管道、用水器具及设备、消火栓、喷洒头、雨水斗、阀门、附件、立管位置等应按图例以正投影法绘制在平面图上，线型按照国家标准的规定执行。

(3) 安装在下层空间或埋设在地面下而为本层使用的管道，可绘制于本层平面图上；如有地下层，排出管、引入管、汇集横干管可绘于地下层内。

(4) 各类管道应标注管径。立管应按管道类别和代号自左至右分别进行编号，且各楼层相一致。

(5) 引入管、排出管应注明与建筑轴线的定位尺寸、穿建筑外墙标高、防水套管形式。

(6) ±0.000 标高层平面图应在右上方绘制指北针。

7.2.4　建筑室内给水工程施工图绘制步骤

建筑室内给水排水工程平面图的绘图步骤是：

(1) 绘制建筑给水（排水）平面布置图，绘图步骤与建筑平面图一样；

(2) 画出卫生器具平面布置图；

(3) 画给水（排水）管道平面布置，沿墙用直线连接各用水点或卫生器具，首先画立管，然后画给水引入管和排水排出管，再依次按水流方向画出各干管、支管和管道附件；

(4) 画非标准图例；

(5) 最后进行图纸的标注。

图 7-2 是按上述步骤绘制的一个比较简单的建筑给水工程涉及平面图，供参考。

7.3　建筑室内给水排水平面图的审图原则和要点

为了保证建筑室内给水排水工程施工的顺利进行和工程质量，本专业应加强与其他专业的协调和合作，减少施工过程中的返工，建筑给水排水工程施工图必须进行图纸审查。图纸会审中应认真审查施工图，对给水排水施工图中存在的问题提出处理意见，预

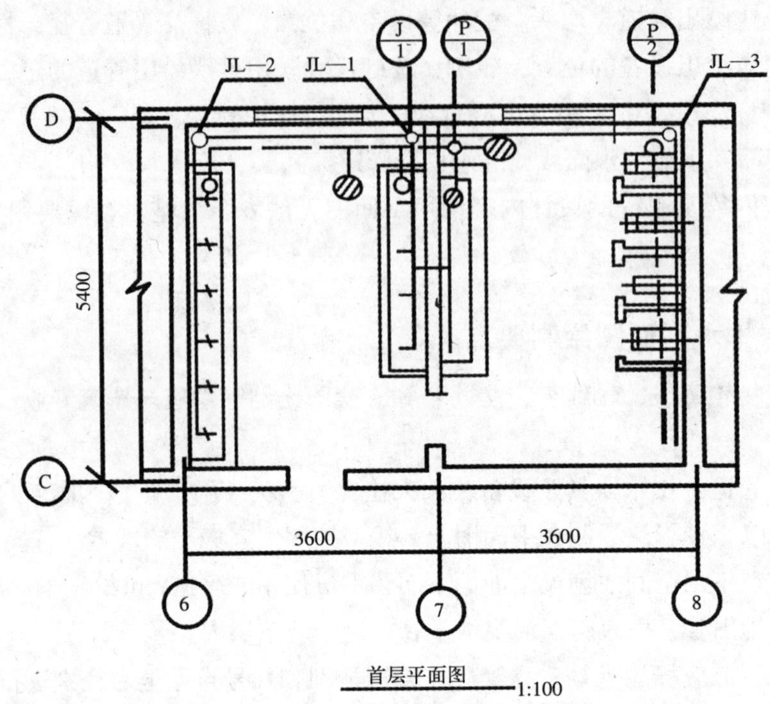

图 7-2 建筑给水平面图的绘制说明

见性地解决施工过程中可能存在的问题。

建筑施工图会审是施工管理工作中施工准备阶段的一项重要技术工作，是工程建设的基本要求。其目的是减少施工图的差错，确保工程质量和施工顺利进行，降低建设资金。有关各专业技术人员在接到施工图以后应认真学习图纸，熟悉图纸的内容、要点和特点，弄清设计意图，掌握工程情况，了解建筑结构，以便采取有效的施工方法和可行的技术措施。在审核图纸时，尽量全面地发现图纸中的问题，以便设计人员对审图时所提出问题做出修改和补充。总之，施工图审图是一项综合性很强的技术工作，需要考虑的事项千头万绪，挂一漏万在所难免。在审图时若有一份清单对照检查就可以帮助审图者避免重大的疏漏。

7.3.1 平面图审查要处理的几个关系

7.3.1.1 各专业设计相互之间的关系

(1) 各用电设备的位置与供水（电）及控制位置、容量是否匹配，零配件及控制设备能否满足要求。

(2) 电气线路、管道、通风、空调的敷设位置和走向相互有无干扰，埋地管道或管道沟与电缆沟之间有无矛盾。

(3) 连接设备的电气线路、控制线路、管（水、油气）路与设备的进线接管位置是否相符。

（4）水、电、气、风管道或线路在安装施工中的衔接部位和施工顺序是否明确。

（5）管道井的内部布置是否合理，进出管路有无矛盾。

（6）各种工种安装、调试、试车、试压的配合关系是否明确，有无互相影响。

7.3.1.2　给水管道安装与建筑结构的关系

（1）预留、预埋位置与安装实际需要是否相符。

（2）设备基础位置、尺寸、标高是否满足管道敷设的需要。

（3）管道沟位置、尺寸、标高是否满足管道敷设的需要。

（4）建筑标高基准点和放线基准位置是否明确。

（5）给水管道敷设位置与建筑、结构标高、位置尺寸等有无矛盾。

（6）有关建筑设计如主体结构、墙体结构门窗位置、吊顶结构、内外装修材料等与安装有无矛盾。

7.3.2　建筑给水排水平面图审查的原则

（1）设计是否符合国家有关技术政策和标准规范及《建筑工程设计文件》编制深度的规定。

（2）图纸资料是否齐全，能否满足施工需要。

（3）设计是否合理，有无遗漏。图纸中的标注有无错误。有关管道编号、设备型号是否完整无误。有关部位的标高、坡度、坐标位置是否正确。材料名称、规格型号、数量是否正确完整。

（4）设计说明及设计图中的技术要求是否明确。设计是否符合企业施工技术装备条件。如需要采用特殊措施时，技术上有无困难，能否保证施工质量和施工安全。

（5）设计意图、工程特点、设备设施及其控制工艺流程、工艺要求是否明确。各部分设计是否明确，是否符合工艺流程和施工工艺要求。

（6）管道安装位置是否美观和使用方便。

（7）管道、组件、设备的技术特性，如工作压力、温度、介质是否清楚。

（8）对固定、防振、保温、防腐、隔热部位及采用的方法、材料、施工技术要求及漆色规定是否明确。

（9）需要采用特殊施工方法、施工手段、施工机具的部位要求和作法是否明确。

（10）有无特殊材料要求，其规格、品种、数量能否满足要求，有无材料代用的可能性。

7.3.3　建筑给水排水平面图的审图要点

（1）生活水池、水箱是否为独立的结构形式。

（2）给水管道与水加热设备及可能引起回流的卫生设备的连接是否有防止回流污染

的措施。

(3) 生活给水泵房的位置是否避开了有防振或有安静要求的房间。水泵机组，吸、压水管支架及机房墙体顶板是否采取了隔振或消声措施。

(4) 有无厕所、盥洗室布置在餐厅、食品加工、仪器储存及变配电等有严格卫生要求用房的上层。

(5) 地下污水泵井是否设置密封井盖和通气管。

(6) 选用的水加热设备及其布置、敷设是否考虑了检修要求。

(7) 管道的布置、敷设是否满足规范要求。

(8) 排水体制是否符合要求。

(9) 消火栓、喷淋系统是否符合使用要求和规范。

7.3.4 建筑给水排水平面图审图注意事项

(1) 要审核总设计用水量是否配合以及当地的平均水压与选用的管径是否合适。要考虑水垢积聚减小管道流量的情况。进水总管应在总用水量基础上加大一级管道。要核对管道与其他管道或建筑物有无影响和妨碍施工是否需要改道。

(2) 在审核中主要应检查管道设置是否合理。水表设置的位置是否便于查看和检修，要进行局部检修时是否有了控制的阀门，配置的卫生器具是否经济合理。

(3) 对于大型公共建筑、高层建筑给水平面图要审核有无单独的消防用水系统。而它不能混在一般用水管道中。

(4) 对设计所选用的排水管、材料、排水系统相配合的卫生器具，审图时可以对所用材料的利弊提出问题或建议，可供设计或使用单位参考。

(5) 土建图与给水排水施工图互相校核的内容主要是标高。上下层房间使用功能相同，防止上部房间为厨卫，下部为住房。否则一旦上部厨卫间漏水就会严重影响下部房间的使用。同时也要防止将外立管设置于阳台处，不便于安装，更重要的是影响美观。

(6) 给水排水管穿梁时在某些部位会影响结构。因为排水管穿过梁时要占用一个管道位置，使梁的截面积减少削弱了梁的强度。特别是阳台外悬臂挑梁的根部，不允许有排水管穿过，否则无法保证悬臂的强度，留下安全隐患。

7.3.5 建筑室内给水排水平面图审图时的识读

建筑室内给水排水平面图表示建筑物内给水管道及卫生设备的平面布置情况，它包括如下内容：

(1) 各用水设备的类型及位置。

(2) 给水排水管网各立管、水平干管、横支管的各层平面位置、走向、管径尺寸、立管编号以及管道的安装方式。

(3) 各管道零件、部件如阀门、地漏、清扫口的平面位置等。

(4) 在底层平面图上，还反映给水引入管、污水排出管的管径、走向、平面位置及与室外给水、排水管网的组成联系。

审图时，阅读建筑室内给水排水工程平面图与读其他施工图一样，应：

(1) 先看图标、图例以及文字说明，然后看图。

(2) 浏览平面图。先看底层平面图，再看其他楼层平面图或标准层平面图。

(3) 先看给水引入管、排水排出管，再看其他管路。给水系统根据管网编号，顺流水方向，经干管、立管、支管直至用水设备，循序渐进。图 7-3 说明了建筑室内给水平面图审图时识图的一般顺序。

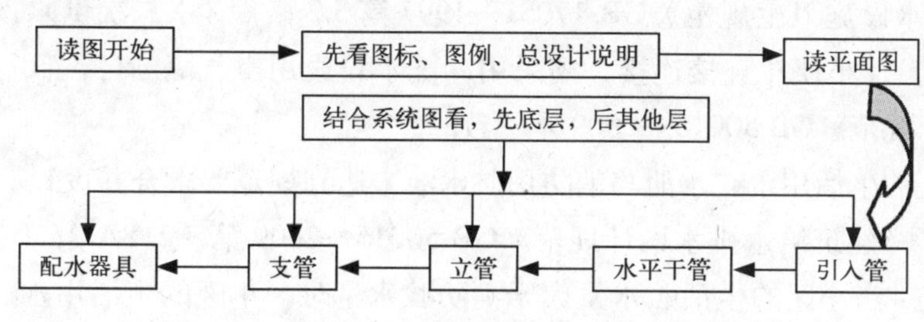

图 7-3 建筑室内给水平面图的一般读图顺序

7.4 生活给水平面图审查及常见问题分析

7.4.1 违反相关规范的错误

(1) 消防水池进水管接自生活给水管，进水管口最低点标高高出溢流水位高度不足。

这违反了《建筑给水排水设计规范》GB 50015—2009 第 3.2.4C 条的规定：从生活饮用水管网向消防、中水和雨水回用等其他用水的贮水池（箱）补水时，其进水管口最低点高出溢流边缘的空气间隙不应小于 150mm。

(2) 小区或建筑物内生活饮用水管道系统未设置倒流防止器。

这违反了《建筑给水排水设计规范》GB 50015—2009 第 3.2.5A 条的规定：从小区或建筑物内生活饮用水管道系统上接下列用水管道或设备时，应设置倒流防止器。1) 单独接出消防用水管道时，在消防用水管的起端；2) 从生活饮用水贮水池抽水的消防水泵出水管上。

对小区生活用水与消防用水合用贮水池中抽水的消防水泵，由于倒流防止器阻力较大，水泵吸程有限，故倒流防止器可装在水泵的出水管上。

(3) 小区或建筑物内生活饮用水管道上直接接出用水管道时，未在这些用水管道上设置真空破坏器。

这违反了《建筑给水排水设计规范》GB 50015—2009 第 3.2.5C 条（本文为新增条文）

的规定：从小区或建筑物内生活饮用水管道上直接接出下列用水管道时，应在这些用水管道上设置真空破坏器：当游泳池、水上游乐池、按摩池、水景池、循环冷却水集水池等的充水或补水管道出口与溢流水位之间的空气间隙小于出口管径 2.5 倍时，在其充（补）水管上。因为，生活饮用水给水管道中存在负压虹吸回流的可能。所以，必须设真空破坏器，消除管道内真空度而使其断流。

(4) 生活饮用水管道与大便器（槽）、小便斗（槽）未设置专用冲洗阀，而直接连接冲洗。

这是非常严重的错误，直接违反了《建筑给水排水设计规范》GB 50015—2009 第 3.2.6 条的规定：严禁生活饮用水管道与大便器（槽）、小便斗（槽）采用非专用冲洗阀直接连接冲洗。

《二次供水设施卫生规范》GB 17051—1997 第 5.2 条规定：二次供水设施管道不得与大便器（槽）、小便斗直接连接，须采用冲洗水箱或用空气隔断冲洗阀。这与《建筑给水排水设计规范》GB 50015—2009 是一致的。

(5) 小区的生活用水贮水池与消防用贮水池未达到规范要求合并设置

这违反了《建筑给水排水设计规范》GB 50015—2009 第 3.2. 8A 条（本条文为新增条文）的规定：当小区的生活贮水量大于消防贮水量时，小区的生活用水贮水池与消防用贮水池可合并设置，合并贮水池有效容积的贮水设计更新周期不得大于 48h。

在设计中，这样设置的原因是，生活、消防合用水池（箱）要保证消防水不被动用。而消防水存量较大，使水在池（箱）中停留时间过长，因此池（箱）中的水质达不到生活饮用水卫生标准。另外，消防管网中的水因长期不动而水质恶化，一旦倒流或渗流入合用水池（箱），使池（箱）中的水质受污染。

这条规定经常困扰某些设计人员，他们对小区生活贮水与消防贮水合并设置的条件不是很清楚，实际上，只有当两个条件必须同时满足时，生活水池和消防水池方能合并。

(6) 埋地生活饮用水池与化粪池等距离不够且没有相应措施

这是对规范理解不熟悉或者马虎设计的反映。这直接违反了《建筑给水排水设计规范》GB 50015—2009 第 3.2.9 条的规定：埋地式生活饮用水贮水池周围 10m 以内，不得有化粪池、污水处理构筑物、渗水井、垃圾堆放点等污染源；周围 2m 以内不得有污水管和污染物。当达不到此要求时，应采取防污染的措施。埋地生活饮用水池与化粪池等距离不够，且没有相应措施时，可能由于渗漏污染生活饮用水。

采取措施：当达不到要求距离时可采用以下措施之一，提高生活饮用水贮水池池底标高，使池底标高高于化粪池的池底标高；在生活饮用水贮水水池与化粪池之间设置防渗墙，防渗墙的长度和高度如图 7-4。

新建的化粪池，池底应采用钢筋混凝土结构，并做防水处理。新建的生活饮用水贮水池，采用双层池底结构，双层池体分层缝隙的渗水，应能自流排走（自流入集水坑抽走）。

(7) 给水管道与各种管道之间的净距设计不合理

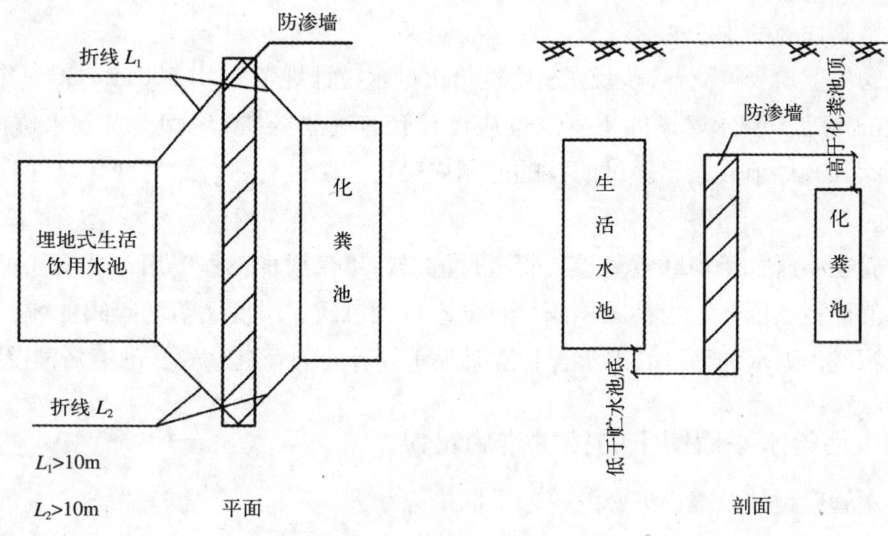

图 7-4　化粪池与生活水池之间的措施

这违反了《建筑给水排水设计规范》GB 50015—2009 版第 3.5.5 条的规定。给水管道与各种管道之间的净距，应满足安装操作的需要，且不宜小于 0.3m；室内冷、热水管上、下平行敷设时，冷水管应在热水管下方。卫生器具的冷水连接管，应在热水连接管的右侧。关于"室内冷、热水管垂直平行敷设时，冷水管应在热水管右侧"的要求不够严谨，一些设计人员反映难以把握。实际上，应该是面对水管，冷水的连接管应在热水连接管的右侧。

7.4.2　生活给水平面图绘制的错误

1. 给水管网缺少阀门

这违反了《建筑给水排水设计规范》GB 50015—2009 第 3.4.5 条的规定。给水管道的下列部位应设置阀门：从居住小区给水干管上接出的支管起端或接户管起端；入户管、水表前和各分支管；室内给水管道向住户、公用卫生间等接出的配水管起端。这是因为给水系统中忽略阀门的设置，将对日后的维修和使用造成极大不便。

2. 给水管道的一些管段上缺少止回阀

这违反了《建筑给水排水设计规范》GB 50015—2009 版第 3.4.7 条的规定。给水管道的下列管道上应设置止回阀：直接从城镇给水管网接入小区或建筑物的引入管上（装有管道倒流防止器的管段不需要再装止回阀）；密闭的水加热器或用水设备的进水管上；每台水泵出水管上；进水管和用一条管道的水箱、水塔和高地水池的出水管段上。

止回阀只是引导水流单向流动的阀门，不是防止倒流污染的有效装置。管道导流防止器具有止回阀的功能，所以设管道导流防止器后，就不需再设止回阀。

3. 给水阀件前缺少过滤器

给水阀件前缺少过滤器，违反了《建筑给水排水设计规范》GB 50015—2009 第 3.4.15 条第 1 款的规定。给水管道的下列部位应设置管道过滤器：减压阀、自动水位控制阀、温度调节阀等阀件前应设置。过滤器的滤网应采用耐腐蚀材料，滤网网孔尺寸应按使用要求确定。

给水管道系统如果串联重复设置管道过滤器，不仅增加工程费用，且增加了阻力需消耗更多的能耗。因此，当在减压阀、自动水位控制阀、温度调节阀等阀件前，已设置了管道过滤器，则水加热器的进水管和水泵吸水管等处的管道过滤器可不必再设置。

7.4.3 生活给水平面图上的技术措施错误

1. 给水管穿越伸缩缝、沉降缝等未采取措施

这违反了《建筑给水排水设计规范》GB 50015—2009 版第 3.5.11 条的技术规定。给水管道不宜穿越伸缩缝、沉降缝、变形缝。如必须穿越时，应设置补偿管道伸缩和剪切变形的装置。在有些工程项目中，在以上建筑处的管道安装，由于处理不当使用中会出现管道变形破裂现象。

2. 给水管道穿越地下室外墙等未设防水套管

这违反了《建筑给水排水设计规范》GB 50015—2009 第 3.5.22 条的规定。给水管道穿越下列部位或接管时，应设置防水套管：1）穿越地下室或地下构筑物的外墙处；2）穿越屋面处（有可靠的防水措施时，可不设套管）；穿越钢筋混凝土水池（箱）壁板或地板连接管道时。

防水套管可以避免建筑物、构筑物、水池漏水和给水管道的破损。按规范要求设置防水套管的做法可参考国标图集 02S404《防水套管》，并在平面图中表示。

3. 给水管遗漏防冻措施

这违反了《建筑给水排水设计规范》GB 50015—2009 第 3.5.25 条的规定。敷设在有可能结冻的房间、地下室及管井、管沟等处的给水管道应有防冻措施。遗漏防冻措施可能使管道冻坏，影响使用。一般采用电伴热防冻保温，做法见国标图集 03S401《管道和设备保温、防结露及电伴热》。只有在短时有结冻可能（或供水保持常流），且管径较大的给水管可采用防冻保温做法，绝热层厚度应由计算确定。

4. 生活给水泵房位置设置不合理

这违反了《建筑给水排水设计规范》GB 50015—2009 版第 3.8.11 条的规定。民用建筑内设置的生活给水泵房不应毗邻居住用房或在其上层或下层，水泵机组宜设在水池的侧面、下方，单台泵可设于水池内或管道内，其运行噪声应符合现行国家标准《民用建筑隔声设计规范》的规定。

7.5　生活排水平面图审查及常见问题分析

7.5.1　对相关规范理解不全面的错误

1. 漏设隔油处理设施

公共餐饮业厨房的含油废水，未经隔油处理，直接进入小区或城市排水管道，如图 7-5。这违反了《建筑给水排水设计规范》GB 50015—2009 第 4.1.3 条的规定。下列建筑排水应单独排水至水处理或回收构筑物：

（1）职工食堂、营业餐厅的厨房含有大量油脂的洗涤废水；

（2）机械自动洗车台冲洗水；

（3）含有大量致病菌，放射性元素超过排放标准的医院污水；

（4）水温超过 40℃的锅炉、水加热器灯加热设备排水；

（5）用作回用水水源的生活排水；

（6）实验室有害有毒废水。

在设置生活排水系统时，对局部受到油脂、致病菌、放射性元素、温度和有机溶剂等污染的排水应设置单独排水系统将其收集处理。机械自动洗车台冲洗水含有大量泥沙，经处理后的水循环使用。用作中水水源的生活排水，应设置单独的排水系统排入中水原水集水池。

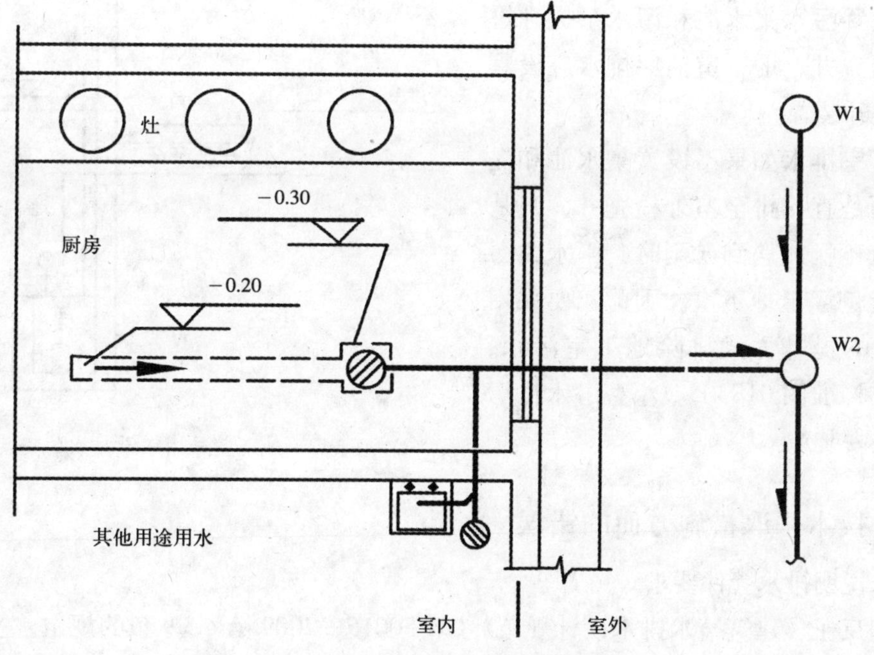

图 7-5　厨房排水系统漏隔油井

2. 地下室采用重力排水

建筑物地下室采用重力排水，直接排至室外，未设置集水池及提升泵，如图 7-6。

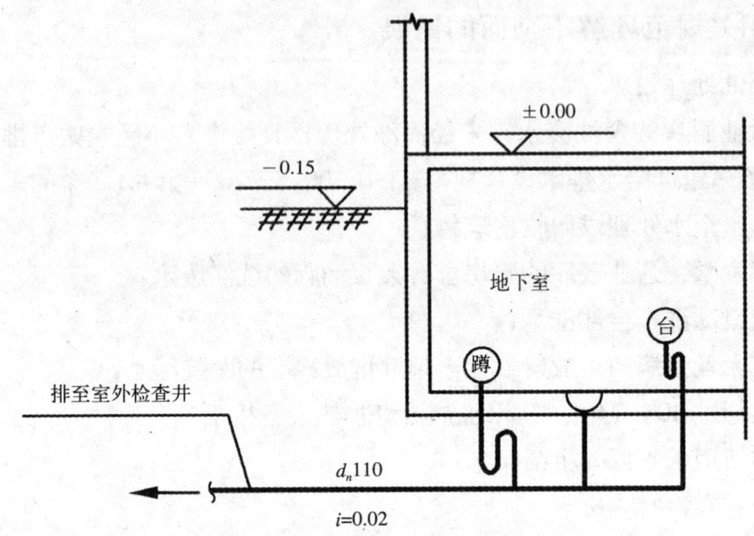

图 7-6　地下室采用重力排水的错误

地下室采用重力排水，这违反了《建筑给水排水设计规范》GB 50015—2009 第 4.7.2 条的规定。建筑物地下室生活排水，应设置污水集水池和污水泵提升排至室外检查井。地下室地坪排水应设集水坑和提升装置。

地下室排水如果不设置集水池和提升泵，而是直接排至室外检查井，当是室外管道不畅或遇到暴雨时，雨水或污水有可能倒灌至地下室。因此，要采用如图 7-7 的提升方式排除地下室污水。详见国家标准图 01S305《小型潜水排污泵选用及安装》。

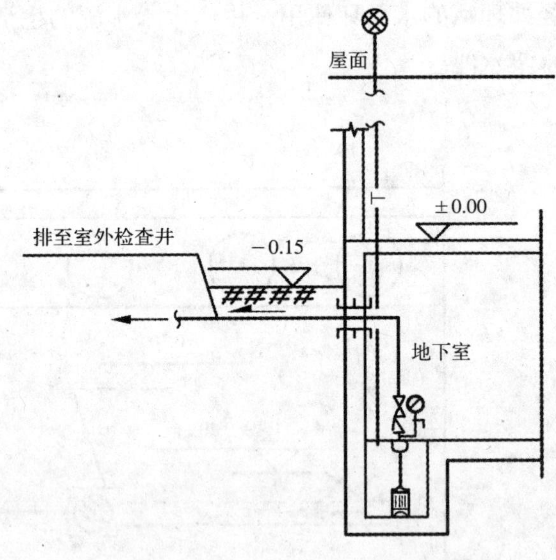

图 7-7　地下室采用水泵排水的安装形式

7.5.2　技术采取措施方面的错误

1. 未说明排水管件要求

这违反了《建筑给水排水设计规范》GB 50015—2009 第 4.3.9 条的规定。室内管道的连接应符合下列规定：1）卫生器具排水管与排水横支管垂直连接，宜采用 90° 斜三通。

2）排水管道的横管连接，宜采用 45° 斜四通和顺水三通或顺水四通。3）排水立管与排出管端部连接，宜采用两个 45° 弯头或弯曲半径不小于 4 倍管径的 90° 弯头或 90° 变径弯头。4）排水立管应避免在轴线偏置，当受条件限制时，宜用乙字管或两个 45° 弯头连接。5）当排水支管、排水立管接入横干管时，应在横干管管顶或其两侧 45° 范围内采用 45° 斜三通接入。

在于改善管道内水力条件，避免管道堵塞，方便使用。污水管道经常发生堵塞的部位一般在管道的拐弯或接口处，设置这些管件不但能有效防止排水管道堵塞，而且还能大大改善排水管道的水力条件。

对三通、四通、弯头等排水管道管件的使用要求在设计施工说明文件中表述清楚或将排水管件在设计图中注明。

2. 室外排水沟与室外排水管之间未设水封

这违反了《建筑给水排水设计规范》GB 50015—2009 第 4.3.19 条的规定。室内排水沟与室外排水管道连接处，应设水封装置。室内排水沟与室外排水管道连接，往往忽视隔绝室外管道中有毒气体通过明沟窜入室内，污染室内环境卫生。有效的方法就是设置水封井或存水弯（图 7-8 和图 7-9）。

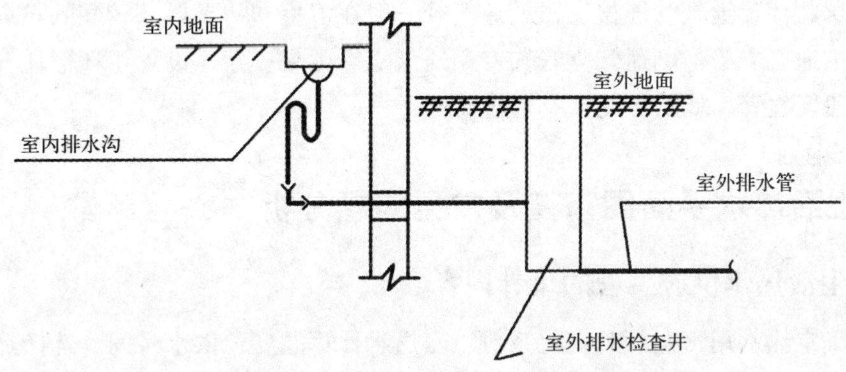

图 7-8　排水管出室外设存水弯

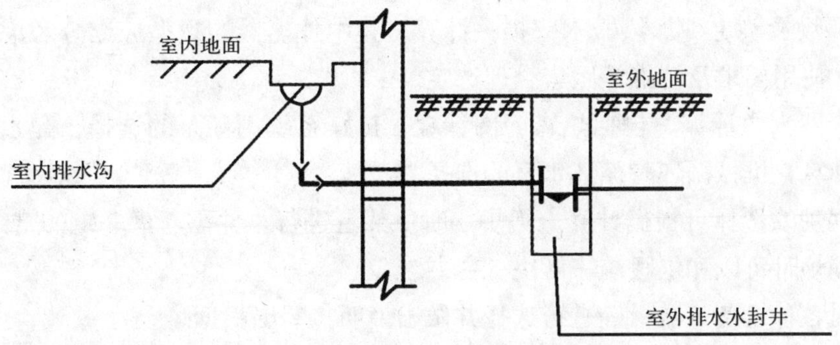

图 7-9　排水管出室外设水封井

7.5.3 生活排水平面图绘制方面的错误

1. 未注明地漏水封深度要求

设计文件中未说明所采用地漏的水封深度。这违反了《建筑给水排水设计规范》GB 50015—2009 第 4.5.9 条的规定：带水封的地漏水封深度不得小于 50mm。这是因为，50mm 水封深度是确定重力流排水系统的通气管管径和排水管管径的基础参数，是最小深度。当排水时，地漏的水封受排水管道内正压（较低楼层）或负压（较高楼层）影响较大，水封深度一旦不够，会使水封遭到破坏臭气进入室内。因此，在设计、施工说明和材料表中一定要注明，带水封的地漏水封深度不得小于 50mm。具体做法详见国标图集 04S301《建筑排水设备附件选用安装》。

2. 该设而未设环形通气管

《建筑给水排水设计规范》GB 50015—2009 第 4.6.3 条规定。下列排水管段应设置环形通气管：连接 4 个及 4 个以上卫生器具且横支管的长度大于 12m 的排水横支管；连接 6 个及 6 个以上大便器的污水横支管。

环形通气管，曾称辅助通气管，一般在公共建筑集中的卫生间或盥洗室内横支管上承担的卫生器具数量超过允许负荷时才设置。设置环形通气管时，必须用主通气管或副通气管逐层将环形通气管连接。器具通气管一般在卫生和防噪要求较高的建筑物的卫生间设置。主通气立管、副通气立管与专用通气立管效果一致，设置了环形通气管、主通气管或副通气立管，就不必设置专用通气立管。

7.6 生活热水平面图审查及常见问题分析

7.6.1 生活热水供应工程的设计内容

（1）确定热水用水定额时变化系数、冷热水计算温度、供水时间。选择热媒，确定加热方式和加热设备（需有比较和论述过程）。热水量、耗热量、热媒耗量计算。

（2）热加器容积计算，加热器热交换面积的计算。加热器规格、数量的确定。换热管的规格、数量确定。加热器水头损失计算。其中加热器的类型应充分考虑热媒条件、建筑性质、使用要求及特点等因素合理选定。

（3）管网水力计算。包括热媒管网计算，热媒系统循环泵的选择。配水管网计算、循环管网计算，机械循环时循环水泵的选择。

（4）锅炉的选择可根据计算之锅炉小时供热量进行，并需考虑一定的富余量。在有集中供暖锅炉时可以和供暖统一解决。

（5）对各种设备，器材等进行选择并做出说明、写出根据。

（6）工程概算与成本分析。

根据高层建筑给水排水系统工程量，采用工程概算单价及当地工程预算定额进行编制。包括卫生器具、管材、设备、各种仪表及有关土建工程，成本分析包括单位面积造价等。

7.6.2　生活热水平面图的绘制

7.6.2.1　图纸的绘图

建筑生活热水供应工程设计的主要的图纸有：

(1) 首层平面图；

(2) 标准层平面图 1：100；

(3) 非标准层平面图（当各层功能不同且有用水点时，均需绘一张）；

(4) 设备层平面图（有无及数量可能不同，但与给水排水有关即绘出）；

(5) 顶层平面图；

(6) 相关的裙楼平面图；

(7) 水泵房工艺平面及系统图比例自定；

(8) 专题有关图纸；

(9) 设计总说明及图例等。

7.6.2.2　绘图内容

生活热水平面图应绘出热水系统的水平干管、支管、主管的位置。设备层平面需绘清楚各类管线相互位置，连接关系，水箱、气压罐、水泵加热设备等位置、必要的阀门、止回阀仪表等。

地下室平面除各类管线外，还需按比例绘出吸水池（或贮水池）位置以及热交换器、热水罐、进户管、水表节点连接管线、必要的闸门、仪表等。

水加热设备全部绘出，并反映出立式或卧式。热水供、回水横管及冷水横管应反映出是走在水加热设备的上方或下方。水加热设备上连接进、出水管，热媒管。设在水加热间内的循环泵、膨胀罐、分集水器、管道上的阀器件及水处理设备等均要绘出。水加热设备应标注设计产热水量及设计储水容积。对于密闭管网系统，应标出水加热设备上安全阀的泄压压力值。冷、热水管及热媒管标注管径。

7.6.3　生活热水平面图审图内容

(1) 热水供水分区是否与给水分区一致，热水供水压力能否与冷水压力平衡，(单独使用冷水或热水者除外)。

(2) 其中热水供应系统是否设置了有效的循环系统，高层建筑的热水系统采用减压阀分区时能否保证各区循环系统的正常工作。

(3) 公共浴室是否设有水温稳定和节水措施。

(4) 系统上是否设有防膨胀泄压用的安全阀，膨胀管（或膨胀罐），伸缩节，固定支架等附件。是否设有防止和减缓管道和设备结垢、锈蚀的装置。

7.6.4 生活热水平面图布置的错误

1. 加热设备的布置不符合要求

《建筑给水排水设计规范》GB 50015—2009 第 5.4.16 条规定：加热设备的布置，应符合下列要求：1）容积式、导流型容积式、半容积式水加热器的一侧应有净宽不小于 0.7m 的通道，前端应留有抽出加热盘管的位置；2）水加热器上部附件的最高点至建筑结构最低点的净距，应满足检修的要求，并不得小于 0.2m，房间净高不得低于 2.2m。

无贮热容积的半即热式、快速式水加热器一般容积比容积式加热器小得多，其加热盘管不一定从前端抽出，可以从上从下两头抽出，也可以整体放倒或移出机房外检修（当然机房的布置还需考虑人行道及管道连接等的空间）。而容积式水加热器等带贮热溶剂的设备，体型一般均较高大，一般设备固定就很难整体移动，而水加热设备的核心部分加热盘管受水质，水温引起的结垢、腐蚀影响传染效果及制造加工不善出现问题是很难避免的，因此，在水加热器前端，即加热盘管装入水加热器的一侧必须留出能抽出加热盘管的距离，以供加热盘管清理水垢或检修之用。同时也提醒设计人员在选用这种带贮热容积的水加热设备是必须考察其加热盘管能否从侧面抽出来，是否具备清垢检修条件。

2. 燃气热水器选型或设置位置不当

燃气热水器选型或设置位置不当，将违反《建筑给水排水设计规范》GB 50015—2009 第 5.4.4 条和第 5.4.5 条（强制性条文）的规定。选用局部热水供应设备时，应符合下列要求：热水器不应安装在易燃物堆放或对燃气管、表或电气设备产生影响及有腐蚀性气体和灰尘多的地方。燃气热水器、电热水器必须带有保证使用安全的装置。严禁在浴室内安装直接排气式燃气热水器等在使用空间内积聚有害气体的加热设备。

国内发生过多起燃气热水器漏气中毒致人身亡的事故，因此，选用这些局部加热设备时一定要按其产品标准、相关的安全技术通则、安装及验收规程等中的有关要求进行设计。

3. 多个淋浴器未布置成环形

这违反了《建筑给水排水设计规范》GB 50015—2009 第 5.2.16 条的规定。公共浴室淋浴器出水水温应稳定，并宜采取下列措施。多于 3 个淋浴器的配水管道，宜布置成环形；成组淋浴器的配水管的沿程水头损失，当淋浴器多于 6 个时，可采用每米不大于 350Pa。配水管不宜变径，且其最小管径不得小于 25mm。

在工程实践中，为了在较多的淋浴器之间起闭阀门时减少相互影响，要求配水管布置成环状。使淋浴器在使用调节时不致造成管道内水头损失有明显的变化，影响淋浴器的使用。如图 7-10。

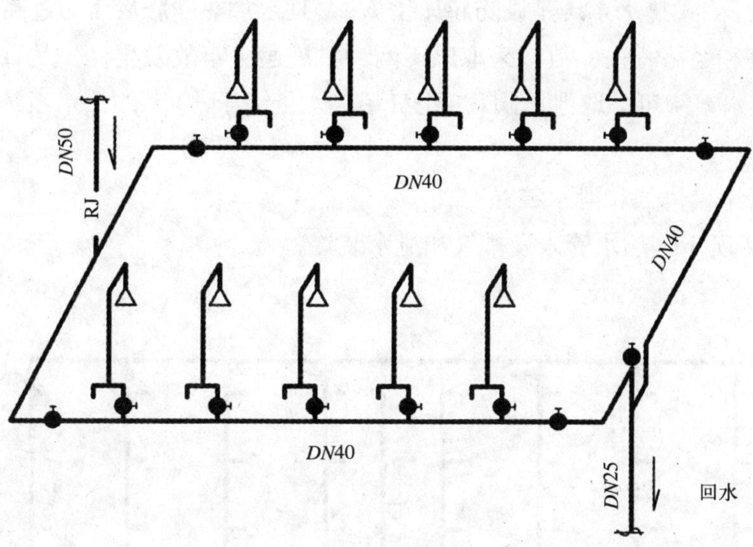

图 7-10　淋浴器布置成环形

4. 热泵机组布置不符合要求

《建筑给水排水设计规范》GB 50015—2009 第 5.4.16A 条规定：热泵机组布置应符合下列规定：1）水源热泵机组布置应符合下列要求，热泵机房应合理布置设备和运输通道，并预留安装孔、洞；机组距离墙的净距不宜小于 1.0m，机组之间及机组与其他设备之间不宜小于的净距不宜小于 1.2m，机组与配电柜之间的净距不宜小于 1.5m；机组与其上方管道、烟道或电缆桥架的净距不宜小于 1.0m；机组应按产品要求在其一端留有不小于蒸发器、冷凝器长度的检修位置。2）空气源热泵机组布置应符合下列要求，机组不得布置在通风条件差、环境噪声控制及人员密集的场所；机组进风面距遮挡物宜大于 1.5m，控制面距墙宜大于 1.2m，顶部出风的机组，其上部净空宜大于 4.5m；机组进风面对布置时，其间距宜大于 3.0m。

因水源热泵机组体形大，需预留安装空洞及运输通道，且应留有抽出蒸发器、冷凝器盘管的空间。空气源热泵需要良好的气流条件，且由于风机噪声大的特点，机组一般布置在屋顶或室外。

7.6.5　技术措施方面的失误

1. 闭式热水系统未设防止超压措施

闭式热水系统未设防止超压措施，违反了《建筑给水排水设计规范》GB 50015—2009 第 5.4.21 条的规定。在闭式热水供应系统中，应设置压力膨胀罐、压阀，并应符合下列要求：1）日用水量小于等于 30m^3 的热水供应系统可采用安全阀等泄压的措施；2）膨胀罐已设置在加热设备的热水循环回水管上。

这是因为，闭式热水系统不设防超压措施，一旦水加热膨胀后压力过高，会酿成事故，造成人员伤害和经济损失。可以采取以下两种措施避免事故发生。一是日用热水量不大于 10 m^3 的热水系统可采取泄压阀；二是日用热水量大于 10m^3 的热水系统应设置压力式膨胀罐。

2. 热水管未设排气和泄水装置

如图 7-11 所示，热水管未设排气和泄水装置。

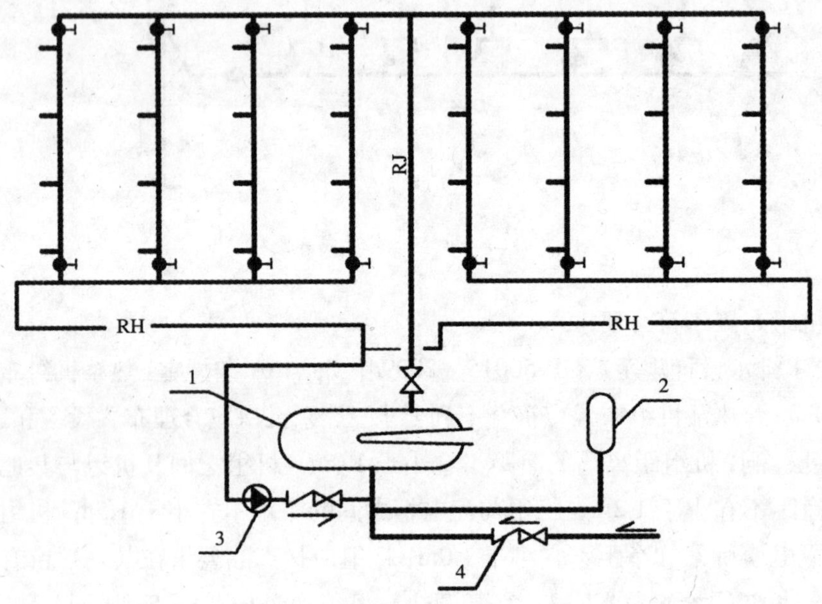

图 7-11　热水管未设排气和泄水装置
1—水加热器；2—膨胀罐；3—循环泵；4—止回阀

热水管未设排气和泄水装置，违反了《建筑给水排水设计规范》GB 50015—2009 第 5.6.4 条的规定。上行下给式系统配水干管最高点应设排气装置，下行上给式配水系统，可利用最高配水点放气，系统最低点应设泄水装置。

在热水系统中，由于热水在管道内不断析出气体（溶解氧及二氧化碳），会使管内积气，如不及时排除，不但阻碍管道内的水流还加速管道内壁的腐蚀。为了使热水供应系统能正常运行，故应在热水管道积聚空气的地方装自动放气阀或带手动放气阀的集气罐。当上行下给式系统中，一般可利用最高配水点放气，不另设排气装置。

据调查，在上行下给式的系统中管道的腐蚀较严重。管道腐蚀与系统中不及时排出空气有关。故建议把横干管的坡度增加到 1%，以加速水中析出的空气集中到集气器。当下行上给式系统最高配水点不经常使用时，空气就由回水立管带到横干管中而引起管道腐蚀。

热水系统的放气装置不但是为了防止气堵影响系统供水，也是防止管道腐蚀的一项措施。在热水系统的最低点设泄水装置是为了放空系统中的水，以便维修。如在系统中的最低处有配水点时，则可利用最低配水点泄水而不另设泄水装置。

3. 水加热器的冷水供水管尚未设止回阀

在由小区（厂区）内部给水管网供水的水加热器的冷却水供水管上不设止回阀。这违反了《建筑给水排水设计规范》GB 50015—2009 第 5.6.8 条的规定。热水管网上在水加热器或贮水罐的冷水供水管上应装止回阀。当水加热器或贮水罐的冷水供水管上安装倒流防止器时，应采取保证系统冷热水供水压力平衡的措施。

设置止回阀是为了防止加热设备的升压或由于冷水管网水压降低产生倒流，使设备内热水回流至冷水管网产生热污染和安全事故。但又由于倒流防止器阻力大，如水加热贮热设备的冷水管上安装了倒流防止器，而不采取相应措施，将会产生用水点处冷热水压力的不平衡。一般工程中可采用冷热水系统均通过同一倒流防止器的方法解决此问题。

4. 热水管穿楼板等处未设套管

这违反了《建筑给水排水设计规范》GB 50015—2009 第 5.6.15 条的规定。热水管穿越建筑物墙壁、楼板和基础处应加套管，穿越屋面及地下室外墙时应加防水套管。

热水管道穿越楼板时应加套管是为了防止管道膨胀伸缩移动造成管外壁四周出现缝隙，引起上层漏水至下层的事故。一般套管内径应比通过热水管的外径大 2 ～ 3 号，中间填补燃烧材料再用沥青油膏之类的软密封防水填料灌平。套管应高出地面大于等于 20mm。

7.7　消火栓平面图审查及常见问题分析

7.7.1　消火栓平面图的绘制要求

（1）消火栓平面图绘制要满足规定的深度要求，要满足国家现行的消防、人防、节水、环保、抗震、安全和卫生等要求。

（2）消火栓平面图是建筑给水工程施工图中最基本的图样，它主要反映消火栓设备、管道及其附件相对房屋的平面位置。

（3）消火栓平面图比例一般采用与建筑平面图相同的比例，常用1：100，必要时可采用1：50、1：200、1：150等比例。建筑物轮廓线、轴线号、房间名称等应与建筑专业一致，并用细实线绘制。

多层房屋的消火栓平面图原则上应分层绘制；管道系统布置相同的楼层平面可以绘制成一个平面图，但底层管道平面图仍应单独绘制。各种管道不论在楼面（地面）之上或之下，都不考虑其可见性，仍按管道类别用规定的线型画出。当在同一平面位置有几根不同高度的管道时，若严格按投影来画平面图，就会重叠在一起，这时可以画成平行排列，即使明装的管道也可画入墙线内，但要在施工说明中注明管道系统是明装的。

7.7.2 消火栓平面图的审图步骤

消火栓平面图的审图，要把管道平面图和管道系统图结合起来，互相依赖、互相补充、互相对照、反复思考。消火栓平面图在审图时，应知道消防系统的给水方式、施工方式及主要特点。

在进行消火栓平面图审图时，应先阅读施工设计总说明，了解建筑概况。如建筑层数、面积、功能，相应的建筑设计参数和设计目的等。审图时应遵循以下步骤：

(1) 在各楼层的平面图中，可根据立管代号及位置找出相应的管道系统。

(2) 消火栓平面图审图可以从引入管开始，依次按引入管—水平干管—立管—支管—消火栓的方向进行；如有水箱，则要找出水箱的进水管，再从水箱的出水管—水平干管—立管—支管—消火栓等方向进行。

(3) 仔细审读消火栓、消防泵、水龙带、水泵接合器、水枪、灭火器等设备的型号、参数是否符合规范。

7.7.3 消火栓平面图的审图要点

(1) 消防水池和屋顶消防水箱的储水容积是否符合规定；当消防、生活合用水池、水箱时，有无保证消防水量不被动用的措施。

(2) 消防设备是否满足规范要求，管路上是否有减压、泄压等安全使用和保证灭火效果的措施，有无消防水泵的自检措施。

(3) 消防水泵及增压设备是否满足规范要求。

(4) 室内消火栓管网是否按规范要求连成环状，环状管网的引入管是否不少于两根，管网上阀门的布置是否满足规范要求。

(5) 屋顶是否设试验用消火栓，是否设有终端放水试验装置。

(6) 消火栓系统管径是否合理。

(7) 消防水泵接合器的设置是否满足规范要求。

7.7.4 消火栓平面图审图的注意事项

(1) 审图时，要审核总设计用水量是否符合要求，以及当地的平均水压与选用的管径是否合适；是否满足水质的洁净程度要求；要考虑水垢积聚减小管道流量的发生。所以进水总管应在总用水量基础上加大一级管道。要核对管道与其他管道或建筑物有无影响和妨碍施工，是否需要改道。

(2) 在审核消火栓工程的平面图时，应检查管道设置是否合理，水表设置的位置是否便于查看和检修，要进行局部检修时是否有了控制的阀门，配置的卫生器具是否经济合理。

(3) 对于大型公共建筑、高层建筑给水施工图，要审核有无单独的消防用水系统，而它不能混在一般用水管道中，它应有一单独的阀门井，即单独管道、单用阀门。放置阀门井的位置是否方便启闭、方便检修，周围有无障碍物，以确保消防时紧急使用。

(4) 对设计所选用的排水管、材料、排水系统相配合的卫生器具，审图时可以对所用材料的利弊提出问题或建议，可供设计或使用单位参考。

(5) 土建图与给水排水施工图互相校核的内容主要是标高。上下层房间使用功能相同。防止上部房间为厨卫，下部为住房。这样将失去房间的完美，一旦以上部位厨卫间漏水，就会严重影响下部房间的使用。同时也要防止将外立管设置于阳台处，既不便于安装，更重要的是影响美观。

(6) 给水排水管穿梁时在某些部位会影响结构。因为排水管穿过梁时要占用一个管道位置，使梁的截面减少，削弱了梁的强度。特别是阳台外悬臂挑梁的根部，不允许有排水管穿过，否则无法保证悬臂的强度，留下安全隐患。

7.7.5　消火栓平面审图时的常见错误

在进行消火栓平面图审图时，最常见的错误可以分为以下几个方面：

1. 消防水池

(1) 消防水池的有效容积偏小。将不能满足建筑物火灾延续时间、室内消火栓用水量等要求，这个错误在一些老工程改造后尤其明显，主要是老的建筑改造后，增加了喷淋系统，但水池的容积并没有增加。

(2) 生活与消防水池合用但无专用的技术措施。有些工程的消防用水与生产用水合用水池，以防止水质变坏，但未设计防消防水被误用的专用措施。

2. 消防水泵

(1) 消防水泵的流量偏小。消防水泵流量偏小不能满足室内消防用水量的要求。

(2) 消防水泵扬程偏大。消防水泵扬程偏大对管网工作不利，同时也浪费能源，但这个问题比较常见，与一些设计人员的保守思维有关。

(3) 一组消防水泵只有一根吸水管。有的消火栓工程设计，在平面图上只有一根吸水管，当吸水管检修时，整个系统就会瘫痪。

(4) 一组消防水泵只有一根出水管。和消防水泵的吸水管一样，如果一组消防水泵只有一根出水管，就会降低消防系统的可靠性。

(5) 水泵出水管上无压力表、无试验放水阀、无泄压阀等。

(6) 引水装置不正确，如吸水管设引水罐或设底阀等。

(7) 水泵的吸水管的管径偏小。有的设计选用管径偏小，水泵的流量就达不到设计值。

3. 水泵接合器

(1) 水泵接合器与室外消火栓或消防水池的取水口距离大于 40m。

(2) 水泵接合器的数量偏少。

(3) 水泵接合器未分区设置。

7.8 自动喷水灭火系统平面图审查及常见问题分析

7.8.1 自动喷水灭火系统平面图的绘制

自动喷水灭火系统平面图绘制，要绘出与消防给水管道布置相关的各层平面图，内容包括主要轴线编号、房间名称、用水点位置，注明各种管道系统的编号或图例。

要绘出自动喷水灭火系统消防给水管道的平面布置、立管位置及编号。

底层平面图应注明引入管、排出管、水泵接合器等位置，还应注明穿越建筑外墙管道的标高、防水套管形式等。

主要设备、器具、仪表以及管道附件、配件、图例等，必须要以图纸的形式，在相关图上列表或绘图表示。

7.8.2 自动喷水灭火系统平面图审查要点

自动喷水灭火系统平面图的审查除了与整个建筑给水排水、消火栓消防工程平面图相同的地方外，尚需要重点审查以下内容：

(1) 自动喷水灭火系统设置场所、系统选型设计。

(2) 自动喷水灭火系统的喷水强度、作用面积、喷头工作压力的设计；系统的火灾延续时间的设计；系统工作压力值的确定。

(3) 自动喷水灭火系统组件、配件、设施设计；系统泄水阀、排气阀、排污口设计；报警阀组的设计；水力警铃的设计；水流指示器的设计；信号阀的设计；末端试水装置的设计；试水阀的设计。

(4) 采用自动喷水闭式灭火系统场所的最大净空高度。

(5) 自动喷水湿式灭火系统的喷头选型设计。

(6) 自动喷水灭火系统喷头溅水盘与顶板的距离。

(7) 自动喷水灭火系统喷头布置设计（间距、朝向）；仓库货架内喷头布置；汽车库停车位、坡道、车道上方喷头布置；闷顶和技术夹层内喷头布置；水幕的喷头布置。

(8) 自动喷水灭火系统管道管材及连接方式的设计。

(9) 自动喷水灭火系统配水管道管径设计。

(10) 自动喷水干式灭火系统充水时间设计。

(11) 剧场建筑重点审查水幕的设计；室内消火栓的设计；闭式自动喷水灭火系统设计；雨淋喷水灭火系统的设计。

7.8.3　自动喷水灭火系统平面图常见错误分析

前面第 6 章，已进行了自动喷水系统的系统图审图，本章继续进行平面图常见错误分析。

1. 消防水池

消防水池常见的问题是偏小，或和生活水池不正确合用的问题(可参见消火栓系统)。

2. 消防水泵

消防水泵的主要问题是扬程和吸入管的问题（可参见消火栓系统）。

3. 稳压系统

(1) 自动喷水灭火系统中，使用稳压泵进行稳压是很常见的一种类型，但稳压泵的选型常常出现问题，如许多工程设计中稳压泵的流量偏大。

(2) 稳压泵的位置

有些设计人员在高位水箱处设置稳压泵，就近接入自动喷水灭火系统的立管顶部，此种方式存在的问题是：当喷头受热爆炸后，阀后压力降低，稳压泵启动后，仅能使湿式报警阀后的管网压力升高，故不能开启阀瓣，因此压力开关没有讯号启动喷淋泵。

4. 水泵接合器

(1) 水泵接合器的设置不正确；

(2) 水泵接合器的设计数量偏少。

5. 减压装置的设置

有些设计人员在设计高层建筑物自动喷水灭火系统未予考虑，特别是需要分区进行喷水灭火的工程。

6. 湿式报警阀

湿式报警阀的设置不正确，许多工程在设计报警阀的地点时，考虑不周全。另外，有些工程在设计时未设置供水控制阀。

7. 水流指示器

水流指示器前应安装信号阀，与水流指示器间的距离不宜小于 300mm，大部分工程中均未设计信号阀。

8. 末端试验装置

末端试验装置包括试验阀、压力表、排水管，试验管径不小于 25mm。许多工程中末端试验装置管径小于 25mm。

如某高层建筑，地下车库和办公区设有自动喷水灭火系统，末端试水装置未设排水设施。末端试水装置主要是用来检测系统的可靠性，经常要测试排水，应设置有足够排水能力的排水设施。该设计违反《自动喷水灭火系统设计规范》GB 50084—2001（2005 年版）第 6.5.1 条规定。

9. 系统联动试验

自动喷水灭火系统需要进行系统联动实验，末端试验阀打开，压力表读数应不小于0.049MPa，在实践中，许多工程最不利点放水试验时，压力表读数小于0.049MPa。这是因为设计时未考虑最不利点的动水压力。

10. 喷头

宽度大于1.2m的风管腹面下应设喷头。但多数设计单位在工种的会签中遗漏此项。设计人员在设计喷头布置时，除了考虑满足上述规范要求外，还应考虑喷头与大功率发热灯具和通风管风口的距离不应过近，以免系统运行后出现喷头被大功率发热灯具散发的热量引起误动作喷水；当喷头离送风口太近喷水灭火时，喷出的水被从通风管风口出来的风吹离正常洒水范围。所以设计人员在喷头布置设计时就应与其他专业设计人员共同会商。

11. 消防水箱

消防水箱的常见问题可参见消火栓系统。此外，常见问题还有，消防水箱出水管处设置的止回阀与水箱底的垂直距离太小（通常不足1m），使放水试验时，水流指示器不能报警。

12. 泄压阀

某些自动喷水灭火系统工程，在水泵的出水管上未装设泄压阀，在图上无任何表示。

13. 固定托座和固定支架

设计人员在自动喷水灭火系统设计的同时计算出荷载，并依据此值设计出配水立管底部的专用承重托座，且同时还应会同建筑结构专业的设计人员验算建筑结构部件能否承受此托座传递过来的荷载。

14. 套管与所穿管道间隙密实填料的选择

设计人员在设计自动喷水灭火系统时就应把套管填充材料选定下来。选择玻璃纤维布代替石棉作套管间隙填充材料较好。

15. 压力开关水力警铃误报警

压力开关水力警铃误报警，有些误报问题往往是因为设计原因造成的。

(1) 直接由市政水作稳压。由于市政水压力波动大，而湿式报警阀本质上是一只止回阀，只允许水单方向流动。当市政水处于低压时，湿式报警阀处于关闭状态，那么在市政水压力升高，湿式报警阀即打开，引起误报。

(2) 采用稳压泵稳压。如果稳压泵补水平缓，始终使阀瓣小角度开启向管网补水，即不会发生"误报"。如果补水速率过大，一开始补水，阀瓣就冲至大角度开启，即发生误报。

(3) 设置增压泵系统。增压泵增压引起误报的原因与稳压系统相同。

自动喷水系统的平面图审图，将在后续章节，结合其他内容进行继续阐述。

第 8 章　大样图与轴测图审查及常见错误分析

大样图又称详图，本章还包括局部放大图、剖面图等。建筑给水排水系统原理图，一般不按比例绘制，仅反映各元素之间的原理关系。这种图纸是国际上的通用画法，侧重于表达系统原理，而不同于轴测图主要表示管道具体走向。

轴测图的绘制比较复杂，有时和系统图同时出现在一张图纸中。由于管道前后重叠造成图纸混乱无法搞清系统的整体情况时，以及在进行建筑设计（在装修设计）时，需要在系统不变的前提下进行调整及细部设计。为解决这些矛盾，原建设部建筑设计院借鉴欧、美、日等国的做法，用展开图的画法代替轴测图，能起到简化的作用，多年来使用效果很好，能满足施工需要。

轴测图（原称透视图）有三种画法。一种是按轴向但不按比例绘制，根据新标准不能称之为轴测图。另外一种为1∶2。新标准对它没有做规定，均可作为轴测图。

目前，许多设计人员将主要构思放在平面图上，将大量时间花在平面图设计上，至于标高部分可由平面图上标出，管径也同样如此，而在流程图上也可表示出来。确实，管道在建筑平面较复杂处与其他管线交叉较多处，可绘制一些局部大样（在这一点上笔者曾在珠海看到过日本人绘制的格力空调厂房图纸，它没有系统图，用大量的剖面及节点大样图来取代）。而电脑绘制流程图相对来说比绘制系统图简单得多，它基本上是横、竖直线，不要按比例，但能表达出所表达的内容，这样就节省了大量的时间。原建设部建筑设计研究院水专业组早在几年前就进行流程图代替系统图的尝试，证明是可行的。

8.1　大样图与轴测图绘制的一般规定

8.1.1　大样图的绘制

8.1.1.1　给水管道节点图

建筑给水管道节点图应按下列规定绘制：

(1) 管道节点位置、编号应与建筑给水总平面图一致，但可不按比例示意绘制。

(2) 管道应注明管径、管长。

(3) 节点应绘制所包括的平面形状和大小、阀门、管件、连接方式、管径及定位尺寸。

(4) 必要时，阀门井节点应绘制剖面示意图。

8.1.1.2 平面放大图

平面放大图按下列规定绘制：

(1) 管道类型较多，正常比例表示不清时，可绘制放大图。

(2) 比例不小于1：30时，设备和器具按原形用细实线绘制，管道用双线以中实线绘制。

(3) 比例小于1：30时，可按图例绘制。

(4) 应注明管径和设备、器具附件、预留管口的定位尺寸。

8.1.1.3 剖面图

剖面图按下列规定绘制：

(1) 设备、构筑物布置复杂，管道交叉多，轴测图不能表示清楚时，宜辅以剖面图，管道线型应符合《给水排水制图标准》GB/T 50106—2001（2007版）2.1.2条的规定。

(2) 表示清楚设备、构筑物、管道、阀门及附件位置、形式和相互关系。

(3) 注明管径、标高、设备及构筑物有关定位尺寸。

(4) 建筑、结构的轮廓线应与建筑及结构专业相一致。本专业有特殊要求时，应加注附注予以说明，线型用细实线。

(5) 比例不小于1：30时，管道宜采用双线绘制。

(6) 在管道纵断面图中，可根据需要对纵向与横向采用不同的组合比例。

(7) 剖面图中，管道及水位的标高应按图8-1的方式标注。

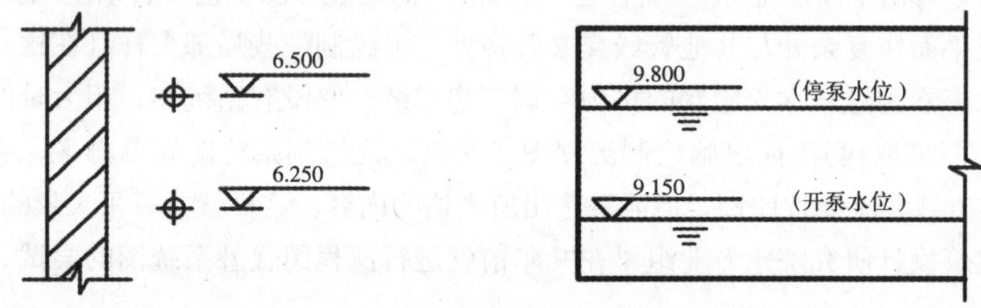

图8-1 剖面图中管道及水位标高标注法

8.1.2 详图的绘制

详图应按下列规定绘制：

(1) 无标准设计图可供选用的设备、器具安装图及非标准设备制造图，宜绘制详图。

(2) 安装或制造总装图上，应对零部件进行编号。

(3) 零部件应按实际形状绘制，并标注各部尺寸、加工精度、材质要求和制造数量，编号应与总装图一致。

(4) 详图的比例一般可根据需要选用1：50、1：30、1：20、1：10、1：5、1：2、1：1、2：1。

绘制详图时，管径的标注方法应符合下列规定：

(1) 单根管道时，管径可以直接标注在管道上方。

(2) 多根管道时，管径应按图 8-2 的方式标注。

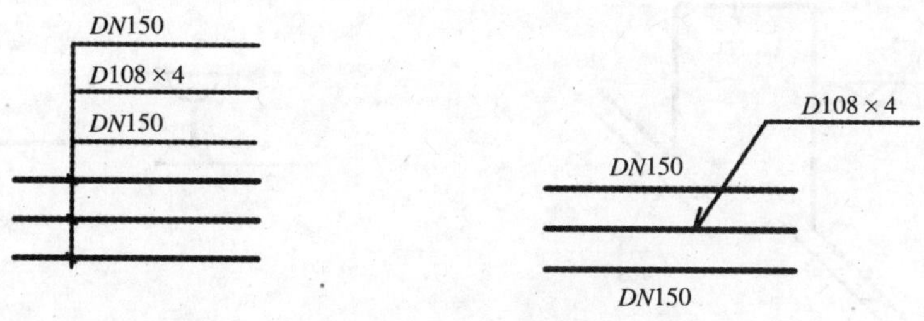

图 8-2　多管径的表示方法

(3) 建筑物内穿越楼层的立管，其数量超过 1 根时宜进行编号，编号宜按图 8-3 的方法表示。

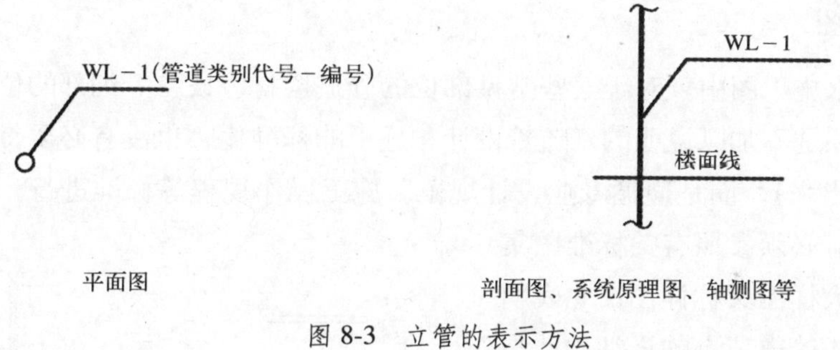

图 8-3　立管的表示方法

8.1.3　轴测图的绘制

轴测图一般应按下列规定绘制：

(1) 卫生间放大图应绘制管道轴测图。

(2) 轴测图宜按 45°正面斜轴测投影法绘制。

(3) 管道布图方向应与平面图一致，并按比例绘制。局部管道按比例不易表示清楚时，该处可不按比例绘制。在建筑给水排水轴测图中，如局部表达有困难时，该处也可不按比例绘制。

(4) 楼地面线、管道上的阀门和附件应予以表示，管径、立管编号与平面一致。

(5) 管道应注明管径、标高（亦可标注距楼地面尺寸），接出或接入管道上的设备、器具宜编号或注字表示。

(6) 重力流管道宜按坡度方向绘制。

（7）建筑给水排水轴测图 1∶150、1∶100、1∶50 宜与相应图纸一致。

（8）轴测图中，管道标高应按图 8-4 的方式标注。

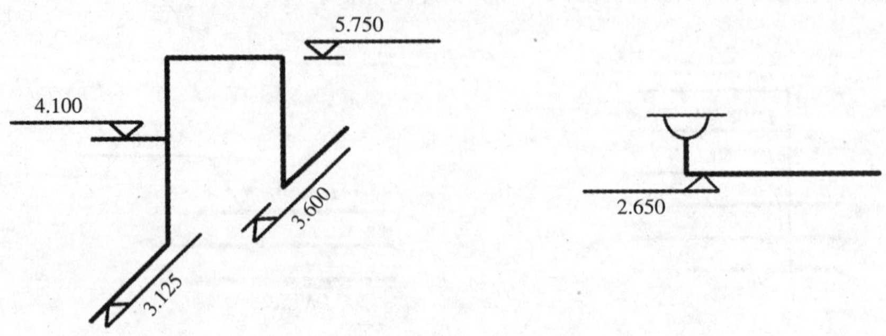

图 8-4　轴测图中管道标高标注法

8.2　大样图与轴测图审图时的注意事项

8.2.1　大样图

在建筑给水施工图中，对于某些常见部位的管道器材、设备等细部的位置、尺寸和构造要求，往往是不加以说明的（随着设计和施工的标准化，也没有必要每一项内容都在图样上表达出来），而是遵循专业设计规范、施工操作规程等标准进行，读图时欲了解其详细做法，必须参照有关标准图集和安装详图。大样图又称详图，它表明某些给水设备或管道节点的详细构造与安装要求。大样图表达某一被表达部位的详细做法。建筑室内给水施工图的大样图有两类：一类由设计人员在图样上绘出，另一类则引自有关安装图籍。

图 8-5 是拖布池的安装详图，它表明了水池安装与给水排水管道的相互关系及安装控制尺寸。

有些详图可直接查阅有关标准图集或室内给水排水设计手册，如水表安装详图、卫生设备安装详图等。

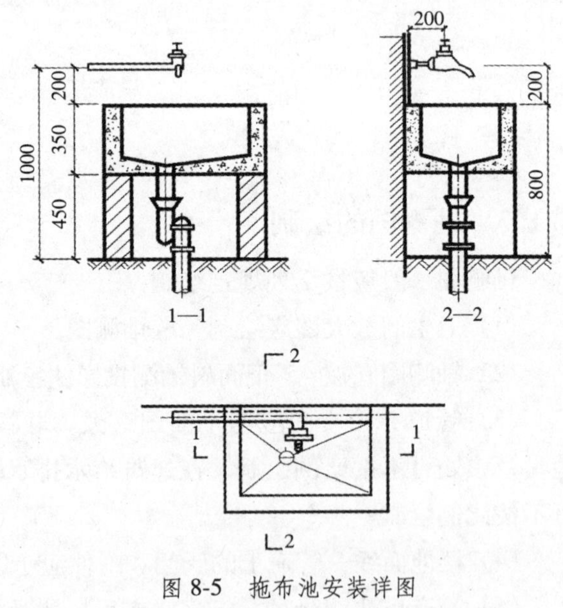

图 8-5　拖布池安装详图

8.2.2　轴测图

建筑给水排水轴测图是用轴测投影的方法，根据各层平面图中卫生设备、管道及竖向标高绘制而成的，分别表示给水排水管道系统的上、下层之间，前后、左右之间的空间关系。

在系统中除注有各管径尺寸及立管编号外，还注有管道的标高和坡度。室内给水排水轴测图的识读应注意的是：

（1）识读建筑给水轴测图时，从引入管开始，沿水流方向经过干管、立管、支管到用水设备；排水则从用水设备到支管、立管、干管一直到户外管的顺序。

（2）在建筑给水管网平面图中，表明了各管道穿过楼板、墙的平面位置，而在建筑给水管网轴测图中，还表明了各管道穿过楼板、墙的标高。

（3）系统轴测图，一般按斜等轴测投影原理绘制，与坐标轴平行的管道在轴测图中反映实长。

（4）当空间交叉的管道在系统轴测图中相交时，要判别前后、上下的关系。

（5）系统轴测图中给水管道仍用粗实线表示，排水管道用粗虚线表示。

（6）排水管应标出坡度，如在排水管图线上标注，为箭头表示坡降方向。

8.3　大样图与轴测图审查及常见问题分析

8.3.1　生活给水大样图与轴测图

1. 生活水池、水箱大样图

生活水池、水箱的大样图中，审图过程中最常见的问题是缺少管路或配件，如多（少）画了截止阀，少画了人孔、通气管、溢流管等。在生活水池中，应有防止生物进入水池（箱）的措施，进水管要在高出水池（箱）溢流水位以上进入水池（箱），泄水管和溢流管的排水不得与污废水管道直接连接。

《建筑给水排水设计规范》GB 50015—2009 第 3.2.12 条规定，生活饮用水水池（箱）的构造和配管，应符合下列规定：

（1）人孔、通气管、溢流管应有防止生物进入水池（箱）的措施；

（2）进水管宜在水池（箱）的溢流水位以上接入；

（3）进出水管布置不得产生水流短路，必要时应设导流装置；

（4）不得接纳消防管道试压水、泄压水等回流水或溢流水；

（5）泄水管和溢流管的排水不得与污废水管道直接连接，应采用间接排水方式；

（6）水池（箱）材质、衬砌材料和内壁涂料，不得影响水质。

2. 给水横管

给水横管宜设 0.002 ~ 0.005 坡度的坡向泄水装置。在审图中，这是一个很小的问题，但很多设计者会经常忽视，导致施工者会错误施工。

给水横管宜设 0.002 ~ 0.005 坡度的坡向泄水装置，这样做主要有两个原因：一是便于泄空，方便维修；二是便于排气，有利于水流畅通和消除噪声。

3. 水池（箱）的泄水管和溢流管画错

审图中，水池（箱）的泄水管和溢流管也是容易画错的地方，一般的错误是直接与排水管（或排水构筑物）连接。

泄水管和溢流管的排水应符合《建筑给水排水设计规范》GB 50015—2009 第 4.3.13 条第 1 款的规定：排水管不得与污废水管道系统直接连接，应采用间接排水的方式。溢、泄水管与排水管或排水构筑物直接连接时，当排水管堵塞或排水构筑物水位上升，可能使污水溢入水池（箱）污染水质；排水系统的臭气也能污染水质。

采取间接排水方式可以避免上述污染发生。如排入邻近的洗涤盆，地漏、排水明沟、排水漏斗、屋面等，但要满足与排水口的最小空气间隙。

8. 3. 2　消火栓大样图与轴测图审查及常见问题分析

1. 大样图中消防水泵出口处缺放水阀和稳压阀等回流装置

某大样图，笔者在审图中发现，大样图中消防水泵出口处缺放水阀和稳压回流装置。实际上，《高层民用建筑设计防火规范》GB 50045—2005 第 7.5.4 条、第 7.5.6 条与《建筑设计防火规范》GB 50016—2006 第 8.6.5 条明确规定：消防水泵房应设不少于两条的供水管与环状管网连接。消防水泵的供水管上应装设试验和检查用压力表和 65mm 的放水阀门；高层建筑消防给水系统应采取防超压措施。消防水泵房应有不少于两条的出水管直接与消防给水管网连接。当其中一条出水管关闭时，其余的出水管应仍能通过全部用水量。

出水管上应设置试验和检查用的压力表和 *DN*65 的放水阀门。当存在超压可能时，出水管上应设置防超压设施。目的是便于水泵检查试验时排水。同时，消防水泵出口还需要考虑一定的稳压回流措施。因为在实际使用中，会出现消防水量小于水泵选定流量值的情况，此时水泵扬程远大于设计值，在无任何回流措施保护下，消防管网压力过大，容易造成事故。简单的做法是，在供水管上装设安全稳压阀，在管网超压时，可以通过回流管泄压，将回流水排至消防水池；在管网压力不稳定时，亦可稳压。

2. 轴测图中消防水泵接合器不符合要求

在审图中，特别是在高层建筑设计中，经常可以见到水泵结合器的位置布置不妥。实际上，服务于消火栓、自动喷水灭火系统的多个接合器或消防竖向分区时，分别设置的多个接合器在同一地点过分集中密集并列布置，不便于消防车接近和一对一供水。消防水泵接合器的设置应便于消防车使用。同时，对于消火栓系统，不超过 4 层的厂房、仓库和不超过 5 层的公共建筑，可以不设水泵接合器。而对于自动喷水灭火系统，则必须设水泵接合器。

3. 消火栓系统减压阀型号选择不合理

在审图中，经常发现消火栓系统减压阀型号选择不合理。一般设计人员在消火栓栓口静水压力不大于 1.00MPa 时，为避免系统管道布置复杂，均未采取分区给水系统，而是通过选用减压型消火栓来满足规范对消火栓栓口出水压力不大于 0.50MPa 的要求。这样一来采用减压型消火栓的位置就很多，选用时应根据减压型消火栓所要求的进水口压力范围选择相应型号的消火栓。

4. 高层建筑消火栓的阀门设置不当

在大样图审查中，有时会发现高层建筑消火栓的阀门设置不当。《高层民用建筑设计防火规范》GB 50045—2005 第 7.4.4 条（强制性条文）规定：室内消防给水管道应采用阀门分成若干独立段。阀门的布置，应保证检修管道时关闭停用的竖管不超过一根。当竖管超过 4 根时，可关闭不相邻的两根。裙房内消防给水管道的阀门布置可按现行的国家标准《建筑设计防火规范》GB 50016—2006 的有关规定执行，阀门应有明显的启闭标志。

为使室内消防给水管网在任何情况下都能保证火场用水，合理布置阀门是必要的，原则上保证在检修管道或阀门时，关闭的竖管不超过一条；当竖管为 4 条以上时，可关闭不相邻的两条。

8.3.3　自动喷淋大样图与轴测图审查及常见问题分析

1. 轴测图的高压稳压和气压罐问题

稳高压消防系统是否一定要设消防水箱？设置气压罐的同时，还应设重力自流消防水箱吗？

解析：对于室内消火栓系统，根据《建筑设计防火规范》GB 50016—2006 第 8.4.4 条及《高层民用建筑设计防火规范》GB 50045—2005 第 7.4.7 条的规定，采用高压给水系统时，可不设高位消防水箱。当采用临时高压给水系统时，应设高位消防水箱。《建筑设计防火规范》GB 50016—2006 第 8.4.4 条规定："设置常高压给水系统并能保证最不利点消火栓和自动喷水灭火系统等的水量和水压的建筑物，或设置干式消防竖管的建筑物,可不设置消防水箱。设置临时高压给水系统的建筑物应设置消防水箱(包括气压水罐、水塔、分区给水系统的分区水箱)"。

对于自动喷淋系统，稳高压消防系统在条件受限时，可不设消防水箱。但应满足《自动喷水灭火系统设计规范》GB 50084—2001 第 10.3.2 条规定：不设高位消防水箱的建筑，系统应设气压供水设备。气压供水设备的有效容积，应按系统最不利处 4 只喷头在最低工作压力下的 10min 用水量来确定。

2. 吸水总管未设维修阀门

在高层建筑消防泵设计审图中发现，消防泵由吸水总管吸水，而吸水总管未设维修阀门。这违反了《高层民用建筑设计防火设计规范》GB 50045—2001 第 7.5.4 条的规定。一组消防水泵，吸水管不应少于两条，当其中一条损坏或检修时，其余吸水管应仍能通过全部水量。消防水泵房应设不少于两条的供水管与环状管网连接。消防水泵房应采用自灌式吸水，其吸水管应设阀门。供水管上应装设试验和检查用压力表和65mm的放水阀门。

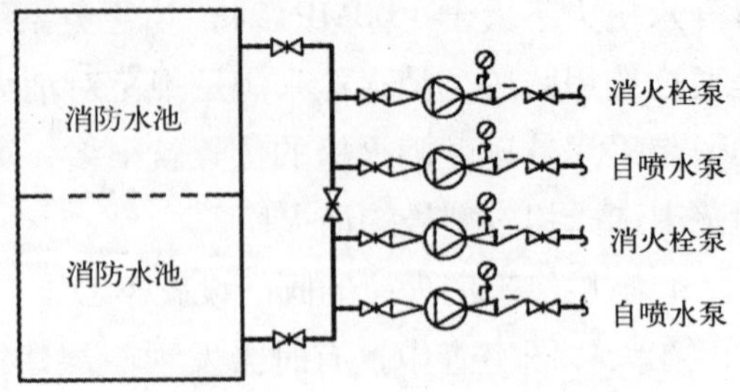

图 8-6 在消防水池出口总管上加截止阀

当消防泵设吸水总管时，若不在吸水总管上设置检修阀门，则在吸水总管发生故障或一格水池清理时将不能保证消防泵的正常运行。改进措施为在消防水泵吸水总管上增加阀门，如图 8-6。

3. 增压设施的设置问题

设在非高层建筑物屋顶上的消防水箱，是否要设增压设施?

解析:《建筑设计防火规范》GB 50016—2006 第 8.4.4.1 条规定：重力自流的消防水箱应设在建筑物最高部位。因为该规范对于最不利点消火栓静水压力并无规定，故非高层建筑的室内消火栓系统不需设增压设施。

《自动喷水灭火系统设计规范》GB 50084—2001 第 10.3.1 条规定:"消防水箱的供水，应满足系统最不利点处喷头的最低工作压力和喷水强度"。因此，当屋顶水箱不能满足上述要求时，自动喷水灭火系统应设置增压设施。

4. 报警阀的进出口均应设置信号阀

在大样图审查中，发现报警阀的进出口没有设置信号阀。《自动喷水灭火系统设计规范》GB 50084—2001 明确规定：连接报警阀进出口的控制阀，宜采用信号阀。一般在水流指示器及报警阀进口设置信号阀已经是常规设计，很少遗漏。但规范要求在报警阀出口也要设信号阀或带锁具的阀门，目的是防止误操作。

因为，在自喷系统中，自喷水泵是通过报警阀上压力开关动作给出信号来启动，水流指示器显示火灾位置，因此自喷供水均应通过报警阀接向管网。特别是从高位水箱或增压设施接出的自喷供水管，不能像消火栓系统那样直接接在消防管网上，而必须从报警阀入口接入消防管网中。同理，自喷系统的水泵接合器的引入管也必须通过报警阀接向管网。

5. 未设防超压措施

审图中发现，工作压力较高的消火栓泵和自动喷水泵出水管上漏设防超压泄压阀和回流管。这违反了《高层民用建筑设计防火规范》GB 50045—2005 第 7.5.6 条的规定：高层建筑消防给水系统就采取防超压措施。

高层建筑消防用水量较大，但在火灾初期，消火栓的实际使用数量和自动喷水灭火系统的喷头实际开放数要比设计值少，其实际消防用水量远小于所选水泵的流量值；另外，消防水泵在试验和检查时，水泵出水量也较少。当出现上述情况时，管网压力升高，有时会超过管网允许压力而造成事故。

因此，在消防泵出口处设置回流管并设置泄压阀、安全阀或选用恒压切线消防泵等。详见国家标准图 04S204《消防专用水泵选用及安装》。

8.3.4　生活排水大样图与轴测图审查及常见问题分析

1. 关于水封的设置问题

《建筑给水排水设计规范》GB 50015—2009 第 4.2.6 条规定：当构造内无存水弯的卫生器具与生活污水管道或其他可能产生有害气体的排水管道连接时，必须在排水口以下设存水弯。存水弯的水封深度不得小于 50mm。严禁采用活动机械密封替代水封。这是建筑给水排水设计安全卫生的重要保证，必须严格执行。

目前的排水管道运行状况证明，存水弯、水封盒、水封井等的水封装置有效地隔断排水管道内的有害有毒气体窜入室内，从而保证室内环境卫生，保障人民身心健康，防止中毒窒息事故发生。

存水弯水封必须保证一定深度，考虑到水封蒸发损失、自虹吸损失以及管道内气压波动等因素，国外规范均规定卫生器具存水弯水封深度为 50 ~ 100mm。水封深度不得小于 50mm 的规定是国际上对污水、废水、通气的重力排水管道系统（DWV）排水时内压波动不至于把存水弯水封破坏的要求。在工程中发现以活动的机械密封替代水封，这是十分危险的做法，一是活动的机械寿命问题，二是排水中杂物卡堵问题，保证不了“可靠密封”，为此以活动的机械密封替代水封的做法应予禁止。

但是，卫生器具排水管段上也不得重复设置水封。有人认为设置双水封能加强水封保护隔绝排水管道中有害气体，结果适得其反，双水封会形成气塞，造成气阻现象，排水不畅且产生排水噪声。如在排出管上加装水封，楼上卫生器具排水时，则会造成下层卫生器具冒泡、泛溢、水封破坏等现象。

2. 大样图中洗脸盆和洗涤盆下的存水弯问题

在设计图纸标高表示不详的情况下，施工安装人员经常误认为，洗脸盆和洗涤盆下的存水弯安装在楼板上和楼板下是一回事。其实不然，洗脸盆和洗涤盆下的存水弯因毛发、碎屑等杂物，非常容易堵塞，必要时需要打开存水弯上的检查口清通。如果存水弯安装在楼板下方，清通时就必须到楼下住户家里去，一般家庭的厨房、卫生间都会吊顶，这就非常不方便。正确的做法是将洗脸盆下的 S 形存水弯安装在楼板的上方（不能同时串接两个存水弯），这样可以方便住户在自家内随时清通。但要提醒用户，存水弯一定不能随意取消，而且在安装好器具后一定要做好接头的密封。厨房内洗涤盆下采用 P 形存水弯，排水横支管在本层楼板面上直接接入排水立管。这样整个厨房的排水支管不会落在下层空间，可增大厨房的使用空间，也便于住户在本层维修和清通。

3. 各种大样图中阀门的选择和安装问题

审图中，发现阀门的选择与安装容易出现一些问题，主要包括：

(1) 阀型与管道系统功能及压力不匹配，水流需双向流动的管道闸阀与截止阀不能混用。控制水流流量时蝶阀与球阀不能混用，柱塞阀与闸阀不能混用。明杆阀与暗杆阀不能混用，混用后会给管道运行和维修带来不良后果。

(2) 安装时应考虑操作和维修空间，注意安装高度和手柄朝向。两阀间设短管，短管尺寸应满足安装螺栓长度。

(3) 止回阀必须按指示箭头安装。高位水箱出水管的止回阀，安装在出水管的水平管上，且出水管内衬高出水箱内衬不小于 50mm。

(4) 压力管道的压力表宜采用节流阀以减少表的颤动。对于测量高温介质的压力表应配套冷却盘管，提高压力表的精确度。阀门安装前，应作强度和严密性实验，检验应在每批产品中抽查 10%，且不少于 1 个，对于安装在主干管上起切断作用的闭路阀门，应逐个作强度和严密性实验。

4. 室内排水管道剖面图中出现的问题

在审图中，经常发现室内排水管道穿过烟道与卧室相邻的内墙等位置。工程中，生活污水立管不宜靠近与卧室相邻的内墙，但是不少设计人员往往忽略了这一点，将污水立管布置在与卧室相邻的内墙，使污水立管的流水声影响卧室环境。这违反了《建筑给水排水设计规范》GB 50015—2009 第 4.3.3 条的规定，排水管道不得穿过沉降缝、伸缩缝、变形缝、烟道和风道；当排水管道必须穿过沉降缝、伸缩缝和变形缝时，应采取相应技术措施；排水管道不得穿越住宅客厅、餐厅，并不宜靠近与卧室相邻的内墙。

排水管道穿越沉降缝、伸缩缝和变形缝的规定留有必须穿越的余地。工程中建筑布局造成排水管道非穿越沉降缝、伸缩缝和变形缝不可，随着排水管件的开发，一些橡胶密封的管配件：如球形接头、可变角接头、伸缩节头等产品应市，将这些配件优化组合可适应建筑变形、沉降，但变形沉降后的排水管道不得平坡或倒坡。

排水管不得穿越住宅客厅、餐厅，排水管也包括雨水管。客厅、餐厅也具卫生、安静要求，排水管穿厅的事例，在生活用户投诉的案例时有发生，这是与建筑设计未协调好的缘故。

5. 塑料排水横管应设置专用伸缩节，伸缩节宜设置在汇合配件处

《建筑给水排水设计规范》GB 50015—2009 第 4.3.10 条规定：塑料排水管道应根据其管道的伸缩量设置伸缩节，伸缩节宜设置在汇合配件处。排水横管应设置专用伸缩节。当然，当排水管道采用橡胶密封配件时，可不设伸缩节，室内、外埋地管道也可不设伸缩节。塑料管伸缩节设置在水流汇合配件（如三通、四通）附近，可使横支管或器具排水管不因为立管或横支管的伸缩而产生错向位移，配件处的剪切应力很小，甚至可忽略不计，保证排水管道长时期运行。排水管道如采用橡胶密封配件时，配件每个接口均有可伸缩余量，故无需再设伸缩节。

6. 剖面图中的阻火装置设置问题

在审图中经常发现，当采用建筑塑料排水管时，穿越高层建筑楼层部位没有按要求设置阻火装置。《建筑给水排水设计规范》GB 50015—2009 第 4.3.11 条规定：当建筑塑料排水管穿越楼层、防火墙、管道井井壁时，应根据建筑物性质、管径和设置条件，以及穿越部位防火等级等要求设置阻火装置。

建筑塑料排水管穿越楼层设置阻火装置的目的是防止火灾蔓延，是根据我国模拟火灾试验和塑料管道贯穿孔洞的防火封堵耐火试验成果确定。穿越楼层塑料排水管同时具备下列条件时才设阻火装置：高层建筑；管道外径不小于 110mm 时；立管明设，或立管虽暗设但管道井内不是每层防火封隔。

横管穿越防火墙时，不论高层建筑还是多层建筑，不论管径大小，不论明设还是暗设（一般暗设不具备防火功能）必须设置阻火装置。

阻火装置设置位置一般应在立管的穿越楼板处的下方；管道井内是隔层防火封隔时，支管接入立管穿越管道井壁处；火横管穿越防火墙的两侧。建筑阻火圈的耐火极限应与贯穿部位的建筑构件的耐火极限相同。

7. 使用排水管通气的问题

在某轴测图的审图中发现，某日用品公司 4 层经理办公室卫生间设 1 个虹吸式低水箱大便器，1 个洗手盆及沐浴设备，采用不通气 *DN*100 mm 作高度为 8.6m 排水立管排放生活污水。

不通气排水立管的最大排水能力随着排水立管的工作高度的增加而减小。当立管工作高度不小于 8m 时，*DN*100mm 立管的最大排水能力仅有 0.64L/s。4 层排水横支管的工作高度为 9.6m（8.6m+1.0m=9.6m）。而一个虹吸式低水箱大便器的排水量就达 2.0L/s，超过立管的最大排水能力。该设计应采用伸顶通气管以排除积聚在排水管道中的污浊气体，并向管道补入空气，以平衡管道内由于水流在立管中下落而造成的负压，使排水通畅。如由于建筑原因无法设置单独伸顶通气管，可采用汇合通气管或补气阀或侧向通气设施。

8. 环形通气管的设置问题

审图中发现，某鞋业有限公司公共卫生间，连接 8 个大便器的污水横支管，未设环形通气管。该设计违反了《建筑给水排水设计规范》GB 50015—2009 第 4.6.3 条规定。环形通气管系统，下列排水管段应设置环形通气管：连接 6 个及 6 个以上大便器的污水横支管。该公司有千余名工人，换班、吃饭时使用公共卫生间频率高，瞬时排水量大。连接不小于 6 个大便器污水横支管，未设置环形通气管，难以平衡排水管道内的压力，致使排水不通畅。因此，应设置环形通气管，如图 8-7。

9. 排水横管漏设清扫口或检查口

某大样图，排水横管漏设清扫口或检查口。这违反了《建筑给水排水设计规范》

GB 50015—2009 第 4.5.12 条第 2 款、第 3 款的规定。在生活排水管道上，应按下列规定设置检查口和清扫口：在连接 2 个及 2 个以上的大便器或 3 个以上卫生器具的铸铁排水横管上，宜设置清扫口；在连接 4 个及 4 个以上的大便器的塑料排水横管上宜设置清扫口；在水流偏转角大于 45° 的排水横管上，应设置检查口或清扫口（可采用带清扫口的转角配件代替）。改进措施：设置清扫口的目的就是便于清通排水管道（图 8-8）。

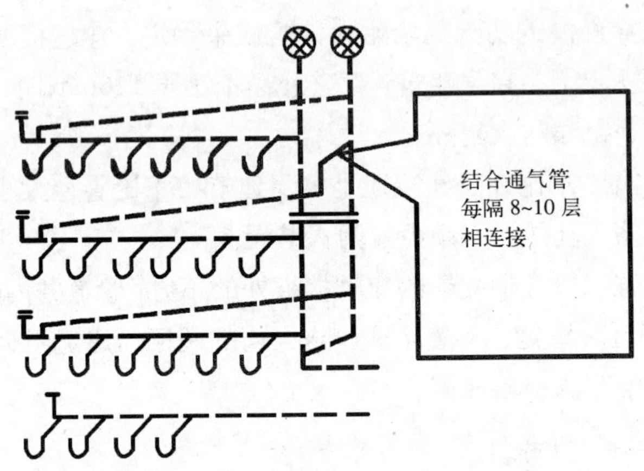

图 8-7　横支管要设环行通气管改进

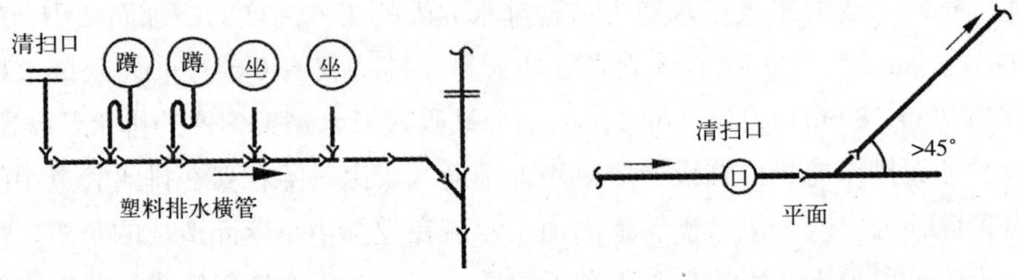

图 8-8　在横支管上设清扫口或检查口

8.3.5　生活热水大样图与轴测图审查及常见问题分析

1. 热水箱中泄水管、溢流管与排水管道系统直接连接

审图中发现，某建筑的热水供应系统的热水箱，其泄水管、溢流管与排水管道系统直接连接。《建筑给水排水设计规范》GB 50015—2009 第 5.4.14 条规定：热水箱应加盖，并应设溢流管、泄水管和引出室外的通气管。热水箱溢流水位超出冷水补水箱的水位高度，应按热水膨胀量计算。泄水管、溢流管不得与排水管道直接连接。

热水箱加盖板是防止受空气中的尘土、杂物污染，并避免热气四溢。泄水管是为了在清洗、检修时泄空，将通气管引至室外是避免热气溢在室内。改进措施：泄水管、溢流管不得与排水管道直接连接，应采用间接排水的方式。

2. 某热水供应系统的膨胀管返回至高位冷水箱上空

《建筑给水排水设计规范》GB 50015—2009 第 5.4.19 条规定：设有高位冷水箱供水的热水系统设膨胀管时，不得将膨胀管返至高位冷水箱上空。这是防止热水系统中的水体升温膨胀时，将膨胀的水量返至生活用冷水箱，引起该水箱内水体的热污染。

改进措施：将膨胀管引至其他非生活饮用水箱的上空。因一般多层、高层建筑大多有消防专用高位水箱，有的还有中水水箱等，这些非生活饮用水箱的上空都可接纳膨胀管的泄水。

3. 膨胀管上装设了阀门

笔者在审图中发现，某水箱的膨胀管上装设了阀门，这是一个非常普遍的错误，很多设计人员凭习惯或想当然在膨胀管上装设了阀门，膨胀管上装设阀门，如果阀门关闭，将起不到膨胀作用。《建筑给水排水设计规范》GB 50015—2009 第 5.4.20 条规定：膨胀管上严禁装设阀门。膨胀管上严禁设置阀门是确保热水供应系统的安全措施。当开式热水供应系统有多台锅炉或水加热器时，为便于运行和维修亦应分别设置。

4. 水加热设备上未设置自动温度控制装置

某建筑热水供应系统，水加热设备上未设置自动温度控制装置。《建筑给水排水设计规范》GB 50015—2009 第 5.4.21A 条规定：水加热设备的出水温度应根据其有无贮热调节容积分别采用不同温度要求的自动温度控制装置。

该规范规定了所有水加热器均应设自动温度控制装置来控制调节出水温度。这是为了节能节水，安全供水。如果由人工控制温度，由于人工控制受人员素质、热媒、用水变化等多种因素之影响，水加热器出水水温得不到有效控制，尤其是汽—水换热设备，有的加热器内水温长期达 80℃以上，设备用不到一年就报废。因此，凡水加热器均应装自动温度控制装置。

5. 饮用水净水系统未设循环管道

审图中发现，饮用水净水系统未设循环管道。这违反了《建筑给水排水设计规范》GB 50015—2009 第 5.7.3 条第 5 款规定。管道直饮水系统应满足下列要求：高层建筑管道直饮水系统应竖向分区，各分区最低处配水点的静水压：住宅不宜大于 0.35MPa；办公楼不宜大于 0.40MPa，且最不利配水点处的水压，应满足用水水压的要求。

如不设循环管道，水在管网内停留时间有可能超过 6h，难以保证水质仍符合《饮用水净水水质标准》的要求。因此，立管应设回水管，从立管接至配水水嘴的支管管段长度应尽可能短。

第9章 特殊建筑给水排水工程设计及常见问题分析

9.1 游泳池水系统设计要求及常见问题分析

现在意义上的游泳池是指人工建造的具有游泳、健身、戏水、休闲等各种功能、不同形状、不同水深的水池，是包含竞赛游泳池、公共游泳池、专用游泳池、私人游泳池及休闲游乐池的总称。

9.1.1 游泳池的设计参数

9.1.1.1 游泳池的级别、类型

竞赛游泳池属于体育运动比赛建筑，它的级别根据赛事的规模而定，其级别划分见表 9-1。

竞赛游泳池的级别 表 9-1

等 级	主要使用要求
特 级	举办亚运会、奥运会及世界级比赛主场
甲 级	举办全国性和单项国际比赛
乙 级	举办地区性和全国单项比赛
丙 级	举办地方性、群众性运动会

9.1.1.2 游泳池的设计水温和水量

(1) 室内游泳池的用途、类型、尺寸及设计水温见表 9-2。

(2) 室外游泳池，一般修建在社区、酒店周围（配套）、住宅小区内（配套）、大中学校内部、私人别墅庭院内，用途以商用、训练、教学用及私人用，尺寸有 50m（25m）×25m（21m、16 m）×（1.35 ~ 2.0m），或为不规则池型（多为休闲、酒店配套、小区配套、小型私人池），由于受到天气的影响，通常在夏季开放，设计水温：有加热装置时为 26 ~ 28℃；无加热装置时为不小于 23℃。

(3) 游泳池的补充水量：游泳池的补充水分为空池充水和平时补水两种情况，充水时间通常按 24 ~ 48h 充满考虑，补充水水质应符合生活饮用水标准《生活饮用水卫生标准》GB 5749 —2006 的要求。平时每天的补水量根据游泳池的蒸发量、排污量、游泳者带出量、用池水反冲洗过池时的排水量等计算确定，所需资料不全时可按表 9-3 确定。充水管和补水管应分别设置计量水表。

室内游泳池的规格及设计水温　　**表 9-2**

游泳池的用途及类型		池体尺寸（长 × 宽 × 高）(m)	设计水温（℃）
竞赛类	竞赛游泳池	特级、甲级：50 × 25 × 2；乙级：50 × 21 × 2；丙级：50 × 21 × 1.3	25 ~ 27
	花样游泳池	特级：30 × 20 ×（其中 1 2 m × 12 m 范围内深 3 m，其他部位最少深 2.5 m，0.5 m 的高差过渡区的长度不小于 8 m）；甲级、乙级：12 × 25 ×（其中 1 2 m × 12 m 范围内深 3m，池边水深 ≥ 2 m）	
	水球池	33 × 21 × 1.8（不小于）	
	跳水池	特级、甲级：21 × 25 × 5.25（不小于）；乙级：16 × 21 × 5.25（不小于）	27 ~ 28
专用类	教学池	50 × 25 (21) × (1.4 ~ 2.0m)	25 ~ 27
	训练池	50 × 25 (21) × (1.4 ~ 2.0m)	
	热身池	50 × 15 × (1.35 ~ 1.60 m)	
	冷水池	50 × 25 (21) × (1.8 ~ 2.0m)	≤ 16
公共游泳池	社团池	50 (25) × 25 (21) × (1.35 ~ 1.60 m)	27 ~ 28
	成人池	50 (25) × 25 (21) × (1.35 ~ 2.0 m)	27 ~ 28
	儿童池	平面由设计定 × (0.6 ~ 1.0 m)	28 ~ 29
	残疾人池	50 (25) × 25 (21) × (1.35 ~ 1.60 m)	29 ~ 30
水上游乐池	成人戏水池	平面由设计定 × (1.0 ~ 1.2 m)	27 ~ 28
	幼儿戏水池	平面由设计定 × (0.3 ~ 0.4 m)	29 ~ 30
	造浪池	平面由设计定 × (2.0 ~ 0m)	27 ~ 28
	环流河	长度由设计定 × (≥ 4m) × (0.9 ~ 1.0 m)	
	滑道跌落池	平面尺寸由设计定 × 1.0	
	放松池	平面尺寸由设计定 × (0.9 ~ 1.0m)	36 ~ 38
多用途池		根据功能组合平面尺寸由设计定 × (2.0 ~ 3.0m)	25 ~ 28
多功能池		根据功能组合平面尺寸由设计定 × (2.0 ~ 3.0m)	25 ~ 28

游泳池每日的补水量　　**表 9-3**

序号	游泳池类型	游泳池环境	补水量（占游泳池水容积的百分数%）
1	竞赛类游泳池 专用类游泳池	室内	3 ~ 5
		室外	5 ~ 10
2	公共类游泳池 休闲类游泳池、游乐池	室内	5 ~ 10
		室外	10 ~ 15
3	儿童游泳池 幼儿戏水池	室内	≥ 15
		室外	≥ 20
4	私人游泳池	室内	3
		室外	5
5	放松池	室内	3 ~ 5

9.1.2　游泳池的循环系统

9.1.2.1　游泳池循环系统的要求

（1）游泳池应设循环净化系统，循环系统要保证净化过的水均匀的流到游泳池的各个部位，竞赛游泳池布置出水口时，要注意计时器电子触板（尺寸为：2.4m × 0.9m × 0.01m）的安装位置。池水回流均匀，并不留死角。

（2）不同使用要求的游泳池应分别设置各自独立的池水循环过滤净化系统，对于多座不联通的水上游乐池，当采用：① 净化后的池水经分水器分别接至不同用途的游乐池；② 有能确保每个池子的循环流量、要求的水温的措施条件下，也可以共用一套水循环净化系统。

（3）池水循环的水流组织应符合下列要求：

1）净化后的水与池内待净化的水，应有序更新、交换和混合；

2）给水口与回水口的布置，应使被净化后的水流在不同水深区内分布均匀，不得出现短流、涡流和死水区；

3）应使游泳池的表面水得到有效溢流至溢水槽或溢流回水槽；

4）应设有应对突发事件快速畅通的泄水口；

5）应满足循环水泵自灌式吸水；

6）应有利于保持环境卫生；

7）应有利于管道、附件及设备的施工安装、维修管理。

（4）循环方式确定的原则：

1）竞赛和训练用游泳池、团体专用游泳池应采用逆流式或混合流式的池水循环方式；

2）公共游泳池宜采用逆流或混合流式的池水循环方式；

3）露天游泳池及季节性的游泳池宜采用顺流式的池水循环方式；

4）水上游乐池宜采用混合流式或顺流式的池水循环方式；

5）造浪池应采用逆流式循环方式；

6）滑道跌落池宜采用顺流式的池水循环方式；

7）环流河应采用顺流式的池水循环方式；

8）放松池宜采用气 - 水分流循环系统。

9.1.2.2 游泳池的循环周期、循环流量、循环水泵、反冲洗泵及附属装置

（1）循环周期按表 9-4 数据接和实际情况选取。

（2）循环流量可按下式计算：

$$q_c = \frac{V_p \alpha_p}{T_p} \tag{9-1}$$

式中 q_c —— 游泳池循环水量（m^3/h）；

V_P —— 游泳池池水容积（m^3）；

α_p —— 游泳池管道和设备的容积附加系数 α_p=1.05 ~ 1.10；

T_P —— 游泳池池水循环周期（h），按表 9-4 选取。

多用途游泳池和多功能游泳池宜按最小水深确定池水循环周期，同一水池有两种使用水深时，其深水区和浅水区应分别按表 9-2 中相应的水深和表 9-4 中的循环周期计算循环次数。

游泳池池水循环净化周期　　表 9-4

<table>
<tr><th colspan="2">游泳池的用途及类型</th><th>循环次数（次/d）</th><th>循环周期（h）</th></tr>
<tr><td rowspan="4">竞赛类</td><td>竞赛游泳池</td><td>6 ～ 4.5</td><td>4 ～ 5</td></tr>
<tr><td>花样游泳池</td><td>4 ～ 3</td><td>6 ～ 8</td></tr>
<tr><td>水球池</td><td>6 ～ 4</td><td>4 ～ 6</td></tr>
<tr><td>跳水池</td><td>3 ～ 2.4</td><td>8 ～ 10</td></tr>
<tr><td rowspan="5">专用类</td><td>教学池</td><td rowspan="4">6 ～ 4</td><td rowspan="4">4 ～ 6</td></tr>
<tr><td>训练池</td></tr>
<tr><td>热身池</td></tr>
<tr><td>残疾人池</td></tr>
<tr><td>冷水池</td><td>6 ～ 4.5</td><td>4 ～ 6</td></tr>
<tr><td rowspan="6">公共游泳池</td><td>社团池</td><td>6 ～ 4</td><td>4 ～ 6</td></tr>
<tr><td>成人池</td><td rowspan="2">6 ～ 4.5</td><td rowspan="2">4 ～ 6</td></tr>
<tr><td>大学校池</td></tr>
<tr><td>成人初学池</td><td rowspan="2">6 ～ 4</td><td rowspan="2">4 ～ 6</td></tr>
<tr><td>中学校池</td></tr>
<tr><td>儿童池</td><td>24 ～ 12</td><td>1 ～ 2</td></tr>
<tr><td rowspan="6">水上游乐池</td><td>成人戏水池</td><td>6</td><td>4</td></tr>
<tr><td>幼儿戏水池</td><td>> 24</td><td>< 1</td></tr>
<tr><td>造浪池</td><td>12</td><td>2</td></tr>
<tr><td>环流河</td><td>12 ～ 6</td><td>2 ～ 4</td></tr>
<tr><td>滑道跌落池</td><td>4</td><td>6</td></tr>
<tr><td>放松池</td><td>80 ～ 48</td><td>0.3 ～ 0.5</td></tr>
<tr><td colspan="2">多用途池</td><td>6 ～ 4.5</td><td>4 ～ 5</td></tr>
<tr><td colspan="2">多功能池</td><td>6 ～ 4.5</td><td>4 ～ 5</td></tr>
<tr><td colspan="2">私人游泳池</td><td>4 ～ 3</td><td>6 ～ 8</td></tr>
</table>

（3）池水净化系统循环水泵的选择应符合下列要求：

1）水泵的额定流量不得小于（9-1）计算出的流量；

2）水泵的扬程不得小于送水几何高差和循环系统设备、管道阻力及流出水头之和；

3）水泵应为耐腐蚀、低噪声、高效节能、低转速的离心水泵；

4）不同用途的游泳池循环泵应分别设置；

5）水泵的扬程宜以计算扬程的 1.1 倍的数值来选取；

6）同时运行的主泵不宜少于 2 台，并宜设置备用水泵。

（4）过滤器反冲洗水泵的选择宜采用循环水泵的工作水泵与备用水泵并联的工况设计，并按反冲洗流量和扬程校核、调整水泵的工况参数。

（5）功能给水循环系统（指按摩系统、造浪系统等）宜按不少于 2 台水泵并联运行工作设计，可不设置备用水泵，滑道润滑水循环水系统必须设置备用水泵。

（6）循环水泵装置的设计应符合下列规定：

1）应设计成自灌式，且每台水泵宜设独立的吸水管，宜靠近平衡水池、均衡水池或顺流式循环方式的游泳池的回水口处；

2）水泵吸水管的流速宜采用 1.0 ～ 1.2 m/s；水泵出水管的流速宜采用 1.5 ～ 2.0 m/s；循环回水管流速宜采用 0.7 ～ 1.0 m/s；

3）每台水泵吸水管上应设置橡胶软接头、阀门、毛发聚集器及压力真空表；出水管上应设置橡胶软接头、止回阀、阀门和压力表；泵组和管道应采取减振降噪的措施。

（7）池底回水口的设置应完全满足《游泳池给水排水工程技术规程》CJJ 122—2008（以下简称《泳规》）4.10.2 强条的要求，以保证游泳者的人身安全为前提。

9. 1. 3　游泳池的净化系统

9. 1. 3. 1　对游泳池净化系统的要求

游泳池的池水净化工艺及设备的配置应保证出水水质应符合《游泳池水质标准》CJ 244—2007 的规定，该标准对游泳池水质的要求较《游泳场所卫生标准》GB 9667—1996 对游泳池水质的要求有了较大幅度的提高，使我国游泳池水质的行业标准达到和接近世界发达国家的水平，举办重要国际游泳比赛和特殊要求的游泳池池水水质，还应符合国际泳联（FINA）的相关要求。游泳池的水质标准的选择，是决定游泳池水质净化的工艺流程最重要因素，同时对水处理工程的造价及运行费用起至关重要的影响。目前换水式净化工艺因游泳池水质卫生条件差及对水的浪费大，大量补水溢流式净化工艺对水资源浪费更大，这两种净化工艺已很少被采用，目前推荐的净化工艺是循环过滤式净化方式，就循环过滤式净化方式来说，它也有各种不同的工艺组合，也要根据游泳池的用途、水质的要求、游泳负荷、消毒方式等因素经技术经济比较后确定。

9. 1. 3. 2　游泳池净化工艺流程

（1）采用石英砂过滤器时宜采用如下净化工艺流程（图 9-1）；采用硅藻土过滤器时宜采用如下净化工艺流程（图 9-2）。

（2）石英砂过滤器与硅藻土过滤器的比较见表 9-5。

（3）各种流程处理后的水质情况及适应的场合。

1）石英砂过滤罐处理流程

第一种情况：处理流程用多层滤料，滤前经絮凝，滤后全流量臭氧接触灭菌后，出水浊度可达 0.3（NUT），在经活性炭柱进一步吸附和氧化后使出水水质达到 0.2（NUT），大肠菌 0CFU/100mL，菌落不大于 100CFU/mL，隐孢子虫和贾第鞭毛虫为 0，余氯不大于 3mg/L，游离性余氯不小于 1mg/L，pH=7.2 ～ 7.8，氧化还原电位（ORP）不小于 700mV，可满足各种竞赛游泳池的水质要求。

第二种情况：处理流程用多层滤料，滤前经絮凝，滤后分流量臭氧接触灭菌后，出水浊度不大于 1（NUT），大肠菌 0 个 /100mL，菌落不大于 200CFU/mL，对隐孢子虫

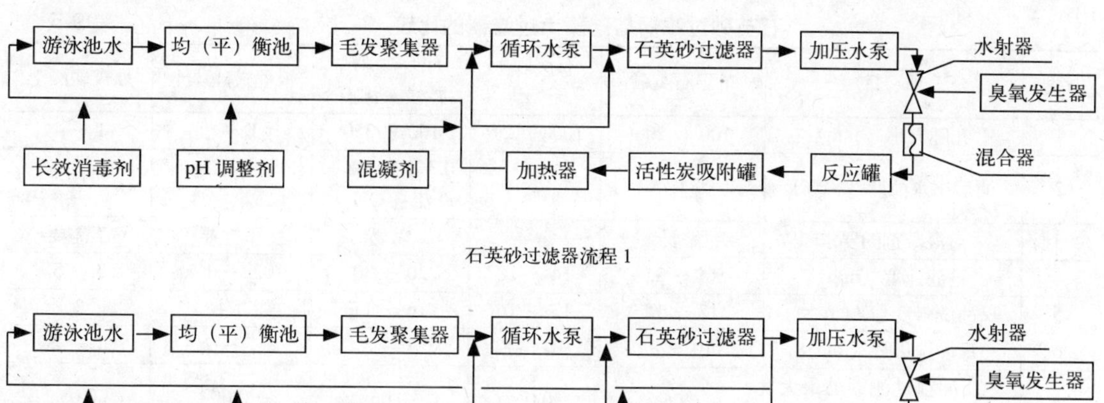

石英砂过滤器流程 1

石英砂过滤器流程 2

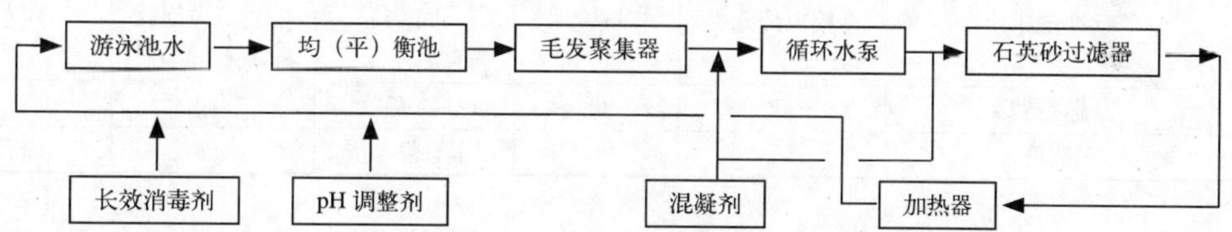

石英砂过滤器流程 3

图 9-1　石英砂过滤器净化流程图

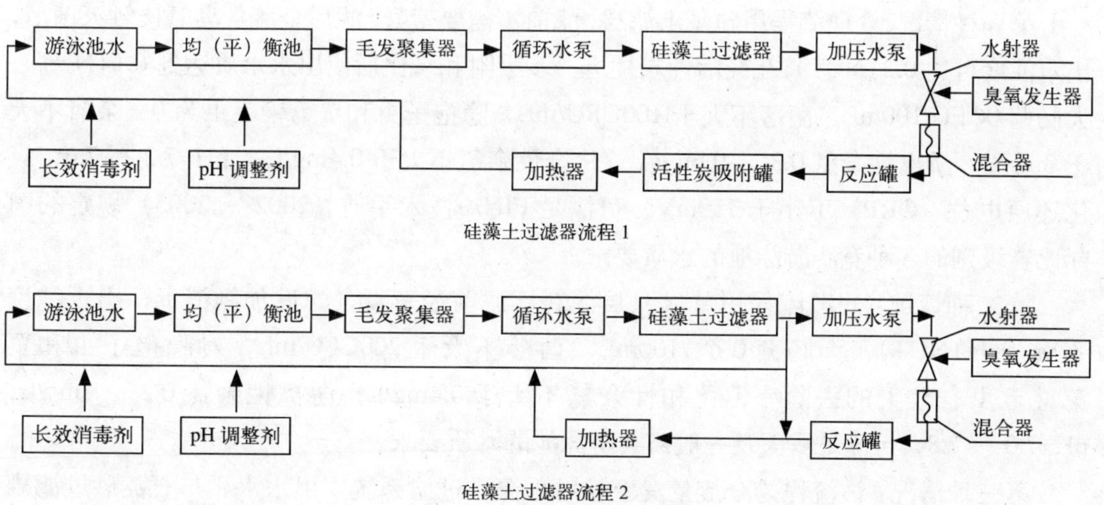

硅藻土过滤器流程 1

硅藻土过滤器流程 2

图 9-2　硅藻土过滤器净化流程图

石英砂过滤器与硅藻土过滤器的比较　　表 9-5

序号	项　目	单层石英砂	石英砂 + 无烟煤	石英砂 + 活性炭 + 沸石	板框式硅藻土	烛式硅藻土
1	孔隙大小（μm）	100 ~ 200	100 ~ 250	100 ~ 350	1 ~ 4	1 ~ 4
2	滤后出水浊度（NUT）	1	1	0.3（絮凝 + 全流量 O_3）	0.2	0.2
3	对混凝剂的要求	需要	需要	需要	不需要	不需要
4	过滤速度（m/h）	15 ~ 25	14 ~ 18	20 ~ 30	0.5 ~ 1.5	3 ~ 5
5	反冲洗强度[L/（m·s）]	12 ~ 15	13 ~ 16	16 ~ 17	1.4	3
6	反冲洗历时（min）	10 ~ 8	10 ~ 8	7 ~ 5	1 ~ 2	1 ~ 2
7	反冲前过滤器的最大水头损失（MPa）	0.06	0.06	0.06	0.05	0.05
8	细菌去除率（%）	80 ~ 95	80 ~ 95	99	99.5	99.5
9	病毒去除率（%）				85	85
10	管理人的素质要求	中等	中等	较高	高	高
11	反冲洗排水	直接入废水井	同左	同左	稀释达标后排放，或回收硅藻土	同左
12	运行费	低	低	略高	高	高
13	造价	低	低	高	高	高

和贾第鞭毛虫有很大的去除率，化和性余氯不大于 0.4mg/L，游离性余氯 0.2 ~ 1mg/L，pH=7.0 ~ 7.8，氧化还原电位（ORP）不小于 650mV，可满足宾馆、会所、俱乐部、社团及学校游泳池的水质要求。

2）硅藻土过滤罐处理流程

第一种情况：处理流程用硅藻土滤层，滤前不需要絮凝，滤后全流量臭氧接触灭菌后，出水浊度可达 0.2（NUT），在经活性炭柱进一步吸附和氧化后使出水水质达到 0.1（NUT），大肠菌 0CFU/100mL，菌落不大于 100CFU/mL，隐孢子虫和贾第鞭毛虫为 0，余氯不大于 3mg/L，游离性余氯 0.3 ~ 0.6mg/L，化合性余氯不大于 0.4mg/L，pH=7.2 ~ 7.6，氧化还原电位（ORP）不小于 750mV，可满足 FINA 技术手册（2002 ~ 2005）规定的国际比赛级别的各种竞赛游泳池的水质要求。

第二种情况：处理流程用单或双层滤料，滤前经絮凝，滤后加氯消毒，出水浊度不大于 1（NUT），大肠菌 0 个 /100mL，菌落不大于 200CFU/mL，对隐孢子虫和贾第鞭毛虫有较大的去除率，化和性余氯不大于 0.4mg/L，游离性余氯 0.2 ~ 1mg/L，pH=7.0 ~ 7.8，可满足露天及一般公共游泳池的水质要求。

第三种情况：该流程为分流量臭氧接触硅藻土过滤系统，出水水质与石英砂过滤罐处理流程 2 出水水质相当，可满足地区比赛、宾馆、会所、俱乐部、社团等室内游泳池的水质要求。

9.1.4　游泳池的消毒系统

9.1.4.1　对游泳池消毒系统的要求

（1）游泳池的循环水处理净化系统必须设有池水消毒工艺。特级及甲级竞赛、训练游泳池应采用臭氧或臭氧—氯联合消毒；对于使用负荷较大、季节性和露天游泳场所，宜使用长效消毒剂；室外和阳光直接照射的游泳池宜采用含有稳定剂的消毒剂；室内游泳池不宜使用含有稳定剂的消毒剂。

（2）消毒设备应具有以下条件

1）设备简单、安全可靠；操作和维修简便；

2）计量装置应计量准确，且灵活可调；

3）投加系统应能自动控制，且安全可靠；

4）建设费用和经常运行费用应合理。

9.1.4.2　臭氧消毒系统的工作方式

（1）必须采用负压方式投加在过滤器之后（或之前）。在投加点之后和反应罐之间设置在线混合器，在线混合器可用静态混合器，水、O_3 混合后的水进入反应罐，反应罐的大小由下式计算：

$$V \geqslant \frac{1.6q_c}{60C} \tag{9-2}$$

式中　V —— 反应罐的有效容积（m^3）；

q_c —— 游泳池循环水量（m^3/h）；

C —— 臭氧投加量（mg/L），全流量半程式取 0.8 ～ 1.2 mg/L，全流量和分流量全程式取 0.4 ～ 0.6 mg/L，其中 1.6/ C 代表反应时间，单位为分钟（min）。

图 9-1 流程 1 为全流量半程式臭氧消毒方式，图 9-1 流程 2 为分流量全程式臭氧消毒方式，去掉图 9-1 流程 1 中的活性炭吸附罐，便是全流量全程式臭氧消毒方式。

（2）分流量系统进入臭氧消毒支路的流量不小于总流量的 25%。全程式臭氧消毒方式节约费用，但对管理人员及管理制度方面有更高和更严的要求（要确保池水臭氧浓度不超过 0.05 mg/L）。

（3）对于全流量半程式臭氧消毒方式中的活性炭吸附罐的设计按《泳规》第 6.2.6 条及第 6.2.7 条要求进行。

（4）臭氧发生器的选型按《泳规》第 6.2.8 条要求进行，并且当循环泵停止运行时臭氧投加系统也应联动停止工作，输送臭氧气体及含臭氧的水溶液的管材、阀门及附件要用不锈钢 316L 材质，并做区分标注。

9.1.4.3　氯消毒系统的工作方式

（1）采用氯气消毒时必须采用负压自动投加到游泳池循环进水管道中的方式，严禁将氯直接注入游泳池水中的投加方式。氯气瓶的运输、存储房间、操作等必须满足有关安全规程及《给规》第 9.8 节中相关的规定要求。

(2) 使用固体状氯消毒剂时，先配制成浓度为 0.2% ~ 0.5%（按有效氯计）左右的消毒溶液，再按计算要求的量用计量泵投加（通常在 1 ~ 5mg/L 范围内）。

(3) 成品次氯酸钠消毒剂，易分解失效，储存时间不应超过 5d，现场制作次氯酸钠消毒液时，设备不应少于 2 台，设备房设有防火、防爆安全设施，氢气管引到室外，室内换气次数 8 ~ 12 次 / h。

(4) 氯消毒剂应采用湿式自动投加，当循环泵停止运行时氯消毒剂投加系统也应联动停止工作，使用氯消毒剂时，应将 pH 调到 7.2 ~ 7.6 之间（自动控制），以发挥其最好的消毒效果，池中余氯（有效氯）控制在：以臭氧消毒为主时不大于 0.5 mg/L ；以氯消毒为主时不大于 1.0 mg/L。

9.1.4.4 紫外线消毒系统的工作方式

在幼儿戏水池应用较多，这时不再使用其他消毒剂，在其他场合使用紫外线时，必须要和其他长效消毒剂同时使用，紫外线消毒器后加过滤器，其他设计要求见《泳规》第 6.4 节。

9.1.5 游泳池的加热系统

9.1.5.1 热源

加热系统的热源，宜按以下顺序选取（按经济性由高到低排序）：余热及废热利用→太阳能加热→热泵加热→城镇热力管网→区域锅炉房→建筑内锅炉房→自设燃气加热设备→自设燃油加热设备→自设电加热设备。

加热方式和要求应按以下原则进行：

(1) 竞赛游泳池及大、中型其他用途的游泳池，应采用间接式池水加热系统；

(2) 小型游泳池可采用燃气、燃油、燃煤及电热炉的直接加热方式（并且均须符合环保方面的要求）；

(3) 池水的初次加热时间通常可采用 24 ~ 48 h，每小时池水水温升高不超过 0.5℃；

(4) 池水的加热系统的温控设施应具有较大幅度的调节池水温度的能力，以适用不同的使用要求；

(5) 采用分流量加热时，通过加热设备或换热器的流量不小于总流量的 25%，并要设置流量调节装置和检修阀门，使两路水的压力保持平衡，设置流量计量水表和静态平衡阀，可保证流量的计量准确和保持压力的平衡。

(6) 设置太阳能加热设备时，太阳能的保证率可根据年辐射总量和放置场地的贫丰情况确定，通常在 40% ~ 80%范围选取，但辅助热源要按 100%的容量来考虑。

(7) 空气源热泵加热设备，比较适合专用游泳池及长江以南地区，特别适合珠三角地区，珠三角地区其能效比冬天可达 3 以上，夏天可达 4.5 以上，不设辅助热源也能保证冬季的使用，在酒店及小区配套的公共游泳池中应用也很多，热交换器应使用不锈钢 316L 材质。

9.1.5.2　加热设备的设置要求

（1）不同游泳池的加热设备应分开设置；

（2）每座游泳池的加热设备的数量，应按初次池水加热时不少于 2 台同时工作确定；

（3）多个游乐池共用一套加热设备时，应共用一组循环过滤系统，不同池子的循环管道应分开各自独立设置；

（4）每台加热设备应装设温度自动控制装置。

9.1.5.3　耗热量的计算

（1）游泳池热损失包括：蒸发损失、传导损失和补充水所需的热量，按《泳规》第 7.2 节公式计算；

（2）方案设计时，单位面积蒸发损失和传导损失可按表 9-6 取值：

游泳池每平方米水面平均热量损失概略值（kJ/h）　　表 9-6

气温（℃）	3	10	15	20	25	26	27	28	29	30
露天游泳池	4522	4187	3852	3433	2931	2847	2721	2596	2470	2302
室内游泳池	2345	2177	2010	1842	1507	1465	1382	1340	1256	1172

注：取值条件：水温 27℃；空气相对湿度：50%；风速：室内 0.5m/s；室外 2m/s。

9.1.6　游泳池的水质监测和控制

（1）游泳池的水质要求较高，特别是在特级和甲级比赛游泳池水的要求上更是如此，因此比赛池、大中型公共池及会所池除人工水质监测系统外，还要求有自动水质监测系统，其他小型游泳池宜设置自动及人工水质监测系统。

（2）游泳池的水质净化处理设备根据设备配置情况、用途及使用要求，采用全自动或半自动运行控制，设置自动控制的设备，还应设置手动控制。

（3）游泳池水质及设备运行在自动线监测项目及人工监测的位置及内容和监控要求见《泳规》第 8.2 节、第 8.3 节相关内容。

（4）水质平衡

1）水质平衡的要求是控制游泳池池水：pH=7.0 ～ 7.8 范围内（氯消毒时 pH 调到 7.2 ～ 7.6 之间）；控制总碱度在 60 ～ 200 mg/L 范围内；控制池水钙硬度在 200 ～ 450 mg/L 范围内；控制池水溶解总固体在：原水 TDS 加 1500 mg/L 范围内。

2）水质平衡的调整：当 pH 低于 7.0 时，应向池水中加碳酸钠；当 pH 高于 7.8 时，应向池水中加盐酸或碳酸氢钠；总碱度小于 60mg/L 时，应向池水中加碳酸氢钠；总碱度大于 200mg/L 时，应增加新鲜水的补充量；钙硬度小于 200mg/L 时，应向池水中加氯化钙；钙硬度大于 450mg/L 时，应增加新鲜水的补充量；总溶解固体小于 150mg/L 时，应向池水中加次氯酸钠；总溶解固体大于原水 TDS + 1500mg/L 时，应增加新鲜水的补充量。

(5) 投加方式

1) 应采用湿式投加；

2) 重力投加在循环泵的吸水管上；

3) 压力投加在 pH 调整在加热器之后的循环管上；

4) 投加点远离取样点。

9.1.7 游泳池设计及审查中的常见问题分析

9.1.7.1 设计方案

1. 自来水水质资料不齐全引起的问题

如北方某标准游泳池池水容积 2400 m^3，该地区以河水为饮用水原水水源，水的硬度较高，水质季节性变化较大，每年有较长时间自来水的钙硬度在 380 ~ 430mg/L 之间变化，导致游泳池池水硬度时常超标，采用补水稀释的方法效果不明显，且沉积物会使板式换热器热交换能力下降，当游泳池池水超标时的钙硬度为 460mg/L，自来水补水的钙硬度为 400 mg/L，要将游泳池池水钙硬度降到 440 mg/L，按最有利的替换情况考虑（即进 1m^3 自来水，完全换出 1 m^3 钙硬度为 460mg/L 的游泳池水）通过计算需要进 800m^3 自来水，才能使游泳池池水钙硬度降到 440mg/L。

分析：如果进水口不是均匀布在池底，这种理想的替换是不可能实现的，那就要用更多的自来水来替换，这也是补充硬度高的自来水造成的效果差的结果。

解决办法：在硬度高的时段采用软化自来水的办法，而不要用稀释法浪费水资源，软化时将补水的钙硬度降到 300 ~ 350 mg/L 左右即可，这样每天的正常补水量，就可使池水的硬度维持在要求的范围内。开始设计游泳池水系统时，不但要对自来水的供水压力做了解，还要对水质进行了解，当补水硬度达到或离上限很近时，就要采取相应的软化措施，当池水的硬度太低时，就要加氯化钙，以适当提高硬度值。

2. 循环方式不对引起的问题

对于向社会开放的学校、社区等公共室外标准游泳池等，特别对于炎热时间长的南方且游泳人数较多、冲击负荷大的游泳池，建议采用混合流的循环方式，因为现行《泳规》虽推荐室外泳池宜按顺流水循环系统。但是从公共游泳池角度考虑，《泳规》推荐用逆流和混合流循环方式，混合流的循环方式更适合在人多、冲击负荷大、气温高的情况下使用，否则满足《泳规》要求的池水水质标准是困难的，顺流循环方式难以清除漂浮杂质，对保证水质不利，泳池开放时人工清除漂浮杂质，不仅影响使用，还难以操作，逆流循环对室外环境下产生的沉渣难以清除，而混合流不但可清除漂浮杂质，又可除去室外环境下产生的沉渣，适应性强，能确保水池水质达到《泳规》的要求目标。

对于池水浅、形状不规则、面积不太大的室外配套游泳池，为节约投资则可用顺流式循环系统。对于酒店内配套的室内恒温游泳池，通常池体形状不规则，面积都不太大，成人池水深在 1.2 ~ 1.6m，儿童池水深在 0.3 ~ 0.6m，使用人数不多，因室内池受环境影响很小，沉渣很少，建议采用逆流循环系统，以满足主要净化漂浮物和维持水温稳定的较好的使用效果，很少量的沉渣可用水下除渣机，在泳池使用空闲期间人工控制清除。过滤罐采用多层石英砂滤料，长效消毒用氯消毒方式，建议采用现场制备次氯酸钠消毒液，当成人池和儿童池容积和标高搭配得好的时候（儿童池面积较小且池底标高比较高，成人池的补水量和儿童池的直流给水量相等的条件出现），成人池的补水也从儿童池进入，这时儿童池可做成直流给水方式，可节约不少投资，当没有上述条件时，儿童池需要单独做循环净化系统。

3. 机房面积不够如何设计的问题

在设计中，经常遇到营业性游泳池机房面积不够的情况。下面以实例分析来说明方案设计时的应对措施。如某省会级大城市里的闹市区人口密度大，体育设施少，迫切需要修建群众性的健身体育项目，然而市区繁华地段用地面积十分紧张，由于拆迁、资金、管理等方面的原因，可供体育项目使用的建筑用地面积非常有限，所征土地勉强放下一座室外标准游泳池（50m × 25m × 1.4 ~ 1.8m），一座不规则儿童池（面积 260 m^2，水深 0.3 ~ 0.9 m），一栋五层体育馆，建筑高度 30 m 体育馆内首层设有室内恒温游泳池（25m × 18m × 1.3 ~ 1.5m）一座。

由于场地的限制，建筑各层面积做不大，这样首层室内游泳池观众席位只能做很少数量，上部各层为篮球场、网球场、羽毛球场、健身房等活动空间，边角处有一小栋设备等用途的辅助用房，地下室作为循环泵房、消防泵房使用，然而消防水池已经没有位置放了。

解决办法：为确保消防水的使用和简化管线布管及方便泳池在需要消防用水转换时的管理和操作，确定室内、室外游泳池在各自循环系统吸水管（每个游泳池有 2 条）上面分别接出支管及隔离阀门，然后接到消防泵的吸水管上，汇集前设置的隔离阀门必须是一组打开，另一组关闭，隔离阀门的作用是保障冷热水池不发生贯通，隔离阀门的启闭状态必须送到消防控制中心值班室，消防接管原理简图如图 9-3。

利用游泳池水来的最为方便，因室外游泳池有水 2000 m^3，室内游泳池有水 630 m^3，为确保消防水使用水量和可随时使用，采用室内、室外游泳池并联作为消防用水储备。保证有一个游泳池的阀门对于消防泵及喷淋泵来说是常开的，同时满足消防吸水自灌和消防水量足够的基本要求，循环系统设计成顺流工作方式，这样的循环净化系统也满足当时的游泳池设计行业标准《游泳池和水上游乐池给水排水设计规程》CECS 14：2002 及《游泳场所卫生标准》BG 9667—1996（该工程 2005 年 3 月设计完成，2007 年 5 月施工完成，运行 3 年多，游泳池水质好过原设计标准的要求，但离新标准《游泳池水质标准》CJ 244—2007 的要求仍有不少距离，主要是浊度在 1 ~ 3 之间徘徊，恒温泳池票

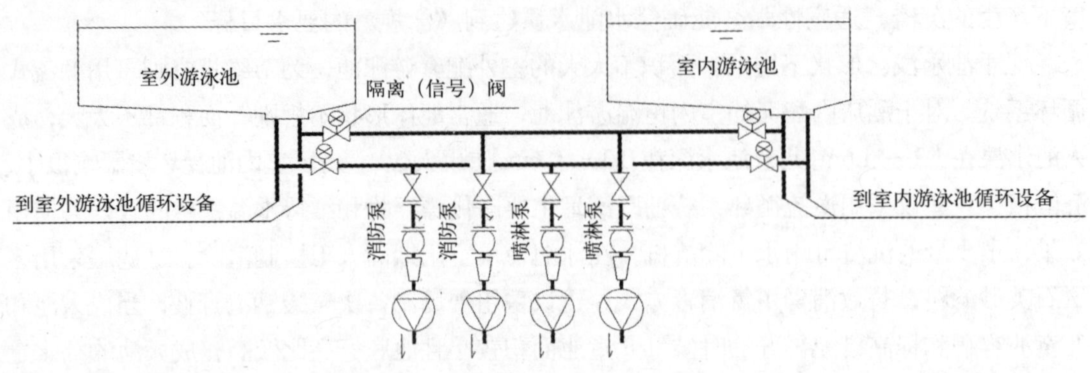

图 9-3 消防管系统原理图

价高使用人数相对少些，水质相对较好，当游泳人数较多时岸边有少量可见漂浮杂质出现，需要人工及时清除，这也是顺流式循环净化系统的不足之处）。

9.1.7.2 游泳池机房布置容易出现的问题

（1）游泳池机房的平面布置出现最多问题的是设备和罐体之间、与墙体之间、相互之间的净空距离不满足规范要求的最小尺寸。主要的原因有下面几个：

1）规划时机房房间预留面积不够，因为最初规划的人员（留位置的人），和后来施工图设计人员（用位置的人），不是同一团队，一开始预留机房面积的时候，并不能确定后来具体游泳设施的配置要求，对于最后才建设的配套的游泳池和机房来说，那就是只有这么大的地方了，不行也没有办法了，我们就遇到这样的事，一所学校，主体建筑已经完成，并已开始招生，所留的体育场、标准游泳池才开始建设，等建筑平面布置出来后，机房面积只有 $42m^2$，再加大就要出红线了，机房一边已经快到跑道边，真的是增加不了面积了（后来调整布局还是增加了 $3m^2$ 的机房面积），那只有用最紧凑的布置：一体化的进口循环泵；高速过滤砂缸；钢梯做陡；补水池做薄壁厚；最少的药剂存储等，才刚能布置下。

2）用地真的紧张的条件下，建筑专业将面积给的往往是不够的，在建筑给水排水设计中发生这样的情况确实不少。即使建筑用地确实紧张，但给水排水设计专业的最低要求也要满足，我们要先进行布置，及早与建筑设计专业进行协商修改面积。

3）建筑给水排水设计人员重视程度不够，主要是认为距离尺寸少一点问题不大，不会影响使用，但这会给以后的维修留下麻烦。

（2）机房层高方面要注意的问题。

根据《泳规》的要求，泵房的板下净空不应小于 3m，加药间和药品库房的板下高度不宜小于 3m，过滤装置顶部上面留的空间在 0.8m 及以上，所以给建筑提供资料时，要先布置一下过滤罐的位置，尽量躲开梁位，不能躲开梁位时，要求“罐高 +0.8m +0.1m”来定梁下的最小净空。水专业设计时要先做布置，要尽早提出平面面积和净空高度要求，以免不够再改引起设计工作量的增加。

9.1.7.3　选循环过滤泵及过滤器的常见问题

（1）游泳池池水循环砂滤系统中出现的问题最多的是不设备用泵，因为规范上对备用泵要求的是“宜设”。有选择性，泵有运动部件，损坏几率还是比较多，维修也麻烦，时间也长，规范要求的“宜设”是给设计者有可选择的余地，到底设还是不设要根据使用要求和维修能力及坏一台后的影响确定，当使用上每天里有较长的时间段不开放泳池时和维修能及时到位时（库存备有易损件，配有整个系统的专门维修人员或供货商及时可到现场维修）可不设；当同时工作泵数量在 4 台及以上时，不设备用泵时对整个过滤系统影响较小（检修一台减小的水量不大于 25%）也可不设，但维修还是要跟得上，长时间超周期运行，池水水质下降是必然的。备用泵的型号及参数最好和运行泵一致，只有这样才可以互为备用，使每台泵的使用寿命接近相同，维修替换也方便。

（2）选泵时只考虑过滤时流量扬程的需求，致使反冲洗时，冲洗强度偏离规范要求很多，这样的事例也不少，下面用表 9-7 说明选石英砂过滤罐滤速、选泵的搭配组合。

石英砂过滤罐滤速、选泵的搭配组合　　表 9-7

设计参数	单层滤料	双层滤料	多层滤料
规范要求单位面积上过滤流量的范围 [L/(m²· s)]	4.17 ~ 6.94	3.89 ~ 5.0	5.56 ~ 8.33
规范要求单位面积上过滤反冲洗流量的范围 [L/(m²· s)]	12 ~ 15	13 ~ 16	16 ~ 17
适合搭配的过滤速度（m/h）	18、25.2	18	20、30
过滤时同时泵工作的台数	3、2	3	3、2
反冲洗时同时泵工作的台数	3、2	3	3、2
泵的配置台数	3+1 、2+1	3+1	3+1 、2+1
过滤罐配置台数	3 、2	3	3、2

注：3+1 表示：泵 3 用 1 备；2+1 表示：泵 2 用 1 备。

泵同时工作的台数和过滤罐同时工作台数数量一致，运行管理方便，建议采用，如需要一台过滤罐工作时，只开一台循环过滤泵，两台过滤罐工作时，开两台循环过滤泵，以此类推，这样基本可保持滤速稳定在规范要求的范围内，使过滤水质相对稳定。

（3）选过滤器时不按规范要求的滤速选取，只按产品说明进行：这样的情况也很多，基本上都是选进口的产品时发生的，进口产品说明书上单层滤料的滤速基本上都在 40m/h 左右，远远超过《泳规》要求的范围，其实过高的滤速势必造成反冲洗频繁，对管理和保证出水水质都没有好处，建议用进口产品时滤速按《泳规》要求数据的上限选取，另外进口过滤罐虽然过滤流量大但接管管径却不大，反算其管道流速高出《泳规》要求的数值 1 倍以上，因此接过滤灌的外部管道要用大小头进行转换，适当降低管道流速。

9.1.7.4　选加热设备要注意的问题

（1）恒温游泳池加热设备的选取，有条件的选择余热利用或太阳能加热设备，但上述所要求的条件往往较难满足，遇到了当然不能放过，没条件也不必强求，相比较来说空气源热泵加热手段利用的可能性就大很多，长江以南的大部地区均可使用，最冷月平均气温低于 10℃时的地方设置时，要设辅助热源。

（2）对于酒店及宾馆配套的室内恒温泳池，直接用换热方式来得方便和节约投资，因为酒店及宾馆都有热水供应，且就供热量来说其他部位的热耗比游泳池大得多，游泳池所需水温不高，水—水换热及汽—水换热方式均可满足使用，但酒店中恒温泳池及健身中心的恒温游泳池，如果采用混合型空气源热泵则更节约能源，夏季即可提供热水给泳池，又可提供冷气给大厅，将回风口的湿热空气引到热泵的进气口，可提高制热效率，达到一机多用，使综合能效比达到 7 以上，冬天需要采暖时，仍须设置采暖用空气源热泵，通常制热水 2 台、采暖 2 台，采用混合型空气源热泵加热系统必须和空调专业配合，各种风口的布置仍要满足空调方面的需求，还要保持室内空气的温度比水温高 2℃。

（3）不同用途的加热设备分开设置，换热部分的材质用 316L 不锈钢材质或钛合金，以抵抗各种腐蚀。辅助加热装置，用电加热最为方便，用燃气炉的运行费用较低，应根据实际条件酌情选取。

9.1.7.5 水力按摩池设计时要注意的问题

（1）水力按摩池的深度比较适合的尺寸在 1.0 ~ 1.1m，水深在 0.9 ~ 1.0m 左右，座位高度距池底 0.42 ~ 0.45m，腿部按摩喷嘴距池底的高度 0.25m 左右，腿部按摩喷嘴设 2 个，间距 0.3 m 左右，腰部按摩喷嘴在座位上面的 0.24 ~ 0.26m，从平面上看与腿部按摩喷嘴成“品”字形布置，按摩位之间的间距在 1.0 ~ 1.2m 左右，按摩喷嘴通常在温水池（温度在 35 ~ 37℃）及热水池（温度在 39 ~ 40℃）中设置。

（2）水力按摩池的循环过滤周期为：公共池在 0.4h 左右；专用池在 0.8 h 左右，热水池、温水池、冻水池（温度在 8 ~ 11℃），应分别设置循环过滤系统，采用高速过滤时（30 ~ 40m/h），石英砂过滤滤层厚度不小于 0.9m；最小粒径不小于 0.5mm；最大粒径不大于 0.7mm，每套系统过滤罐宜按 2 台设置。当循环流量不大于 30m^3/h 时，也可采用一台过滤器，过滤器反冲洗用池水，并在按摩池停止使用后进行，池水过滤系统的配置与大游泳池相类似，主要是流量小及设备小的差别。

按摩系统单独设置循环泵，根据喷嘴多少、流量及控制方式确定泵的数量。一个池里的所有喷嘴只做一个系统环路时，系统最少，但只要有一个人使用，就要所有的喷嘴都出流，显然不经济。一个座位设一套环路时，运行费用最经济。但环路太多，初期投资高，机房面积大，根据规模适当的分组控制，是比较好的选择，可根据实际工程要求确定。如果这几个水池的池体相距太近时，应做好相互之间的隔热处理，避免产生冷、热桥路。

（3）水力按摩喷嘴有：普通型、旋转型、激流型，固定出流喷嘴孔径有 7mm、8mm、9mm、10mm 几种，出口流量随孔径、进口处水压及喷嘴的淹没深度不同而变化，有些大口径的喷嘴流量在一定范围内可调，有些喷嘴利用水流产生负压吸收空气产生气泡，可不用再专门设置气泵，使用方便，总之可根据产品说明参数及使用要求选取合适的喷嘴。

9.2　水景喷泉工程设计要点及问题分析

9.2.1　水景工程的设置

水景工程由于对环境的美化、对周围小气候的改善、在闹市享受自然的情趣，所有水景都有不同程度的增湿降温的作用，并使负离子浓度增加，对人们的健康十分有益，可取得环境效益和经济效益双赢的结果。水景工程设计项目普遍出现，小到建筑室内及庭院配套的水景，大到广场及游乐园的专门音乐喷泉工程，已经成为集水、电、声、光、控制为一体的综合工程了。大型音乐喷泉其喷水造型、音乐控制、编程镭射等由专门设计公司设计，但池体设计、地下机房设计、总体补充水方案考虑、排水方案考虑及必要的循环过滤系统通常需设计院各专业配合才能完成设计。对于建筑工程配套的室内水景、庭院水景及景观瀑布工程设计来说，可由设计院单独完成设计。水景工程的设计按行业标准《水景喷泉工程技术规程》CECS 218—2007 要求执行。

(1) 水景工程的形态设计要和周边环境相协调。在图书馆、住院楼、住宅等需要安静的庭院内宜设置镜池和珠泉，并根据现场情况和水生植物相配合，营造出恬静的诗情画意；溪流或叠流可在公园、大型屋顶花园及酒店周围的庭院中设置，可和湖水或汀步相配合，营造出世外桃源的画面；各种造型的喷泉可在广场、公园、大型门厅等处使用，可营造出热烈、欢快、活泼的气氛；瀑布、音乐喷泉和激流喷泉可设置在大型广场、娱乐城或大水面湖边（或湖中），可营造出震撼、雄伟的动感效果；旱泉可设置在公园、闹市中的休闲小广场和街道，可使人们进入其间，可产生亲水及使人放松的环境；水雾可与溪泉及假山等相配合，能产生云雾缭绕的场景，在水源中加入花露水等香精料，可产生出香味水雾，漫步其间使人有进入仙境的感觉。

(2) 不同形态水景工程的设计要注意的问题。镜池由于水体不流动，容易造成水质恶化，通常需要设置水质处理设备，也可根据水源情况及时补充新鲜水来保证水质。珠泉由于需要压缩空气，要防止空压机的噪声对环境产生不良影响，可用小型气泵多点设置，如果气泡分布点较少，同样要注意水质恶化的问题。溪流或叠流需要有一定的高程差，能利用自然地形最好，它们都有自然充氧作用，不容易造成水质恶化，可采用较简单的机械过滤处理设施，去掉刮风等带进的杂物就可以了。喷泉的造型变化多样，可根据使用方及建筑对造型的要求选择合适的喷嘴，喷嘴对水质要求比较高，水质清亮才有好的视觉效果，另外细孔的如蒲公英等喷嘴容易被堵塞，需要根据设置要求考虑确保水质的循环及处理系统。瀑布的震撼效果靠落差及大水流量，其一次性投资及运行费用均很大，在方案设计时要处理好效果、投资、运行费用及方便管理等各方面要求，设备投资规模在 500 万元及以上的大型工程，要做模拟三维动画效果图及技术经济比较，能做模型实验则更好，以选出最佳设计效果和低的投资及运行管理费用。大型音乐喷泉和激流喷泉及水上乐园的工艺设计通常由专门的设计公司进行设计，设计院各专业进行基本工程的配合和配套设计。水雾系统的耗水量很小（一个工作压力 5MPa 的 6 嘴微雾喷头每小时的用水量在 60L 左右），但对水质和水压要求很高，设计上通常用自来水做水源，然后再进行过滤（过滤设备通常为配套产品），用柱塞泵增压到所需的压力，由耐高压不锈钢管或紫铜管送到喷头处，系统运行可采用程序自动控制，电磁阀、安全阀按系统要求设置。

9.2.2 水质水量要求及水质处理问题

与人体不接触的水景工程的补充水可使用符合《城市污水再生利用景观环境用水水质》GB/T 18921—2002 要求的中水；或使用符合《地表水环境质量标准》GB 3838—2002 中的Ⅳ、Ⅴ类河水、湖水、水库水及地下水。达不到使用要求的，可设置水质净化系统。当水景工程直接设在湖上（边）、河（边）上，其水质符合《景观娱乐用水水质标准》GB 12941—1991 要求的，可补充换水或直流给水，不必再进行水质处理。循环使用的景观用水，均需要进行水质净化处理，景观水系统的安全护措施、防堵塞措施及寒冷地区的防冻措施均要做到位。与人体接触的水景工程的补充水应符合《生活饮用水卫生标准》GB 5749—2006 的要求，并应设置循环过滤净化系统，住宅小区的人工景观水体的补水严禁使用自来水，水景每天的设计补水量：瀑布、溪流可按设计小时循环流量的 2%～3%计算（运行时间缩短时，实际的补水量会按一定的比例减少，完全停止运行时，只有静态时水面的蒸发水量和排水量，其他水景类似），喷泉可按小时循环流量的 3%～5%计算，室内水景设计补水量可按小时循环流量的 1%～3%计算，水雾为全部蒸发。

9.2.3 大型喷泉广场设计时要注意的问题

现以北方某城市特大型超高喷泉广场为例，说明工程设计各方之间相互配合的问题，该喷泉广场水池宽 80～120m，最长处 400m，水池面积 40000m^2，中间主喷水柱设计高度 180m，两侧横水柱墙设计水柱高度在 25～100m 之间不等，另有多组圆形阵列造型排列，中部方阵造型排列等，喷头总量在三千余个，可由音乐及程序控制水柱的高度，有的阵列喷头每个喷头设置一台潜水泵，有的阵列喷头分组设置一台潜水泵，每台潜水泵都由控制中心进行单独控制，加上喷头本身出水的造型变化，配上彩色灯光，晚间看上去，真是绚丽多彩，变换无穷。喷泉设计方案由专业公司设计确定，设计院配合设计土建、进补水、排水、总供电、消防、套管等。

配合设计时要注意以下问题：

（1）喷泉水池下面基础处理做法与接入管基础处理做法如果差别较大会引起不均匀沉降时，进池处给水管要设置柔性接口，或橡胶软接头，补水用湖水（水质应满足 GB 12941—1991 的要求）要设置过滤器，经主管部门同意，可设置自来水备用补水口（设置导流防止器、计量水表、阀门等配件），水池补水时间：容积不大于 500 m^3 的水池不宜超过 12 h，不应超过 24 h，容积大于 500 m^3 的水池不宜超过 24 h，不应超过 48 h。

（2）地下控制室面积很大，面积接近 3000 m^3，设置 3 个防火分区，控制柜很多，设备贵重，应设置全淹没气体灭火系统，根据防火分区情况、防火门的设置情况采用组合分配式气体灭火系统，以降低系统造价。

（3）地下室控制室到喷泉水池的潜水泵控制电缆及灯光控制电缆超多，要设置专门的设备管线廊道，总管线廊道、支管线廊道、末端电缆预埋套管、各个潜水泵的机坑、给水管支架预埋件等均需与土建图需配合到位，出池管套管用柔性套管、柔性接口。

（4）景观水池池体放空排水应根据找坡情况，采用池边多点排除，进入寒冷季节前水池及管道内的存水必须排除干净，可分系统设置排水阀门，当标高上不允许直接排入雨水检查井时，可排入地下室集水井，再抽排到室外雨水检查井，排空时间不宜超过 48h。

（5）沿景观喷水池池外周边线设置可过水的及与周边协调的有盖排水明沟，以收集喷泉漂水及兼广场排水，离喷泉水池较远的广场排水，可根据实际需要设置较为美观的且与地面铺贴图案及颜色相协调的雨水口。

（6）水质处理系统保证系统用水满足 GB/T 18921—2002 的要求，设计循环周期：0.5 ~ 1.5d 左右（池容积不大于 500 m^3）；2 ~ 4d 左右（池容积大于 500 m^3），如果采用砂滤，每天过滤工作时间不到 24h，可适当增大过滤器设计流量，冬季停止运行期间，先反冲洗所有的过滤器再放空。

（7）反冲洗排水通常进入城市污水管网。

9.2.4　大型瀑布设计要注意的问题

现以北方某地区景观瀑布为例，说明设计时要注意的问题。瀑布概况简介：瀑布落差 19.5m，主瀑布：宽度 200m，循环流量 46800 m^3/h 左右，顶部水帘膜的设计厚度 6cm，循环泵总功率 4800kW，石块瀑布：每个宽度 200m，共 2 个分别放在主瀑布的两侧，石块瀑布总循环流量 6000 m^3/h 左右，石块瀑布循环泵总功率 720kW，水处理过滤净化系统处理流量 2400m^3/h。

（1）瀑布循环系统设计要注意的问题（设计步骤通常是）：

1）根据使用方要求效果及投资情况设计瀑布顶部堰口上边沿水帘膜的厚度；

2）根据造型和结构情况确定堰口的形式；

3）计算单位堰口长度水流流量；

4）计算总流量；

5）水泵扬程的计算；

6）选循环泵；

7）控制方式。

下面以主瀑布为例分别进行说明。

1）瀑布顶部水帘膜的厚度直接影响瀑布的气势，大型瀑布水帘膜厚度通常不少于5cm，最好8cm以上，瀑布高度的增大，堰出口处的水帘膜的厚度也要增加，因为随着水帘膜的跌落高度的增加，其厚度会越来越薄，太薄时瀑布下部的水膜会断开，影响瀑布的震撼效果，但水帘膜的厚度直接影响到投资和运转费用，设备费和运转费几乎和水帘膜的厚度成正比例增长，因此必须做出合适的选择，有条件最好通过比例模型实验，在达到预期效果的情况下选择所最合适水帘膜的厚度，以兼顾效果、投资和运行费用。

2）堰口形式的选择首先考虑运行的效果，出镜面瀑布以平整光滑的宽顶堰或薄壁堰较为合适，出珠帘效果瀑布以密集排列的三角堰或半圆形堰较为合适，有条件通过比例模型实验可直观看到其效果，结合结构的构造，看哪种堰口形式更容易实现和施工质量更容易保证，来最终确定。

3）根据所选堰口的类型算单位长度堰口的流量，现就上述工程实例出镜面瀑布的宽顶堰的计算做介绍，就目前来讲还没有根据出沿水帘厚度直接计算宽顶堰流流量的此类量公式，可根据水力学中宽顶堰流出堰顶处水深约为堰前总水头0.5倍的结论（急变流引起的流线弯曲）间接计算，然后根据宽顶堰流量的关系式计算出设计流量：

$$q = mH^{3/2} \tag{9-3}$$

式中 q —— 单位宽度水流量 [$m^3/(s\cdot m)$]；

H —— 堰前水头（m），它为堰前动水头与堰前速度头之和（$H=H_0+V_0/2g$）；

m —— 流量系数，直角宽顶堰为1.42。

瀑布出流宽顶堰的过流断面如图9-4。

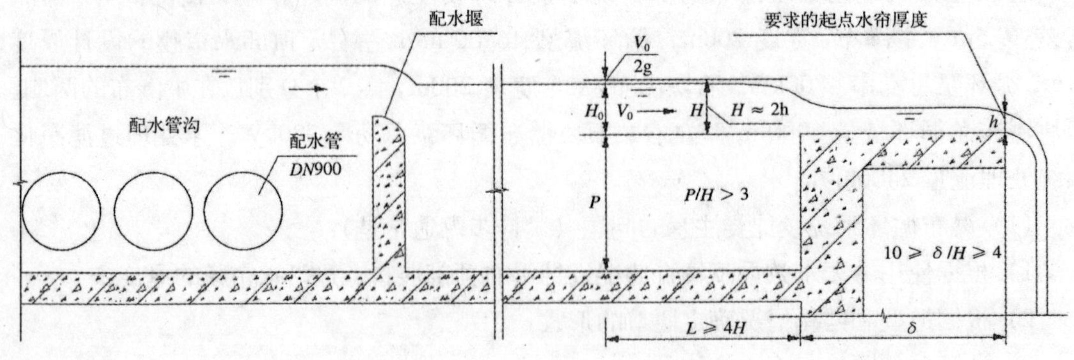

图9-4 瀑布出流宽顶堰断面图

4）根据设计水帘厚度为 0.06 m，可计算出需要的堰前水头 H=0.12m，q=1.42 × $0.120^{3/2}$=0.062 $m^3/(s \cdot m)$，考虑到 200m 长的堰口在施工过程中有水平上的误差及配水的不均匀性，选泵时增加 5% 左右的余量，得到单位堰宽设计流量为：q=0.065 $m^3/(s \cdot m)$，从实际运行的结果看，堰口的水帘厚度在 5 ～ 6cm 左右，和计算的数值较接近。

5）总流量的计算。$Q= q \cdot L \cdot 3600 =0.065 \times 200 \times 3600=46800\ m^3/h$，其中 L 为瀑布宽度。

6）水泵扬程的计算。根据设计流量进行选管径、确定工作泵的台数及布置管线，经计算泵的总扬程为 28.5m。

7）水泵类型的选择。主要考虑高效率及方便维修，经比较最后选用双吸泵，其单台流量大、效率高及维修方便，比较适合，瀑布循环系统可不设备用泵。

8）控制方式，采用人工控制。可根据使用要求，采用减流量运行及满流量运行，以可能创造减少运行费的机会，采用减流量运行时，不宜小于设计流量的 2/5，否则影响瀑布的景观效果。

（2）瀑布循环机房设计时要注意的问题，瀑布循环机房设备很多，主瀑布循环泵有几十台，每台泵重量在 2t 左右，阀门重量都在 200 ～ 400kg 左右。因此泵上方宜设置单轨捯链，阀门上方应设吊钩，以方便安装和检修，过滤罐的运行重量在 10t 左右，必须与结构协商在放滤罐位置设置结构梁或采取加强措施，应提供设备布置图和设备运行重量数据给结构专业，泵房的层高以电动葫芦吊起最大泵可顺利通过其他泵顶，和留有 0.5m 高的安全空间为前提，上述工程泵房净高为 6.2m，可满足安全使用要求。主要通道应比最大尺寸的过滤罐增加 0.3m。

（3）选择水质处理系统工艺需要注意的问题。水质处理工艺流程的考虑要根据处理后达到的水质要求、瀑布运行时间、现场的条件及处理系统管理的方便性综合考虑。生物处理方法不太适合北方天气寒冷、每年有很长时间要放空停止运行的地区，仍以砂滤罐过滤净化系统较为适应，晚间也可停止运行，方便管理，通常被选用。当有自然条件如人工湿地等的情况下，也可采用自然处理方法，以降低运行费用。用湖水或河水直流替换，能满足 GB 12941—1991 的要求时，也可不做人工水质处理，还可节约费用。各种处理工艺的具体设计，可按照相关标准及规范要求进行，此处不再详述。

（4）防冻的做法。室外管线及水池应采用放空的做法，不能自然放空的，应用人工抽排干净。室内应设计采暖系统，保证室内温度不低于 5℃，以确保给水排水设备及电气设备不受到损坏。

第 10 章　材料与设备审查及常见错误分析

10.1　设备与材料不匹配

10.1.1　卫生器具

10.1.1.1　卫生器具材料的选型

卫生器具是建筑内部给水排水系统的重要组成部分，是收集和排除生活及生产中产生的污、废水的设备。卫生器具的材料有陶瓷、搪瓷铸铁、塑料、不锈钢等，用以上材料制成的卫生器具表面光滑、美观、能防腐与防漏。各种卫生器具的结构、形式以及材料各不相同，根据卫生器具的用途、装设地点、维护条件、安装等要求而定。卫生器具的材料选型具体规定按《建筑给水排水设计规范》GB 50015—2009 以下简称《水规》。根据《水规》4.2.2 要求，卫生器具的材质和技术要求，均应符合现行的有关产品标准的规定（表 10-1）。

卫生器具材料的选型表　　表 10-1

<table>
<tr><th>功能分类</th><th>卫生器具名称</th><th>材　料</th><th>安装建筑</th><th>另　注</th></tr>
<tr><td rowspan="4">便溺用</td><td>坐便器</td><td rowspan="4">陶瓷为主</td><td>住宅、宾馆的卫生间内</td><td>陶瓷制低水箱冲洗</td></tr>
<tr><td>蹲便器</td><td>集体宿舍、公共建筑卫生间内、公共卫生间、一般住宅</td><td>陶瓷制高水箱冲洗</td></tr>
<tr><td>立式小便器</td><td>宾馆、展览馆、旅馆等标准高的公共建筑男卫生间内</td><td>阀门冲洗、男士专用</td></tr>
<tr><td>挂式小便器</td><td>集体宿舍、宾馆、展览馆等一般标准男卫生间内</td><td>阀门冲洗、男士专用</td></tr>
<tr><td rowspan="3">盥洗、淋浴用</td><td>洗脸盆</td><td rowspan="2">陶瓷、塑料、玻璃钢、不锈钢等</td><td>宾馆、展览馆、旅馆等标准高的卫生间内</td><td>洗手、洗脸等</td></tr>
<tr><td>浴盆</td><td>住宅、宾馆客房等标准高的卫生间内</td><td>高级沐浴设备</td></tr>
<tr><td>淋浴器</td><td>塑料、不锈钢为主</td><td>集体宿舍、体育馆、游泳馆、公共浴室等淋浴室内</td><td>简单、节水</td></tr>
<tr><td rowspan="3">洗涤用</td><td>洗涤池</td><td rowspan="3">优质材料，陶瓷、不锈钢、玻璃钢等</td><td>厨房、公共食堂、医院手术室内</td><td>供物品洗涤</td></tr>
<tr><td>污水池</td><td>公共建筑的卫生间、盥洗室内</td><td>供人身体清洁</td></tr>
<tr><td>妇女卫生盆</td><td>妇产科医院、工厂女卫生间、设备完备的住宅和宾馆卫生间内</td><td>女士专用洗手盆</td></tr>
<tr><td rowspan="2">专用</td><td>饮水器</td><td rowspan="2">陶瓷、不锈钢、塑料等</td><td>工厂、学校、车站、体育馆等公共建筑内</td><td>热式直饮水器为主</td></tr>
<tr><td>化验盆</td><td>工厂、科研楼及学校的化验室、实验室等</td><td>螺纹接口龙头</td></tr>
</table>

续表

功能分类	卫生器具名称	材　料	安装建筑	另　注
其他	地漏	塑料为主	公共卫生间、有浴盆、淋浴器、盥洗槽的卫生间，洗衣机房	易积水的最低处安装
	盥洗槽	钢筋混凝土制作，外镶瓷砖	集体宿舍、工厂、展览馆等公共卫生间内	洗手、洗脸等
	大便槽		流动人口多且标准不高的公共建筑卫生间、公共卫生间	自动定时水箱冲洗
	小便槽		流动人口多的公共建筑（如火车站、汽车站、学校等）男卫生间内	多孔管冲洗

设计人员在选用卫生器具及附件时应把握和了解这些产品标准的要求，以便在工程中把握住产品的质量，对保证工程质量将有很重要的意义。对卫生器具质量要求是：表面光滑易于清洗、不透水、耐腐蚀、耐冷热和有一定的强度。

10. 1. 1. 2　卫生器具的选型

1. 公共卫生间内

合理地选用不同形式的卫生器具，是公共卫生间设计的关键环节。就生活习惯和使用的频繁程度考虑，大城市的公共卫生间应选蹲式大便器自闭式冲洗阀，自闭式冲洗阀使用方便，不占空间，外表美观，一般给水管和冲洗水管都暗敷于墙内或管道井内，而且，自闭式冲洗阀每次冲洗水量比高水箱或低水箱每次冲洗水量约少 1/3。目前，大便器自闭式冲洗阀型式有按钮式、手柄式、液压式供选用，而感应式冲洗阀目前还只用于高级宾馆内，在档次要求高的公共卫生间内也可采用。大城市公共卫生间还应考虑 2 个残疾人使用的座便器，残疾人座便器两侧应装扶手，且座便器座高应与轮椅座高接近，这样有利于残疾人从轮椅上移动到座便器上，也有利于步行困难者站起。小便器应采用自闭式或感应式冲洗阀立式小便器，洗手盆可采用延时自闭式龙头洗手盆或红外感应龙头洗手盆，盆体台式安装，安装可见给水排水标准图集 99S304。

小城市卫生器具选型与大城市同，可只考虑 1 个残疾人使用的座便器。风景区和民族村寨的公共卫生间，应选用自闭式冲洗阀蹲式大便器、自闭式冲洗阀立式或壁挂式小便器，延时自闭式龙头或普通龙头洗手盆，盆体可采用台式或立柱式安装。乡村和公路旁的卫生间一般无人管理较易损坏，则应选用耐用而价格相对便宜的高水箱蹲式大便器，自闭式冲洗阀或长柄龙头挂式小便器，或者自动冲洗小便槽，普通龙头立柱式洗手盆。另考虑残疾人如厕的卫生间，其洗手盆的盆体宜采用薄型，以使轮椅扶手可以进入洗手盆的下部空间。如卫生间门口有台阶，则应修建净宽不小于 0.8m 的残疾车通道。卫生间内应留有 1.5m × 1.5m 的轮椅回转空间。

2. 住宅、宾馆内

合理的主卫生间净宽尺寸应不小于 2m。预留洗脸盆安装宽度一般要 0.7m 以上。角型洗脸盆由于占地面积小，一般适用于较小的卫生间；普通型洗脸盆适用于一般装饰的卫生间，经济但不美观。立式洗脸盆适用于面积不大的卫生间，能与室内高档装饰及其他豪华型卫生洁具相匹配；台式洗脸盆分有沿和无沿，适用于空间较大装饰较高档的卫生间使用，台面可采用大理石或花岗石材料。预留座便的安装宽度不应少于0.75m，座便器排水通常出水口有下排水和横排水之分。下排水的座便应注意量好底座下水管与安装墙面的水平距离，然后购买相同型号的座便器来“对距入座”，下排水座便器中30cm的为中下水座便器，20 ~ 25cm为后下水座便器；距离在40cm以上的为前下水座便器。型号有差错，下水就不畅。一般常用的尺寸有280mm、305mm和400mm。若座便器出水口是横排水（一般出墙水口中心距地100 mm左右），则要注意座便器的出水口应与横排水的高度相等，最好能再略高一些，确保污水排泄畅通。座厕美观、舒适、实用的优势日渐流行。如今市面上许多国产的座便器质量和观感都不错。能充分考虑到目前国内浴室面积偏小的特点，体积都不大。反观进口座便器则普遍“身宽体胖”，因此座便器安装的宽度需尽可能安排在0.75m以上，这样才方便使用。预留蹲便器安装宽度不少于0.70m，蹲便器有带s形存水弯和不带两种。应考虑选用带存水弯的大便器。淋浴间的标准尺寸是0.9m × 0.9m。

另外应推广节水技术在建筑中的使用，有资料显示，在民用建筑中我国普遍采用11L冲水量的座便器，但若改为9L冲水量则住宅可节水4%，若普遍采用6L冲水量的大便器，则可节水14%。另外，在厨房，洗脸盆及淋浴器所有这些水嘴均采用充气式水嘴可以既节水又不减小水柱直径，真空节水技术的使用是用空气代替大部分水，依靠真空负压产生的高速汽水混合物，快速将洁具内的污水、污物冲吸干净，达到节水、排污的效果。采用充气式水嘴平均可节水40%。因此，提倡使用节水型的卫生洁具以及充气式水嘴。

10.1.1.3 存水弯与地漏不匹配

存水弯是建筑内排水管道的主要附件之一，它不只是存水弯管，而是指在卫生器具内部或器具排水管段上设置的一种能够建立水封的配件。有的卫生器具构造内已有存水弯（例如座式大便器），构造中不具备者和工业废水受水器与生活污水管道或其他可能产生有害气体的排水管道连接时，必须在排水口以下设存水弯。其作用是在其内形成一定高度的水柱（一般50 ~ 100mm），该部分存水高度称为水封高度，它能阻止排水管道内各种污染气体以及小虫进入室内。为了保证水封正常功能的发挥，排水管道的设计必须考虑配备适当的通气管。存水弯使用面较广，种类较多，一般有以下几种形式：

（1）S形存水弯：用于与排水横管垂直连接的场所。

（2）P形存水弯：用于与排水横管或排水立管水平直角连接的场所。

（3）瓶式存水弯及带通气装置的存水弯：一般明设在洗脸盆或洗涤盆等卫生器具排出管上，形式较美观。

(4) 存水盒：与S形存水弯相同，安装较灵活，便于清掏。

《水规》是建立在存水弯是有水封的配件的基础上的，由于地面没有经常性的足够量的排水，所以地漏未必有水，即可能没有水封，没有水封就不能阻隔排水管气体进入室内，所以有臭气。因为只有经常从地面排水，才能不断地补充地漏存水弯水封，隔绝管道中有害气体窜到室内，反之，地漏由于得不到补充水，水封就会干涸，结果反而成了一个通气出口，造成室内环境污染。

英国在19世纪的多层楼宇中，存水弯就配置通气管。中国的建筑实则上很少有通气管，把水封的破坏归结为蒸发，所以常常提到的是地漏水封的干涸。

《美国建筑给水排水设计》认为，对于地漏，许多地方当局规定设计中必须使用注水器（Trap Primer)。它可以分为水力自动式的和电动式的两种，水力自动式注水器"对于长期无人使用的卫生器具也无能为力"，即有局限性。电动的注水器本质上是一个电磁阀，配备定时装置后即可向存水弯注水，一个电动注水器可以有多达几十条水管分别向每一个地漏注水。

因此，设置地漏时是若不能保证存水弯能及时得到人工注水，可以效仿国外技术，比如在存水弯上配置通气管、增设水力自动注水器或电动注水器等。

10.1.1.4　卫生器具与管件不匹配

1. 公共卫生间内

公共卫生间的上、下水管均采用PVC塑料管。大便器下水立管、横支管管径应大于*DN*100，大便槽则应大于*DN*150按规范，一根横管上大便器超过6个时，应设置通气管，少于6个，则可不设。按这一规定，横管上超过6个大便器的单层卫生间，在该横管顶段也应设一专用通气管，以保证排水管道内气压恒定，防止卫生器具水封破坏，使臭气和有害气体能排到大气中去，以保证室内空气卫生。而不应将此通气管省掉。

例如：某商场，因对应上层无卫生间，在3层办公室卫生间设一个大便器，一个洗手盆，采用不通气*DN*100mm排水立管排放生活污水。该设计违反《水规》第4.4.11-4条。不通气排水立管的最大排水能力随着排水立管的工作高度的增加而减小。当立管工作高度为6m时，*DN*100mm立管的最大排水能力仅有1.0L/s，设计秒流量超过立管的最大排水能力。

2. 住宅、宾馆内

下沉式卫生间的排水横管暗埋在下沉空间里的蹲式大便器，宜选用带存水弯的大便器，直接将蹲式大便器装设在排水管接管口上。卫生间地板面不下沉则使用后出水式座便器。地漏采用侧墙式。洗脸盆、浴缸等排水管道在地面以上敷设与立管相接。厨房取消地漏或用侧墙式地漏，把洗菜池的排水管放在地面以上接入立管，这样做可以使下水管道每层水平分隔开。如有漏水则不影响下层住户。检修时也可以独户进行。

有些住宅（特别是复式住宅）楼上楼下卫生间、厨房不对应，部分厅或房的上部是卫生间或厨房，还有的卫生间或厨房的下面是阳台或露台。遇到这种情况时，一般不能在下层空间的上部敷设排水横管，也不能降低卫生间地坪，排水横管的设置需经特殊处理。具体做法是在卫生间靠外墙面上敷设排水管：装设后出水式（横出水）座便器、侧墙式地漏。出墙式排水栓。这一做法的好处是排水横管只在卫生间内敷设，不影响下层对应空间正常功能的使用。

10.1.1.5 提高卫生器具安装工程质量方法

1. 材料与器具

（1）卫生器具的品种、规格、颜色应符合设计要求并应有产品合格证书。

（2）卫生器具安装前，应按设计要求核验，发现有砂眼等缺陷，不得使用。

（3）运输、保管时注意，安装前核验，发现裂纹，不得使用。

（4）管子的螺纹应规整，安装时要保护好，断丝或缺丝不得大于螺纹全扣的10%。

（5）凡型号与设计不符者，安装前经设计部门同意后方可安装。

（6）不得购买无出厂质量证明的卫生器具。

（7）支、托架表面要清除污物，除锈干净后刷防锈漆，再刷两遍罩面漆；预埋的木砖需做防腐处理，凹进净墙面 10mm。

2. 安装

（1）安装大便器排水管时，甩口高度必须合适，并高出地面 10mm；安装蹲坑时，排水管甩口要选择内径较大、内口平整的承口或套袖，以保证蹲坑出口插入足够的深度。

（2）蹲坑出口与排水管连接处的缝隙，要用油灰或用 1∶5 白灰水泥混合灰填实抹平，以防止污水外漏。

（3）做好卫生间地面的防水，保证油毡完好无破裂，油毡搭接处和与管道相交处都要浇灌热沥青，预留管口周围空隙必须用豆石混凝土浇灌严实。

（4）绑扎胶皮碗前，应检查胶皮碗和蹲坑上水连接处是否完好。

（5）蹲坑胶皮碗应使用 14 号铜丝两道错开绑扎拧紧，冲洗管插入胶皮碗角度应合适，蹲坑上水连接口应经试水无渗漏后再做水泥地面。

（6）固定卫生器具用的木砖应五面刷好防腐油，在墙体施工时预埋好，严禁后装木砖或木塞。

（7）稳装卫生器具应采取拧载合适的机螺栓。

（8）稳装卫生器具可采用管式支架或圆钢支架，用 14 号铜丝将卫生器具与管架固定；金属固定件应进行防腐处理，卫生器具与金属固定件的连接表面应安置铅质或橡胶垫片。当墙体为多孔砖墙时，应凿孔填实水泥砂浆后再进行固定件安装。当墙体为轻质隔墙时，应在墙体内设后置埋件，并且应与墙体连接牢固。

（9）地漏应低于设置处地面 5mm。

（10）地面施工先放基准线，地漏周围要有合理的坡度。

(11) 安装水泥池槽的排水栓或地漏时，其周围缝隙要用混凝土填实，在填灌混凝土前要支好托板，先刷水泥灰浆。

(12) 在池槽中安装地漏时，地漏周围的孔洞最好用沥青油麻塞实再浇灌混凝土，并做水泥抹平。

(13) 各种卫生器具安装验收合格后应采取适当的成品保护措施。

10.1.2　阀门与仪表

10.1.2.1　阀门的分类

阀门是建筑内部给水系统及消防系统中水输送过程的控制部件，具有截止、调节、导流、防止逆流、稳压、分流或溢流泄压等功能。阀门在建筑给水排水通用的分类方法是闸阀、截止阀、节流阀、仪表阀、隔膜阀、旋塞阀、球阀、蝶阀、止回阀、减压阀、疏水阀、调节阀等。

按作用和用途分类是：

(1) 截断阀：截断阀又称闭路阀，其作用是接通或截断管路中的介质。截断阀类包括闸阀、截止阀、旋塞阀、球阀、蝶阀和隔膜阀等。

(2) 止回阀：止回阀又称单向阀或止回阀，其作用是防止管路中的介质倒流。水泵吸水管的底阀也属于止回阀类。

(3) 安全阀：安全阀类的作用是防止管路或装置中的介质压力超过规定数值，从而达到安全保护的目的。

(4) 调节阀：调节阀类包括调节阀、节流阀和减压阀，其作用是调节介质的压力、流量等参数。

(5) 分流阀：分流阀类包括各种分配阀和疏水阀等，其作用是分配、分离或混合管路中的介质。

(6) 排气阀：排气阀是管道系统中必不可少的辅助元件，广泛应用于锅炉、空调、石油天然气、给水排水管道中。往往安装在制高点或弯头等处，排除管道中多余气体、提高管道使用效率及降低能耗。

按阀体材料分类是：

(1) 非金属材料阀门：如陶瓷阀门、玻璃钢阀门、塑料阀门。

(2) 金属材料阀门：如铜合金阀门、铝合金阀门、铅合金阀门、钛合金阀门、蒙乃尔合金阀门、铸铁阀门、碳钢阀门、铸钢阀门、低合金钢阀门、高合金钢阀门。

(3) 金属阀体衬里阀门：如衬铅阀门、衬塑料阀门、衬搪瓷阀门。

10.1.2.2　阀门的选型

1. 选型步骤

(1) 明确阀门在设备或装置中的用途，确定阀门的工作条件：适用介质、工作压力、工作温度等。

(2) 确定与阀门连接管道的公称通径和连接方式：法兰、螺纹、焊接等。

(3) 确定操作阀门的方式：手动、电动、电磁、气动或液动、电气联动或电液联动等。

(4) 根据管线输送的介质、工作压力、工作温度确定所选阀门的壳体和内件的材料：灰铸铁、可锻铸铁、球墨铸铁、碳素钢、合金钢、不锈耐酸钢、铜合金等。

(5) 选择阀门的种类：闭路阀门、调节阀门、安全阀门等。

(6) 确定阀门的形式：闸阀、截止阀、球阀、蝶阀、节流阀、安全阀、减压阀、蒸汽疏水阀等。

(7) 确定阀门的参数：对于自动阀门，根据不同需要先确定允许流阻、排放能力、背压等，再确定管道的公称通径和阀座孔的直径。

(8) 确定所选用阀门的几何参数：结构长度、法兰连接形式及尺寸、开启和关闭后阀门高度方向的尺寸、连接的螺栓孔尺寸和数量、整个阀门外形尺寸等。

(9) 利用现有的资料：阀门产品目录、阀门产品样本等选择适当的阀门产品。

2. 选型方法

(1) 使用工况条件和操纵控制方式：例如泵房水泵出口阀门的选择，首先需满足水泵能闭阀启动及停止以减小启动电流及停机时对水泵的冲击；其次需配备止回阀门，在水泵机组意外停机时能迅速关闭阀门以防止水泵长时间反转；第三，需配备消除水锤的阀门以保障水泵机组运行安全。

(2) 安装现场及使用条件：如选择电动蝶阀加微阻缓闭式止回阀，电动蝶阀可满足闭阀启动及停机。微阻缓闭式止回阀用于防止水泵反转及水锤，由于结构相对简单故障率较低，但安装长度较长、水阻较大，适合有较大安装空间，对能耗要求不高的泵站如小型泵站使用；选择液控缓闭式止回阀可同时满足水泵出口阀门必需的三项功能，且安装长度可以很小，水阻比较小，但由于结构复杂，需一套高压液压系统，因此故障率较高且维修困难，因此适合安装于大型泵站且有较多备用机组的场合；水泵出口也可选择多功能水泵控制阀，其安装长度小于电动蝶阀加微阻缓闭式止回阀，不用电动或液压系统空置，结构最为简单，故障率很低，且水锤消除效果最好，但水阻最高，适合水锤比较严重或无人值守泵站使用。

(3) 工作介质的性质：工作压力、工作温度、腐蚀性能，是否含有固体颗粒，介质是否有毒，是否是易燃、易爆介质，介质的黏度等。

(4) 安装尺寸和外形尺寸要求：公称通径、与管道的连接方式和连接尺寸、外形尺寸或重量限制等。

(5) 可靠性、使用寿命和电动装置防爆性能的要求：在选定参数时应注意：如果阀门要用于控制目的，必须确定如下额外参数：操作方法、最大和最小流量要求、正常流动的压力降、关闭时的压力降、阀门的最大和最小进口压力。

根据上述选择阀门的依据和步骤，在合理、正确地选择阀门时还必须对各种类型阀门的内部结构进行详细了解，以便能对优先选用的阀门作出正确的选择。管道的最终控制是阀门。阀门启闭件控制着介质在管道内的流束方式，阀门流道的形状使阀门具备一定的流量特性，在选择管道系统最适合安装的阀门时必须考虑到这一点。

10.1.2.3　阀门的设置

1. 给水管网上阀门的设置

(1) 给水管在下列管段上，应装设阀门：

1) 引入管、水表前和立管。

2) 环形管网分干管、贯通支状管网的连通管。

3) 居住和公共建筑中，从立管接有 3 个及 3 个以上配水点的支管。

4) 工艺要求设置阀门的生产设备配水支管或配水管。但同时关闭的配水点不得超过 6 个。

(2) 阀门应装设在便于检修和易于操作的位置

(3) 给水管网阀门的选择，应符合下列规定：

1) 管径不大于 50mm 时，宜采用截止阀；管径大于 50mm 时，宜采用闸阀或蝶阀。

2) 在双向流动管段上，应采用闸阀或蝶阀。

3) 在经常启闭的管段上，宜采用截止阀。

4) 不经常启闭而又需快速启闭的阀门，应采用快开阀门。

5) 配水点处不宜采用旋塞。

(4) 给水管网的下列管段上，应装设止回阀：

1) 两条或两条以上引入管且在室内连通时的每条引入管。

2) 利用室外给水管网压力进水的水箱，其进水管和出水管合并为一条管道时的引入管。

3) 装设消防水泵接合器的引入管和水箱消防出水管。

4) 生产设备的内部可能产生的水压高于室内给水管网水压的设备配水支管。

5) 升压给水方式的水泵旁通管。

(5) 止回阀设置应符合下列要求：

1) 管网最小压力或水箱最低水位应能自动开启止回阀。

2) 止回阀的阀板或阀芯在重力作用下应能自动关闭。

(6) 用于分区给水的减压阀，其设置应符合下列要求：

1) 减压阀宜设置两组，其中一组备用。环网供水和设置在自动喷水灭火系统在报警阀前时，可单组设置。

2) 减压阀前后应设置阀门。

3) 减压阀前后宜装设压力表。

4) 减压阀前应装设过滤器，并应便于排污。

5）消防给水系统的减压阀后（沿水流方向）应设泄水阀定期排水。

2. 排气阀

排气阀门设计位置直接影响着排气效果和管路的运行状态。进排气阀最常见的设置位置应在管网中各管段的最高点（常设置在过桥管道的最高点），但管道下降坡度突然变大、上升坡度突然变小时都需设计进排气阀。进排气阀口径与管线直径比值按 1 : 8 或 1 : 12 来选择。进排气阀可设在单独的阀门井内，也可以和管道其他配件合用一个阀门井。

排气阀的现有产品分为单口及双口两种形式。在管道灌水、输水的过程中，可通过它排除管中的空气；当管内水排放时，通过它向管内输入空气。由于通气结构上的一些缺陷，在排气速度过快，比如超过 20m/s 时，浮球有封堵现象，使管内空气无法排出，影响输水能力。通气阀中的浮球，要求密度均匀、得当，否则浮球易变形，封堵不严而漏水。当管道流速小于 20m/s 时，在输配水干管的每段高点应设立自动通气阀。在管道水放空或灌水时，应通过消火栓及预留支管辅助通气，也可加设特种真空破坏阀自行大量吸气。

3. 自动排气阀

对于办公楼、倒班宿舍等建筑，在设延时自闭阀的蹲式大便器的给水系统中。如果在给水系统的最顶层设自闭阀。亦应在管系的最高点设自动排气装置。因为给水系统中延时自闭阀。能较好地控制水流，却不能很好地控制气流。给水系统停止，供水恢复后，管路中积存大量空气。在管路顶部形成一个压缩空气区，当开启延时自闭阀时，压缩空气会伴随水流紊乱喷薄而出，这样常会将污物乱溅。如果在给水系统的最高点设自动排气阀，则可有效解决这一问题。

4. 泄水阀

泄水阀应设置在给水管网中段的最低点，排水阀和排水管的直径应根据要求的放空时间计算确定。一般情况下，排水管直径按放空管段内的水，能在 1 ~ 3h 排空考虑。一般情况与母管的直径之比为 1 : 3。排水管应与母管底部平接并应具有一定的坡度，用以排除沉淀物以及检修时放空管内存水。

[例] 某中学校区各建筑物的室内消防给水均引自室外给水管网，接出起端只设置止回阀代替管道倒流防止器。

[分析] 管道倒流防止器是由两个止回阀和一个泄水阀组成，可更有效地防止水倒流；但单个止回阀密闭性差，容易产生少量水倒流，污染给水管网。该设计违反《水规》第 3.2.5 条第 1 款。

5. 安全阀

安全阀的选用要点如下：

（1）各种安全阀的进口与出口公称通径均相同。

（2）法兰连接的单弹簧或单杠杆安全阀的阀座内径，一般较公称通径小一号，例如，*DN*100mm 的阀座内径为 ϕ80mm；双弹簧或双杠杆安全阀的阀座内径，则为其公称直径小一号直径的两倍，如 *DN*100mm 的为 2 × 65mm=130mm。

（3）设计中应注明使用压力范围。

（4）安全阀的蒸汽进口接管直径不应小于其内径。

（5）安全阀通入室外的排气管直径不应小于安全阀的内径，且不得小于 40mm。

（6）系统工作压力为 p 时，安全阀的开启压力应为 p 加 30kPa。

设置条件：属于下列情况之一的承压设备、容器和管道，必须装设安全阀。

（1）在生产、贮存和输送过程中，有可能因加（受）热、受压、化学反应、仪表失灵和误操作等原因，使内压增加而造成破坏者。

（2）盛装和输送液化气体者。

（3）压力来源处无安全阀者。

（4）其最高工作压力低于压力来源处之压力者。

6. 减压阀

减压阀选择注意事项：

（1）蒸汽减压阀的阀前与阀后绝对压力之比不应超过 5 ～ 7，超过时应串联安装两个。

（2）当阀前与阀后的压差为 0.1 ～ 0.2MPa 时，可串联安装两个截止阀进行减压。

（3）减压阀产品样本中列出的阀孔面积 f 值，一般系指最大截面积，实际流通面积将小于此值，故按计算（或查表）得出的阀孔面积选择减压阀时，应适当留有余地。

（4）当阀门样本未给出阀孔面积参数时，可先按设计流速选取所需减压阀前、后管道直径，再按阀前管道直径选取公称直径相同的减压阀。

（5）选用蒸汽、压缩空气减压阀时，除注明其型号、规格外，还应注明减压阀前后压差值及安全阀的开启压力，以便厂家合理配备弹簧。

设置的标准要求：

（1）《水规》规定，给水管网的压力高于配水点的允许的最高使用压力时，应设置减压阀，减压阀的配置应符合下列要求：

1）比例式减压阀的减压比例不宜大于 3：1，可调试减压阀的阀前与阀后的最大压差不应大于 0.4MPa，要求环境安静的场所不应大于 0.3MPa。

2）阀后配水件处的最大压力应按减压阀失效情况下进行校核，其压力不应大于配水件的产品标准规定的水压实验压力。

3）减压阀前的水压宜保持稳定，阀前的管道不宜兼作配水管。

4）阀后压力允许波动时，宜采用比例式减压阀；阀后压力要求稳定时，宜采用可调式减压阀。

5）供水保证率要求高，停水会引起重大经济损失的给水管道上设置减压阀时，宜采用两个减压阀，并联设置，一用一备，但不得设置旁通管。

(2)《水规》第 3. 4. 10 条规定，减压阀设置应符合下列要求：

1）减压阀的公称直径应与管道管径相一致。

2）减压阀前后应设阀门和过滤器，需拆卸阀体才能检修的减压阀后，应设置管道伸缩器；检修时阀后水会倒流时，阀后应设阀门。

3）减压阀节点处前后应装设压力表。

4）比例式减压阀应垂直安装，可调式减压阀宜水平安装。

5）设置减压阀的部位，应便于管道过滤器的排污和减压阀的检修，地面宜有排水设施。

10. 1. 2. 4　水表的选择

一般民用建筑中常采用的是螺翼式、旋翼式水表，水表的选择包括水表类型的选择和口径的选择。水表类型的选择应根据各类水表的特性和管段中通过水流的水质、水压、水温等情况来定。水表口径的选择依据是：

(1) 当用水较均匀时，应以安装水表管段的设计流量不大于水表的公称流量来确定。

(2) 当用水不均匀且连续高峰负荷每昼夜不超过 2 ~ 3 h 时，可按设计流量不大于水表的最大流量来确定。

(3) 在生活、消防共用系统中，因消防流量仅发生在火灾时才通过管道，故选表时管段设计流量不包括消防流量，但生活、消防设计流量之和不应超过水表的最大流量值。

(4) 水表的水头损失值还应满足水头损失允许值的校核规定（表 10-2)，否则，应放大水表的口径。

水表水头损失允许值 (Pa)　　表 10-2

表型	正常用水时	消防时
旋翼式	＜ 21.5	＜ 19.0
螺旋式	＜ 12.8	＜ 29.4

10. 1. 2. 5　水表的设置

水表的选择和安装方式应符合安全可靠、便于计量和减少扰民的原则。因此，《水规》第 3. 4. 17 条规定：住宅的分户水表宜相对集中读数，且宜设置于户外；对设在户内的水表，宜采用远传水表或 IC 卡水表等智能化水表。水表出户一般有以下几种方式：

(1) 水表集中设于每层水表间内，分户水表整齐靠墙面敷设。其优点为：分户支管短，较节约管材，管道水头损失也较小；缺点是：引入室内的分户管道必须沿室内楼板垫层敷设，因目前北方住宅多数设置地热取暖，在敷设时二者易发生矛盾，同时因给水被地热管加热而污染。

（2）水表设于楼梯休息平台处。给水立管设于平台墙角处，每户设一水表，将水表明设于楼梯间中。其优点为：管道水头损失较小，节省建筑面积。缺点是：通常供热管道、消防管道也明设于休息平台处，因而使本来就拥挤的休息平台更为拥挤，给住户通行带来不便。

（3）各单元分户水表集中设于室外水表井内。这种方式常用于多层单元式住宅中。一般一个单元设一个水表井，分户水管沿室内卫生间引入各用户内。其优点为：抄表方便，可以杜绝用户的偷水行为。缺点是：管材耗量大，管道水头损失大，分户支管不易检修。

（4）远传水表或IC卡智能水表。远传水表计算准确且无需抄表。但是，远传水表的系统造价高。磁卡水表需用户预存入一定数额水费。将充值后的IC卡插入水表的读码器中即可用水。这两种水表的优点在于节省了大量人力来抄表，大大提高了计量水量的准确性。IC卡表需要用户预付水费，水表价格相对昂贵。采用此类水表，应征得当地行业管理部门的同意才行。目前，IC卡智能水表在许多城市已广泛应用。

以上几种水表设置方式，各有其优缺点，具体在工程实际设计中采用何种方式，应由设计人员根据住宅的性质、档次及当地行业管理部门和建设方的要求确定。

10.1.2.6　水表出户问题

随着居民对私密性和安全性的重视，水表出户甚至出楼势在必行，远传水表、卡式水表的出现也为水表出户创造了条件。水表出户设置可以采用以下几种方式：

（1）可以在一层设置独立对外开门的水表房，将水表集中设置，每户设单独立管，互不影响。

（2）结合暖气分户计量管道井，将分户给水立管布置井内，室外设置水表池。

（3）在休息平台设管道井，将分户水表及管道集中排列。

（4）户内设置水表，采用远传或卡式水表。

（5）南方地区由于不必考虑保温，地下水位较高的原因，可以采用地上式安装。为便于抄表，上述方案均应设置数据采集器，显示于建筑物外墙或物业中心。

10.1.3　水泵

10.1.3.1　水泵的选型

水泵是抽水加压的通用设备，正确选择水泵装置能降低投资、降低能耗、减小占地面积、提高供水安全可靠性。根据泵的工作原理和结构分为：

（1）叶片式泵、容积式泵（和其他类型的泵）如：喷射泵、空气升液泵、电磁泵、真空泵等。

（2）叶片式泵如：离心泵、旋涡泵、混流泵、轴流泵、螺杆泵等。

（3）容积式泵如：往复泵、转子泵两种。

（4）往复泵：电动泵、蒸汽泵。

（5）电动泵：柱塞（活塞）泵、隔膜泵、计量泵。

（6）转子泵：齿轮泵、螺杆泵、罗茨泵、滑片泵等。

选择水泵时既要注意水泵效率，又应使高效率范围符合实际需要，并应考虑机泵大小搭配适当，适应性强。设计选用的设备容量过大，投产初期可选用小设备过渡，其经济效益超过增加的设备费用。使用同步电机提高效率，应配以使用时间长、效率高的水泵。

水泵选型可以利用有关技术图表确定水泵型号和规格，其方法如下：

（1）使用水泵性能规格表选泵型。水泵厂在产品目录中都提供了这种表格，表中每一个型号的性能都有三行数据，究竟以哪一行为准呢？一般设计流量和设计扬程应与性能表列出的中间一行的数值相一致，或是相接近，而又必须落在上、下两行的范围内，因为这个范围是水泵运转的高效率区域，这个型号的水泵就认为是符合实际需要的，水泵的选型即可选定。

（2）使用水泵选型表选泵型。根据确定的设计扬程和设计流量，在选型表中，横表头查找出与设计扬程相符合或相接近的扬程数值；再在纵表头找出与设计流量相一致或相接近的流量数值，纵横相交于小方块，它标出了水泵的型号，初步选出多级泵型。但有时会出现两种泵型都满足设计要求，此时，可把这两种泵型作方案比较，进行技术经济分析，然后选定其中一个合适的泵型。这种选择水泵的方法比较简便而又快捷。

（3）使用水泵性能综合型谱图选泵型。将离心泵、轴流泵、化工泵、混流泵的工作区域全部综合画在同一张图上，这就构成了农用水泵系列综合型谱图，该图绘制比较复杂，但使用比较方便根据确定的设计流量和设计扬程，在型谱图上，首先在纵坐标上以设计扬程查找出符合扬程要求，而流量不等的几种水泵，然后再在横坐标上以设计流量来确定选用哪一种水泵。如果设计流量较大时，单泵未能符合要求，可考虑多机作业，但应注意尽量采用相同型号的水泵，以利于施工安装、管理维修。

10.1.3.2 水泵的设置

（1）需增压的给水系统，在节能性能可靠前提下，可采用变频调速水泵。变频调速水泵电源应可靠，并宜采用双电源或双回路供电方式。

（2）变频调速水泵应有自动调节水泵转速和软启动的功能，其电机应有过载、短路、过压、缺相、欠压、过热等保护功能。

（3）水泵宜设置自动开关装置。

（4）水泵装置宜采用自罐式充水。

（5）水泵直接从室外给水管网吸水时，应绕水泵设旁通管，并应在旁通管上装设阀门和止回阀。

10.1.3.3 水泵接合器与高低位报警监视装置的设置

采用区域消防供水系统，水泵接合器可在外部统一集中设置，由于消防车的供水能力为150m，因此，集中设置水泵接合器的保护半径为150m，且位置选择要极利于消防车的进出、吸水、加压等操作，并应靠近集中泵房。在实际工程中，由于开发商的利益要求，这个位置很难选择，而且在消防时，消防车并不能很快找到相应的水泵接合器，延误灭火时间。从安全的角度，应按《建规》或《高规》的要求，在各单体建筑设水泵接合器，而且增加的费用很小。

消防水泵和屋顶消防水箱应该设置高低位报警监视装置（在报警系统设置监视模块），在消防中控室能监视到其状态。在工程实例中，屋顶水箱由于没装高低位报警监视装置，屋顶水箱的溢水管直接接到屋顶，由于屋顶杂物太多致使下水管堵塞形成水患。

10.1.3.4　水泵的节能

1. 机泵选择

选择水泵时既要注意水泵效率，又应使高效率范围符合实际需要。并应考虑机泵大小搭配恰当，适应性强。设计选用的设备容量过大，投产初期可选用小设备过渡，其经济效益超过增加的设备费用。使用同步电机提高效率，应配以使用时间长、效率高的水泵。

2. 局部增压

需供水距离较长时，先保证对远处用户的服务，压力、出厂压力需要很高。但压力过高，超过实际需要，则大量能量浪费在多余的水头之中。如，在不影响上游压力的适当地点合理建造中继加压泵站，采用局部加压的办法降低出厂压力，使远近压力趋于均匀。则既可明显节约能量，又可减小高压地区漏失水量与爆管的可能。局部地区用水量越小，压力要求越高，则增压泵站的节能价值就越大；反之，增压水量比重越大，增压扬程越低，节能价值就越大。

3. 提高机泵运行效率

在水厂配置不同扬程的水泵，或把最好的效率点选在低于最高时的扬程，而在最高时需要对扬程作复核。配置大小叶轮，并结合年度检修。夏天换大叶轮，冬天换小叶轮，通过各种方法，使总的运行效率提高到 70%～75%。大小叶轮只适应季节变化，可使用调速电机来适应昼夜变化，水泵调速应选择原来效率较好、适应幅度较宽者，目前大多采用可控硅调速电机。

4. 无负压变频供水设备

以往传统的水泵加屋顶水箱和水池加水泵的变频供水方式，虽然存在着诸多优点但由于水箱、水池常年需要清理，容易产生寄生虫影响居民的身体健康。而单纯地依靠市政供水管网直接供水又会存在着压力不足的问题。近年来出现的一种新型给水加压设备即无负压变频供水设备，该设备的问世，有效地解决了市政供水管网压力不足的问题，可以解决传统供水方式中二次供水水质污染，并能充分利用市政供水管网余压，节水节电，目前正在广泛推广使用。在市政供水压力不足的情况下，如能征得当地供水部门同意，在设计过程中可以采用该种设备。

10.1.3.5 水泵的防噪

水泵房不应设在住宅建筑内通常泵房设在地下室或底层，但由于隔振性能不好，在二三楼室内的噪声还是很高，影响居民正常生活。因此为保证减振降噪措施达到理想的效果，应严格执行现行《水泵隔振技术规程》中关于机组、管道、支架隔振的设计、安装和验收要求，同时在水泵房内增加以下措施，以减小噪声。

（1）设计选型时应选择低噪声、低转速的水泵，从源头上使其噪声控制在尽可能低的范围内。水泵的振动频率与转速是密切相关的，采用低噪声和低转速水泵是控制水泵噪声和振动的有效措施。建议在民用住宅设计规范中，对水泵的噪声限值提出要求，尽可能选用低转速配进口电机或纯进口水泵机组水泵，可降低噪声 l0dB 以上。

（2）将水泵房设置在室外，20 世纪 90 年代之前设计的高层住宅一般都设有地下水泵房，虽然在设计中采取了隔振措施，一些水泵房由于隔振性能不好，水泵噪声还是超标，影响到楼上的住户，且治理很困难。所以水泵不宜设计在主体建筑物内。

（3）对于民用建筑内设置的水泵机组，其运行噪声应符合《民用建筑隔声设计规范》的规定。水泵采取阻尼弹簧减振、橡胶隔振或单独的隔振基础；管道穿墙、楼板处预埋套管，管道与套管之间填充隔振材料防止固体传声与水泵连接的所有管道吊架应采用弹性吊架。

（4）水泵进出水管应设可曲绕橡胶接头；水泵的进出水管安装橡胶挠性减震装置，高层供水的水泵应设置水锤消除装置；与水泵相连接的进出水管采用弹性托架、弹性支架，弹性支架应具有固定架设管道与隔振双重功能；

（5）穿越泵房顶板或侧墙的管道都应安装套管，套管与管道之间填充不燃柔性材料。

10.1.3.6 水泵运行中故障分析与排除

1. 水泵启动困难的原因分析

（1）对于吸水管安装底阀的泵：

1）水泵灌不满水：底阀和吸水管路是否漏水；水泵底部放空丝堵是否拧上或放空阀门是否闭。

2）水泵灌不进水：水泵顶部排气阀或排气丝堵是否打开。

（2）对于吸水管无底阀的泵：

1）泵内形不成真空：水泵和吸水管漏气，水泵底部放空阀未关闭，吸水井水位太低，真空引水设备管路漏气。

2）真空饮水设备故障：真空泵补给水不足，真空泵抽气能力不足。

2. 水泵启动后不出水或水量不足的原因

（1）泵壳内有空气，灌泵或抽气工作没有做好。

（2）水泵转动方向不对。改变电动机接线，即将三相电源线中任意两相对换，改变电动机转动方向。

（3）吸水管填料有漏气。

（4）水泵转速太低。检查电源线路，是否电压太低。

10.1.4　其他材料与设备

10.1.4.1　管材

管材和管件在建筑给水排水技术中是最大热点之一。金属管道、钢塑复合管和塑料管三大类管道及其管件均有不同的使用条件和适用范围，与工程明装、暗装要求，输送介质温度、压力、水质，环境条件，技术、经济等密切相关。

在同等价格或价格相差不大的条件下，应选择卫生、性能优越、便于安装维修的管材。在同样性能的条件下，应选择使用价格便宜的管材。最好的选择是采用既价格便宜，又性能良好、安装维修方便的管材。近年来施工中所采用的给水排水管材众多，综合考虑各种管材的性能、卫生、工程成本和使用寿命等因素，下面简单介绍下常用的管材及其特点。

1. 给水管材

（1）给水铝塑复合管（PAP）：由中间层纵向焊接铝管、内外层聚乙烯及之间的热溶胶一步法共挤复合而成，内外层的聚乙烯属对称性非极性高聚物，化学性质非常稳定，具有无毒、耐腐蚀、机械强度高、耐热性能好、脆化温度低、使用寿命长等特点；同时内层聚乙烯非常光滑，管内流体阻力小、不结垢，使用的有效管径比金属管大，且流体不会受污染。铝塑复合管的内壁粗糙程度 0.007mm，由于内壁非常光滑，输送水等流体时，阻力损失小，不会产生噪声。铝塑复合管卫生无毒，完全符合国家标准。

（2）给水 PPR 管：除具有一般塑料管重量轻、耐腐蚀、不结垢、使用寿命长等特点外，还具有以下特点：

1）良好的卫生性能。制管的原料属聚烯烃，其分子仅由碳，氢元素组成，原辅料均达到食品卫生标准要求。可用于纯净饮用水系统，避免传统金属管道系统中常见的“锈水”现象。

2）较好的耐温、耐热性能。最高工作温度可达 95℃，长期使用温度一般可达 70℃。

3）安装方便、连接可靠。安装时，不需传统金属管安装时的“攻丝、缠麻”等工序，具有良好的焊接性能，接头质量可靠。

4）其原材料聚丙烯烃是在专业设备上经过高温高压挤塑而成。管材的插接面和配件的承接面经过专用的热熔器加热后表面软化，高聚分子具有很强的聚合力，管材与管件经过承插熔接后材料形成整体，没有明显的界面。

2. 排水管材

（1）柔性接口铸铁排水管：柔性接口铸铁排水管具有抗拉抗弯强度比较高、噪声小、使用寿命长（一般在 50 年以上）等优点，但造价比较高，安装工效相对 UPVC 排水管比较低。柔性接口铸铁排水管作为一种传统的排水管材，经过工艺的更新，品质已大大提高，其综合优势也越来越明显。柔性铸铁排水管及管件规格齐全，在施工中安装及维修方便，不易损坏，同时还具有抗震、抗沉降、噪声小等优点。由于在噪声、防火、技术经济性等方面的优异特性，柔性接口铸铁排水管在应用于高层建筑时有更好的前景。柔性接口铸铁排水管是目前国际上流行使用的排水管材，也是我国与国际水平接轨的排水管材，特别适用于高层建筑。

（2）UPVC 排水塑料管

UPVC 排水管具有运输搬运方便、节省空间、美观多样、排水能力强、造价低和安装工效高等优点，但存在着隔声及防震效果差、防火性能低、抗拉抗弯强度低等缺点。UPVC 排水管是国内使用最早、用量最大的塑料管材，它可根据使用要求不同，在加工过程中可添加不同添加剂，使其具有满足不同要求的物理和化学性能。与其他类型塑料管相比 UPVC 排水管具有以下特点：

1）有较高的强度和硬度，在建筑管材中被视为刚性管。

2）作为一种成熟产品，UPVC 排水管在国内具备完善的标准及施工规范。

3）符合要求的 UPVC 排水管。其各种理化指标均能满足实际需求，抗腐蚀、抗老化，使用寿命长，安装维修十分方便，外观美观，相对铸铁管成本低，经济实用。在现代西方发达国家，高级住宅已很少使用 UPVC 排水管，一般采用铸铁排水管。建议应该从建筑物的使用功能上考虑选取合适的排水管材：在超高层建筑、住宅和宾馆中应首先考虑采用柔性接口铸铁排水管，在对噪声环境、防火和防震要求较高的建筑中应强制采用柔性接口铸铁排水管；而在办公楼、学校、商场等对噪声要求不高的多层和百米以下高层建筑中应考虑采用 UPVC 排水管。

UPVC 排水塑料管最大的问题是噪声远大于铸铁管，管壁隔声效果较差，对日常生活有一定的影响。为解决噪声问题。在 UPVC 管内壁增加了凸起的螺旋形导流线，使水流条件得到改善，有效地降低了噪声，即目前市场上的 UPVC 螺旋管。为解决管壁隔声效果较差的问题，又开发了 UPVC 芯层发泡管（PSP 管）不仅具有传统 UPVC 实壁管的优点，还具有高抗冲击、隔声、阻燃、绝缘、热稳定性好的特性。排水管道设于室内时，应优先选用螺旋管、芯层发泡管或离心铸造排水铸铁管。

目前许多城市都有住宅建筑高度小于 100m 时，生活排水管和雨水管应采用硬聚氯乙烯管的地方规定，以政府行政作用的角度来推广排水塑料管。在实际工程中，设计人员应根据不同的情况灵活地加以掌握。高屋住宅底层排水立管需要转换时，排水横干管、转换层以下的排水立管、出水管应采用离心铸造排水铸铁管，提高排水管道因堵塞后下部管路系统为受压状态时的承压能力，提高整个排水管道系统的安全度。

10.1.4.2 气压给水设备

气压给水设备是高层建筑给水工程中常用的一种设备，它兼有升压、调节、贮水、供水和控制水泵启停的功能，它是利用水泵将水压入密闭气压罐内，然后利用罐内贮存的气体的可压缩和膨胀的性能，将罐内贮存的水压送入生活或消防气压给水管网中，并满足最不利用水点的水压、水量要求。

气压给水设备按在不同的系统中的应用可分为生活给水气压设备和消防给水气压设备。生活给水气压设备和消防给水气压设备在运行控制及气压罐的容积和增压泵的计算上是有很大差异的。

1. 生活给水气压设备的增压泵流量计算

水泵的工作流量应按在扬程 $H=(P_1+P_2)/2$ 时（即气罐内平均压力时），略大于最大小时用水量的 1.2 倍计算，高级建筑按设计秒流量算。选泵时为降低水泵的运行电耗，应保证水泵在变压（P_1 ~ P_2）状态下工作时，其工作点始终处于相应的 Q-H 曲线的最高效率范围内。

2. 消防给水气压设备的增压泵流量计算

《气压给水设计规范》规定：稳压水泵流量，消火栓不大于 5L/s，自动喷水灭火系统应不大于 1L/s，这样规定是为了保证消防主泵可以及时启动。由于气压罐已储存了 30s 的消防用水，因此增压泵主要是起补充管网漏水的作用，对于喷淋系统采用 0.5L/s 的小流量泵，对于消火栓采用 2.5L/s 小泵即可满足要求。水泵的扬程 $H=(P_3+P_4)/2$，此时水泵的工况应在水泵曲线的高效率范围内。

3. 气压罐安装

气压给水系统依据气压水罐在系统所处的位置分为高位增压及低位增压两种系统。气压罐给水系统有条件的话宜采用高位增压的方式，如采用低位增压应考虑气压罐增压泵工作在最高压力状态时是否造成管网超压，为了防止超压，可以通过升高工作压力比值来实现，但这样会大大加大气压罐的容积。

在多泵组气压给水系统中，一是增加了电机设备费用；二是增大了泵房面积，增加了基建投资。究竟选用多少台小泵并联运行为宜，应通过技术经济条件比较进行选用。为了提高水泵的工作效率和减少气压罐容积，在较大的工程中，可选用几台流量较小的水泵并联工作（2 ~ 4 台），使其中一部分水泵能够连续运行，只有一台水泵经常启闭，这样可以减少气压罐的调节水容积，水泵工作效率也可以提高。例如，在有两台水泵并联供水时，气压罐的调节容积只是一台水泵时的一半，总容积也相应减少一半。当消防用水量更大时还可以选用了 3 ~ 4 台小泵并联运行，这时气压罐的总体积比一台大泵运行时减少 2/3 ~ 3/4，因多台水泵并联与气压罐联合运行的给水系统中，罐体的容积只要满足其中流量最大的一台小泵就行。

10. 1. 4. 3　地漏

地漏是排水管道系统中的一个重要附件，功能就是排除地面的积水，在住宅建筑中，地漏主要设在卫生间，厨房可不设置。这是由于在厨房中，地面不可能形成积水，只有少量的溅水，用抹布即可保持地面的干净。若将洗衣机设于厨房时，洗衣机的排水可采用在其旁边的排水管道上设一管径为*DN*32带存水弯的排水接口，采用上排水洗衣机。《水规》第3.2.8A规定地漏的水封深度不得小于50m，这是依据排水管道系统内压力的波动值和水封蒸发等因素确定的。水封的深度越高，越有利于防止因管道内压力的波动对其的破坏。

10.1.4.4 报警阀

自动喷水灭火系统的类型较多，我国的规范选用以下五种系统：湿式喷水灭火系统、干式喷水灭火系统、预作用喷水灭火系统、雨淋灭火系统和水幕系统，其中湿式系统是自动喷水灭火系统的基本类型和典型代表。

当水源从阀体底部进入，通过阀体内自重关闭止回的阀瓣后，形成一个带有水压的伺候状态系统。高位压力表指示系统内压力，低位压力表指示系统外（供水）压力。当被保护区域发生火灾，高温令喷头的感温元件炸开，喷头喷水灭火，系统内压力下降，阀瓣打开，水源不断进入系统内，流向开启的喷头，持续喷水灭火。同时，少量水源由阀座内孔进入报警管道，经过滤器，延迟器，然后推动水力警铃报警。另外，压力开关被启动后，发出电信号及启动补给水。这就是湿式喷水灭火系统的工作过程。

1. 水力报警阀

水力报警阀是自动喷水灭火系统中的重要组成部分，它又分为湿式报警阀、干式报警阀、预作用阀、雨淋阀和控制阀，分别作用于上述五种系统中。

水力报警阀设置分两种方式：

（1）集中设置

在一般的设计中，报警阀往往集中设置在水泵房内，报警阀的集中设置有管理方便、易于操作等优点，但也存在水平管及立管的数目多，从而占用较多层高空间及需较大管井，占用面积增加造价的缺点。

（2）分散设置

报警阀的分散设置是将报警阀分别移至楼层上或同一层楼面的不同位置，这样可以减少过路的水平管和立管的数量，只要有一根输水管，就可并联至各分区。当然，各区的报警阀仍应注意设在明显而易于操作的地点，且地面应设排水设施。分散设置的方法特别适用于超高层、每层建筑面积大的高层及建筑体量庞大的单、多层建筑物，其优点明显多于集中设置的方式。

在超高层建筑中，设计人员往往要求提高报警阀的工作压力。造成这种原因是报警阀集中设在楼层的底部，引起压力的增大。若采用报警阀分散设置送至合适的楼层，就可解决这种问题。国内生产的报警阀工作压力最大为1.6MPa，国外最大仅生产1.2MPa。也有人提出开发生产2.5MPa或更大工作压力的产品，其实完全没有必要。在美国、日本等国家均采用报警阀分散设置的方式。

2. 报警阀组

报警阀组的主要作用一是自动控制水流。在管网平时不充水的系统（如干式系统、预作用系统、雨淋系统等），报警阀组自动控制使水平时不进入管网，只有在消防灭火时水才进入管网。在湿式系统中，报警阀组控制管网中的水不倒流。二是自动报警及启动水泵。一旦有喷头动作（雨淋系统为开式喷头，除外）水力警铃发出声响报警，压力开关自动启动消防水泵。

报警阀组最基本最主要的设计原则是其控制的喷头数量及供水的高程差。

（1）喷头数量

《自动喷水灭火系统设计规范》（以下简称《自喷规范》）第 6. 2. 3 条规定一个报警阀组控制的喷头数湿式系统、预作用系统不宜超过 800 只；干式系统不宜超过 500 只。当配水支管同时安装保护吊顶下方和上方空间的喷头时，应只将数量较多一侧的喷头计入报警阀组控制的喷头总数。

此条主要是考虑系统检修、维修等情况下需要关闭控制阀时，停水的范围不至于过大，提高系统的可靠性而提出的规定。在一般的工程中不存在问题，也能较好的执行。但对于单层面积很大的建筑，特别是最近几年来大型商场的出现，如完全按照该规定执行则出现设置报警阀组个数太多的问题。

[例如] 郑州银基商贸城总建筑面积约 32 万 m^2，地下 3 层，地上 7 层，局部 8 层，平均每层建筑面积 3 万多平方米，其中自动喷水灭火系统共设置的喷头数量为 38231 个，按照一个湿式报警阀控制的喷头数量 800 个计算，总共应设置近 50 个湿式报警阀，设置数量如此多的报警阀组，不但投资大，也造成维护管理的困难。

[解决方案] 该建筑平均每层设置 3 个报警阀组，整个建筑共设置 24 个左右报警阀组比较合适。不论从投入或是维护管理都是比较合理的。对于此类型场所，建议按照主要使用功能设计，湿式报警阀控制的喷头数量可适当放宽，这样可以大量减少设置报警阀组的数量，又可以大量减少管道的设置，而管道占自动喷水灭火系统总投资的 60% ~ 70%左右，降低自动喷水灭火系统投资的关键因素是减少管道的投资和施工费用，从而大幅度减少消防工程总投资。目前国外（如美国）也主要通过降低管道的造价来降低整个系统的造价。

（2）供水的高程差

《自喷规范》第 6.2.4 条规定每个报警阀组供水的最高与最低位置喷头，其高程差不宜大于 50m。第 6.2.6 条规定报警阀组宜设在安全及易于操作的地点，报警阀距地面的高度宜为 1.2m。安装报警阀的部位应设有排水设施。《自喷规范》第 6.2.7 条规定连接报警阀进出口的控制阀，宜采用信号阀。当不采用信号阀时，控制阀应设锁定阀位的锁具。《自喷规范》第 6.2.4 条对高程差进行规定是限制喷头之间的工作压力差值不能太大，否则造成喷头之间流量的过于不均匀。此条文实际上也与报警阀组设置个数相关，如单层面积不大，但楼层高的建筑，整个建筑用喷头数不多，如按照第 6.2.3 条规定设置的个数不多，但按照 6.2.4 条，则可能多设置报警阀组，但设置的数量总体上不会太多，对系统的造价影响不大。

10.2　设计中缺少设备与材料

10.2.1　卫生器具

10.2.1.1　卫生间的布置

卫生间是一功能空间，所以要有适当的面积，满足各种设备设施的功能和使用要求。而如何确定其适当的面积使之即能满足人们日常生活的舒适度要求而又不至于浪费建筑面积，这就要根据人体工程学的要求来分别确定各种设备设施的合理舒适使用尺度、面积，通过对设备管线的综合考虑，从而确定合理的卫生间使用空间。现就常用各种家用卫生洁具分别简述如下：

1. 卫生间的组成

《住宅设计规范》GB 50096—2003 中规定：设便器、洗浴器（浴缸或喷淋）、洗面器三件卫生器具的面积为 $3m^2$。卫生器具的设置应根据建筑标准而定，其功能分区主要分为厕所、浴室、洗面化妆、洗涤空间等，最好是分别设置，互不干扰。住宅的卫生间内除设有大便器外还应设有沐浴设备或预留沐浴设备，对标准较高的住宅还应考虑设置洗脸盆和预留安装洗衣机的位置；普通旅馆卫生间内一般设有坐便器、浴盆和洗脸盆三大件卫生器具；高级宾馆也设有三大件，只是所选器具的质量、外形、色彩和防噪有较高的要求；高级宾馆的部分高级客房的卫生间还应设置妇女卫生盆。

2. 卫生器具的空间组合布置

卫生间内各功能空间即紧密相连又相互独立。三种卫生器具的使用频率从多到少依次为：洗面器—便器—洗浴器，所以应该把使用最频繁的器具尽量布置在靠近公共活动空间或交通空间的部位，把使用最不频繁的器具布置在离公共活动空间或交通空间最远的位置，这样同样形成了洗面器设置在卫生间前室而洗浴器设置在卫生间尽端或尽端角部的格局。

目前中国大部分住宅的卫生间中便器和淋浴器共处一室，造成淋浴后便器及地面全被打湿，带来很多不便。而随着住区集中管道供热水及热水器的普及，每天洗澡已经成为大多数人的习惯，使这一问题更具有普遍性。最容易产生溅水的器具为洗浴器，最不易产生溅水的器具为便器，所以考虑到使用上的方便也应在洗浴器和便器及洗面器和便器之间设置轻质隔墙使之分隔。因此，卫生间宜采用干湿分离设置方法。入口处设置前室使洗面器置于其内（此处也是进入卫生间的缓冲和过渡空间），洗浴器和便器设置在卫生间内，且洗浴器易和便器做适当分隔（常用整体浴室来分隔）。

卫生间的面积较小，一般附设在房间周围，最好与厨房邻近，以便于管线集中。

若是采用燃气热水器供应淋浴器热水，更应使卫生间与厨房紧靠。对于大套型住宅，在有条件的情况下可考虑布置双卫，使主卧室拥有相对独立的卫生间。这样卫生间既能满足人口复杂家庭的使用方便或来客与家人分用，又避免了早上洗漱用厕高峰时的矛盾。多层住宅中，卫生间宜重叠设置，以减少管线长度。不得将卫生间直接布置在下层住户的卧室、起居室、厨房的上层，这是因为卫生间漏水现象时有发生，同时会出现管道噪声、水管冷凝水下滴等问题，影响居住质量。跃层住宅中允许将卫生间布置在本套内的卧室、起居室、厨房上层，但应采取可靠的防水、隔声和便于检修的措施。

3. 卫生器具布置间距

（1）普通住宅卫生间内卫生器具布置的最小间距要求：

1）座便器到对墙面最小应有 460mm 的净距。

2）便器与洗脸盆并列，从便器的中心线到洗脸盆的边缘至少应相距 350mm，便器中心线离边墙至少为 380mm。

3）洗脸盆放在浴盆或大便器对面，两者净距至少 760mm。

4）洗脸盆边缘对墙最少应有 460mm，对身体魁梧者可采用 560mm。

5）脸盆上部与镜子的底部间距为 200mm。

（2）公共建筑、宾馆、旅馆卫生间内卫生器具布置的最小间距要求：

卫生间一般需做装修，应将装修层厚度预留出来。

1）大便器小间的隔墙中心距为 1000 ~ 1100mm，小间隔墙厚度一般为：钢架挂大理石（120 ~ 150mm）；木间隔（50mm 左右）；立砖墙贴面砖（100 ~ 120mm）。

2）小便器：中心距侧墙终饰面（≥ 500mm）；成组小便器中心距（750 ~ 800mm）。

3）台式洗脸盆：台板深度（600 ~ 650mm）；台盆间距（700 ~ 800mm）。台盆中心距侧墙终饰面（≥ 500mm）。

4）浴盆：一般带裙边浴盆，常用的浴盆长度为：住宅（1200 ~ 1500mm）；宾馆（1500 ~ 1700mm）；浴盆裙边与座便器中心距（≥ 450mm）。

4. 卫生间的管线布置

卫生间的设施配备有便器、洗浴器、洗面器等卫生器具，考虑到家庭洗涤、储物的需要，设计时应注意安排洗衣机位置和适当的储物空间，因此卫生间实际是一组空间，这组空间围绕着浴、便、洗面化妆、洗涤四项基本卫生活动，分别组成了不同功能的活动空间。卫生间的管线比较多，平面组合要兼顾管线组合，用水设备应尽可能靠近，以便于几个卫生器具共用上下水立管。为提高经济性，在满足功能使用的前提下，应尽量减少各种管线的长度，把用水器具布置在同一侧。卫生间管线布置要点：

（1）粪便污水立管应靠近大便器，使粪便污水以最短的距离进入立管。

（2）在污废水分流时，废水立管应靠近浴盆。

（3）在卫生间设有吊顶时，给水排水支管一般都布置在吊顶内，吊顶上必须设检查口。

（4）要布置地漏。

（5）从冷、热水立管接出的支管，均应设检修阀门，热水支管应有弯头等配件。

（6）在有管道井时，管道井的尺寸应根据管道数量、管径大小、卫生洁具排水方式及维护检修等条件确定，并应符合下列要求：

1）每层设检修们，检修门宜开向走廊。

2）需进入管道井检修时，管道之间要留有不宜小于 0.5m 的通道。

3）不超过 100m 的高层建筑，管道井内每两层应设有横向隔断；建筑物高度超过 100m 时，每层应设隔断。隔断的耐火等级与结构楼板相同。

5. 地漏的设置

以前老式住宅里卫生间通常只设置一个地漏，洗浴水、洗衣水、地面水等等都通过这一个地漏来排放，使之极易老化、损坏和翻气，给人们的生活带来了极大的不便。考虑到人民生活水平的提高，卫生间易设置洗浴专用地漏、洗衣机专用地漏和地面排水地漏。洗面器用水量较少且位于前室所以只设上下水而不设地漏。

10. 2. 1. 2　卫生器具的安装高度

确定卫生器具的安装高度，详见表 10-3。

10. 2. 1. 3　缺少存水弯

根据《水规》第 4.2.6 条要求，当构造内无存水弯的卫生器具与生活污水管道或者其他可能产生有害气体的排水管道连接时，必须在排水口下设存水弯，存水弯的水封深度不得小于 50mm。在进行住宅给水排水设计时，应选用高水封或防返溢性地漏或者建议地漏下设存水弯，防止串味现象，以有效解决该问题。

除大便器外，每一卫生器具均应在排水口处设置十字栏栅，以防粗大污物进入排水管道，引起管道阻塞。一切卫生器具下面必须设置存水弯，以防排水系统中的有害气体窜入室内。

10. 2. 2　阀门与仪表

10. 2. 2. 1　卫生器具阀门选型

常见卫生器具阀门配件选用可以按如下表 10-4 选型。

10. 2. 2. 2　安全阀、减压阀、节流阀及自动排气阀

1. 安全阀

下列情况之一的承压设备、容器和管道，必须设置安全阀：

（1）盛装和输送液化气体时。

（2）压力来源处无安全阀时。

（3）其最高工作压力低于压力来源处时。

卫生器具及其给水配件安装高度　　**表 10-3**

序号	功能分类	卫生器具名称	给水配件距地（楼）面高度（mm）	卫生器具边缘离地面高度（mm）	
				居住和公共建筑	幼儿园
1	座便器	挂箱冲落式	250	至低水箱底510；至上边缘400	—
		挂箱虹吸式	250	至低水箱底470；至上边缘360	至低水箱底370
		坐箱式（或背包式）	200	—	—
		延时自阀式冲洗阀	792（穿越冲洗阀上方支管1000）	—	—
		高水箱	2040（穿越冲洗阀上方支管230）	1800	1800
		连体旋涡虹吸式	100	250	—
2	蹲便器	高水箱	2150（穿越水箱上方支管1000）	台阶面至水箱底900至上边缘（2踏步320、1踏步200～270）	—
		自闭式冲洗阀	明、暗装：台阶面至阀900穿越冲洗阀：上方支管至台阶面1900		
		高水箱平蹲式	2040（穿越水箱上方支管2140）		
		低水箱	800		
3	小便器	立式自闭冲洗阀	1115	100	—
		立式自闭冲水箱	2400（穿越水箱上方支管2600）		
		挂式自动冲洗水箱	2300（穿越水箱上方支管2500）	600	450
		挂式手动冲洗水箱	1050（穿越水箱上方支管1200）		
		半挂式自闭冲洗阀	1200		
		半挂式光电控制冲洗阀	1300（穿越支管加150）		
4	小便槽	冲洗水箱进水阀	2350	200	150
		手动冲洗阀	1300		
5	大便槽	自动冲洗阀	2804	不低于2000	
6	淋浴器	单管淋浴调节阀	1150给水支管1000	1150	—
		冷热水调节阀	1150冷水支管900 热水支管1000		
		升降式调节阀	1150冷水支管1075 热水支管1225		
		电热水器调节阀	1150冷水支管1150		
7	浴盆	浴盆冷热水混合水龙头	距浴盆上边缘150	100	—
8	洗脸盆	普通洗脸盆单管供水龙头	1000	800	500
		普通洗脸盆冷热水角阀	450冷水支管350 热水支管525		
		台式洗脸盆冷热水角阀	450冷水支管350 热水支管525		
		立式洗脸盆冷热水角阀	550冷水支管450 热水支管625		
		延时自比式水龙头角阀	450 冷水支管350		
		光电控制洗手盆	冷水支管450		
9	净身器	双孔，冷热水混合水龙头	角阀150 热水支管225 冷水支管75	360	—
		单孔，单把温水龙头	角阀150 热水支管225 冷水支管75		

续表

序号	功能分类	卫生器具名称	给水配件距地（楼）面高度（mm）	卫生器具边缘离地面高度（mm）	
				居住和公共建筑	幼儿园
10	洗涤盆	单管	1000	800	800
		冷热水（明设）管	冷水支管 1000 热水支管 1100		
		双把肘式管（支管暗设）	1000 冷水至过关 925 热水支管 1025		
		双联、三联化验龙头	1000 给水支管 850		
		脚踏开关	距墙 300，盆中心偏右 150		
11	化验盆	双联、三联化验龙头	960	800	—
12	洗涤池	架空式水龙头	1000	800	800
		落地式水龙头	800	500	500
13	盥洗盆	单管供水水龙头	1000	800	500
		冷热水供水混合水龙头	1000 冷水支管 1000，热水支管 11000		
14	污水盆	架空式	1000	800	800
		落地式		500	500
15	饮水器	喷嘴	1000	1000	—
	洒水栓		1000	—	—
16	家用洗衣机	给水龙头	1000	—	—

卫生器具的阀门配件表 **表 10-4**

序号	功能分类	型号及名称	*DN*（mm）	公称压力（MPa）	说明
1	大便器冲洗阀	DP4 塑料自闭冲洗阀	20	0.15	适用于蹲便器，耐腐蚀，价廉，安装便捷，改性聚丙烯材料
		W4 型 DC-25 型冲洗阀	25	0.098 ~ 0.59	适用于蹲式及坐式大便器，出水口 ϕ32mm
		C723W-47 型延时自闭冲洗阀	20/25	0.049 ~ 0.39	适用于蹲式及坐式大便器，铜制，有抛光及镀铬两种，出水口 ϕ32mm
		C21W-4T 型自流自闭式冲洗阀	20/25	0.049 ~ 0.39	
		YZF 型延时自闭式冲洗阀	20/25	0.05 ~ 0.39	适用于蹲式及坐式大便器，有手压式、脚踏式两种形式
2	小便器	0201-32 自动冲洗器	32/50	0.59	与进水控制阀、高位水箱配套，当水箱内水位达到一定高度时，以虹吸造成压差使阀门开启，将箱内存水迅速排出进行冲洗；铜质、镀镍、铬
		LG2P1 立便器配件	15	0.59	给水阀为手动式，排水口 *DN*50mm；铜质，镀铬

续表

序号	功能分类	型号及名称	DN（mm）	公称压力（MPa）	说　明
2	小便器	LG3P1 立便器Ⅱ型配件	15	0.59	给水自闭，操作方便，节水，水量大小可调；铜质，镀镍、铬
		GG2P5F，6610 挂便器配件	15	0.59	与 610 挂便器配套使用，主要由 GG2 给水阀、GP5 排水口及 GP5 固定螺栓组成；手动操作；铜质，镀镍、铬
		GG2P5F，6610 挂便器Ⅱ型	15	0.59	性能和材质同上，冲洗水量可调，节水
		C728-W-3T 型延时自闭小便器冲洗阀	20/25	0.05 ~ 0.4	适用于立式及挂式小便器，铜质，镀铬
3	洗面器	MJ1 进水阀	30	0.59	维修给水阀时，用于关闭水源；铜质，镀镍、铬
		MJ2 进水阀	30	0.59	
		MJ3 进水阀	30	0.59	
		MP1，7301 面器排水阀	30	—	铜质，镀镍、铬
		MP2，6202 面器排水阀	30	—	
		MP5，面器 S 形排水阀	30	—	铜质，镀镍、铬
		MP6，面器 P 形排水阀	30	—	
		MP7，4 英寸面器排水阀	30	—	
		MP8，面器塑料 S 形排水阀	30.5	—	工程塑料
		MP9，面器塑料 P 形排水阀	30.5	—	
		MP10，面器单把水嘴 S 形排水阀	30	—	铜质，镀镍、铬
		MP11，面器单把水嘴 P 形排水阀	30	—	
4	洗涤盆	YG1 浴盆抛光扁嘴给水阀	20	0.59	铜质
		YG2 浴盆镀铬扁嘴给水阀	20	0.59	铜质，镀镍、铬
		YG3 浴盆混合给水阀	20	0.59	通过调节冷、热水调节阀，可以达到所需水温和流量，中间的手把控制分路阀
		YG4 浴盆抛光葫芦给水阀	20	0.59	铜质
		YG5 浴盆镀铬葫芦给水阀	20	0.59	铜质，镀镍、铬
		YG6 浴盆单把安装给水阀	20	0.59	采用陶瓷作为密封件，阀体安装墙内，喷头为固定式，其角度可调节 ±20°，单手柄开启、关闭、调节水量和水温。维修实验方便

续表

序号	功能分类	型号及名称	DN（mm）	公称压力（MPa）	说 明
4	洗涤盆	YG7 浴盆Ⅱ型混合给水阀	15/20	0.59	转动两手轮，可开启或关闭和调节流量及水温，拨动中间分水阀手把，可接通喷头或水嘴，喷头为活动式，使用灵活，维修方便，铜质
		YG8 浴盆单把明装给水阀	20	0.59	结构性能同 YG6，喷头为活动式，可采用固定式排架，也可采用升降式挂架，单手柄
		YP2 浴盆塑料排水阀	35	—	工程塑料，溢水孔径 ϕ40mm
		YP3 浴盆搬把排水阀	38	—	铜质，镀镍、铬；上下搬动手把，便可以起到开启或关闭排水口的作用，溢水口孔径 ϕ65mm
		YP4 浴盆Ⅱ型排水阀	34	—	普通浴盆排水阀，铜质，镀镍、铬；溢水孔径 ϕ46mm
5	淋浴器	0109-15 单把淋浴器	15	0.59	铜质，镀镍、铬；采用陶瓷作密封件，密封性能好，单手柄开启、关闭、调节水量及水温
		0102-15 双门淋浴器	15	0.59	铜质，镀镍、铬；有冷、热水调节阀调节所需水量及水温
		0108-15 升降淋浴器	15	0.59	铜质，镀镍、铬；喷头可沿架上下移动，供不同身高者自行调节使用
6	净身器	FG4 型给水阀	15	0.59	Ⅱ型单把妇洗器给水阀，铜质，镀镍、铬，陶瓷密封件
		FJ5 型进水阀	15	0.59	铜质，镀镍、铬
		FP1 型排水阀	30	—	铜质，镀镍、铬
		FF1 型安装固定螺栓	—	—	采用上给水，避免交叉感染
7	妇洗器	FG1 型给水阀	15	0.59	由混合分路阀支配，通过冷热水手轮调节，使所需温度的水注入盆内或喷头部件；调节排水流量，控制盆内水位，使喷头出水水位高度适当
		FJ3 型进水阀	15	0.59	
		FP1 型排水阀	30	—	
		FF1 型安装固定螺栓	—	—	

（4）在生产、贮存和输送过程中，有可能因加（受）热、受压、化学反应、仪表失灵和误操作等原因，使内压增加而造成破坏时。

安全阀的选型，包括类型、数量的选择和阀孔面积的计算，设计时应综合考虑下列规定：

（1）安全阀的类型，应根据介质压力、工作温度、工作压力和承压设备、容器的特征，及各类安全阀的特点选定。一般在室内热水供应系统中，宜采用微启式弹簧安全阀，工作压力小于 0.1MPa 的锅炉和密闭式水加热器，宜采用安全水封和静重式安全阀。

（2）蒸发量大于 500kg/h 的锅炉，至少设置两个安全阀，其中一个是控制安全阀；蒸发量小于 500kg/h 的锅炉，至少设置一个安全阀。

（3）安全阀总排气能力必须大于锅炉的最大连续蒸发量。并保证在锅筒和加热器上所有的安全阀开启后，锅炉内的蒸气压力上升幅度不超过工作安全阀的开启压力的 3%。

（4）锅炉工作压力小于 1.3MPa 时，控制安全阀的开启压力为工作压力加 0.02MPa，工作安全阀的开启压力为工作压力加 0.05MPa。

（5）安全阀的阀孔面积的计算分为热媒为饱和蒸汽时和为水时两种情况进行计算，计算公式可参考《给水排水设计手册》（第二版）第二册《建筑给水排水》中的公式（13-9）公式（13-14）。

（6）工作压力不大于 3.9 MPa 的锅炉和密闭式水加热器，安全阀座内径应为不小于 25mm。

2. 减压阀

减压阀按其结构形式可分为薄膜式、活塞式和波纹管式三类。常用的减压阀可以按如下表 10-5 选型。

（1）减压阀选用的常见错误

1）减压阀前无过滤器。

2）减压阀前后无压力表、阀门。

（2）危害及原因分析

1）减压阀前无过滤器容易被杂质堵塞，达不到减压效果。

2）减压阀前后无压力表则无法知道减压阀的运行状态及前后的压力值。

3）减压阀前后无阀门，检修时无法断开水源。

（3）标准要求及防治措施

《水规》第 3.4.10 条：减压阀的设置应符合下列要求：

1）减压阀前应设阀门和过滤器；需拆卸阀体才能检修的减压阀后，应设管道伸缩器；检修时阀后水会倒流时，阀后应设阀门。

2）减压阀节点处的前后应装设压力表。

防治措施：

1）减压阀的公称直径应与管道管径一致；设置减压阀的部位，应便于管道过滤器的排污和减压阀的检修，地面宜有排水设施。

2）安装时，比例式减压阀宜垂直安装，可调试减压阀宜水平安装。

3）减压阀处不得设置旁通管。若减压阀设旁通管，因旁通管上的阀门渗漏会导致减压阀减压作用失效。

10.2.2.3　仪表

1. 现象

（1）水表安装于潮湿阴暗处，阀门配件生锈，不便于维修和抄表。

（2）水表外壳距墙内表面过近或过远。

（3）水表与表前阀门的直线距离不符合规范要求。

(4) 水表组接口处有渗漏。

(5) 水表组安装水平度不符合要求。

2. 危害及原因分析

(1) 危害

水表是计量水量的仪表，如安装不符合要求，将导致计量不准确，维修、抄表困难等危害。

(2) 原因分析

1) 缺乏水表安装经验，安装水表时未考虑外壳尺寸和使用维修的方便性。

2) 给水立管距墙过近或过远，支管上安装水表时未用乙字弯调整。

3) 水表接口不平直，踩踏或碰撞后，接口松动。

3. 标准要求及防治措施。

(1) 标准要求

1)《水规》GB 50015—2003 第 3.4.19 条："水表应装设在观察方便、不冻结、不被任何液体及杂志所淹没和不易受损坏的地方"。

2)《建筑给水排水及采暖工程施工质量验收规范》GB 50242—2002 第 4.2.10 条："水表应安装在便于检修、不受曝晒、污染和冻结的地方。安装旋翼式水表，表前与阀门应有不小于 8 倍水表接口直径的直线段、表外壳距离表面净距为 10 ~ 30mm；水表进水口中心标高按设计要求，允许偏差为正负 10mm。"

(2) 防治措施

1) 按设计和规范要求，选择适应安装水表的部位设置水表。当给水立管距离过近或过远，支管上安装水表时应采用乙字弯调整，调整后的位置应符合规范要求。

2) 对管路安装不符合要求时，应留有水表安装前对管路进行调整，标高控制应以实际地面标高为准。

3) 螺纹连接时的螺纹根部，应留有外露螺纹并进行防腐处理；安装后的水表，应将多余油麻等填料及时清理干净。

4) 水表接口不平直、有松动，应拆除重装，使水表接口平直，垫好橡胶圈，用锁紧螺母锁紧接口，表盖清理干净；严禁踩踏和碰撞。

10.2.2.4 压力表和真空表

常见压力表、真空表的类型、特点和适用场所如下表 10-5。

10.2.3 水泵

10.2.3.1 水泵的设置

1. 消防水泵的设置

(1) 当消防、生活合用水池、水箱时，有无保证消防水量不被动用的措施。

压力表、真空表选型与特点 **表 10-5**

名称	作用原理	特 点	测量范围	精度	适用场所
普通压力表、真空表	待测压力作用于表	结构简单，成本低廉，使用维护方便，产品品种多	−0.1 ~ 1000MPa	1.0；1.5；2.5	测量非腐蚀性及无爆炸危险的非结晶气体、液体的压力及负压。防爆车间电接点压力表应选用防爆型
电接点压力表、真空表	内弹性元件，使弹性元件产生与压力大小成正比的机械位移		−0.1 ~ 160MPa	1.5；2.5	
膜片式压力表、真空表		带点接点装置中的耐腐蚀材料 1Cr18NiTi 及 Ni35CrAl 含钼不锈钢，不耐腐蚀的材料为钢保护层。带电点装置不防爆	2.5MPa −0.1MPa	2.5	适用于测量腐蚀性及非腐蚀性，不结晶和不凝固的黏性较大的介质压力和负压
标准压力表		结构严密精密压力表弹簧管材质 Ni42Cr6Ti 不锈钢	−0.1 ~ 250MPa	0.2；0.25	用于精确测定非腐蚀性介质的压力和负压，亦可检验普通压力表
弹簧管式压力表、真空表		结构较复杂，但具有指示、记录、远传、报警等多种功能	0.6 ~ 16.0MPa	1.0；1.5	适用于测量非腐蚀性介质压力和负压。既能远传，也能就地指示、记录和调节。适用于科学研究积累数据等

（2）消防系统是否满足规范要求，是否有减压、泄压等安全使用和保证灭火效果的措施，有无消防水泵的自检措施。

（3）消防水泵及增压设备是否满足规范要求。

（4）消防水泵接合器的设置是否符合规范要求。

2. 给水排水泵的设置

（1）地下污水泵井是否设置密封井盖和通气管。

（2）选用的水加热设备及其布置、敷设是否考虑了检修要求。

（3）生活给水泵房的位置是否避开了有防振或有安静要求的房间。水泵机组，吸、压水管支架及机房墙体顶板是否采取了隔振或消声措施。主要设备、材料表中的水泵、水处理设备、水加热设备、冷却塔、消防设施、卫生器具等的造型是否安全合理。

（4）管道、设备的防隔振、消声、防水锤、防膨胀、防伸缩沉降、防污染、防露、防冻、放气泄水、固定、保温、检查、维护等是否采取有效合理的措施。

10.2.3.2 水泵软接头安装后产生静态变性

1. 现象

（1）软接头的两法兰盘不平行成喇叭状或不同心。

（2）软接头处于静态被拉、压状态。

2. 危害及原因分析

（1）软接头静态变性不能起到正常的伸缩作用，使得水泵振动较大。

（2）软接头两法兰不平行成喇叭状或不同心，将造成软接头受力不均；水压大时，单边受力，软接头甚至会爆裂，造成水淹事故。

3. 标准要求及防治措施

（1）标准要求

《建筑给水排水设计规范》GB 50015—2009 第 3.8.12 条第 2 款："吸水管和出水管上应设置减振装置"。

（2）防治措施

1）装软接头时应先将软接头两法兰盘按自然状态固定好，使之成为一个刚性的整体。

2）沿水流方向当软接头与水泵其他管件连接固定好后再将固定措施拆除。

10.2.3.3 水泵吸水管上异径管安装错误

1. 现象

（1）水泵吸水管上未安装偏心异径管。

（2）偏心异径管安装时斜边不是朝下。

2. 危害及原因分析

（1）危害

1）水泵吸水管上积气将使水泵叶轮产生气蚀，水泵的寿命将大大缩短。

2）水泵内存有积气，导致水泵不能在高效区运转。

（2）原因分析

由于未使用偏心异径管，吸水管顶部将形成气泡。气泡随水流带入叶轮中压力升高的区域时，气泡突然被四周水压压破，水流因惯性以高速冲向气泡中心，在气泡闭合区内产生强烈的局部水锤现象。水泵金属叶轮表面承受着局部水锤作用，金属叶轮就产生疲劳，其表面开始呈蜂窝状，继而叶片出现裂缝和剥落。

3. 标准要求及防治措施

（1）标准要求

《自动喷水灭火系统施工及验收规范》GB 50261—2003 第 4.2.4.3 条："吸水管水平管段上不应有气囊和漏气现象。变径时应用偏心异径管件，连接时应保持其管顶平直"。

（2）防治措施

在吸水管上安装偏心异径管或在吸水管上安装放气阀（吸水管坡向水池方向），以保证管路无气囊和漏气现象。

10.2.4 其他材料与设备

10.2.4.1 给水管道倒流防止器未设计

1. 现象

（1）生活给水管道在消防灭火时压力突然升高。

（2）生活给水用水点出现浑浊等污染现象。

（3）接锅炉、热水机组、热交换器等设备的生活给水管出现管壁升温现象。

2. 危害及原因分析

（1）危害

生活给水管道中的水只允许向一个方向流动，一旦因某种原因倒流时，不论其水质是否宜被污染，都称为“倒流污染”；倒流可分为压力倒流和虹吸倒流两种情况，无论哪种倒流都会对生活饮用水水质造成严重污染。

（2）原因分析

1）在必要的生活给水管道上未设计倒流防止器。

2）倒流防止器安装方向错误。

3. 标准要求

《建筑给水排水设计规范》GB 50015—2003 第 3.2.5 条：“从给水管道上直接接出下列用水管道时，应设置管道倒流防止器或防止其他有效地防止倒流污染的装置”。

（1）单独接出消防用水管道时，在消防用水管道的起端。

（2）从城市给水管道上直接吸水的水泵，其吸入管起端。

（3）当游泳池、水上游乐池、按摩池、水景观赏池、循环冷却水集水池等的充水或补水管道出口与溢流水位之间的空气间隙小于出口管径 2.5 倍时，在充（补）水管上。

（4）由城市管道直接向锅炉、热水机组、水加热器、气压水罐等存压容器或密闭容器内注水的注水管上。

（5）垃圾处理站、动物养殖场（含动物园的饲养展览区）的冲洗管道及动物引水管道的起端。

（6）绿地等自动喷灌系统，当喷头为地下式或自动外降式时，其管道起端。

（7）从城市给水环网的不同管段接出引入管向居住小区供水，且小区供水管与城市给水管网形成环状管网时，其引入管上（一般在总水表后）。

10. 2. 4. 2　消火栓设备的选用

消火栓设备由水枪、水带、消火栓组成。主要分为：室内消火栓、室外消火栓、旋转消火栓、地下消火栓、地上消火栓、双阀双出口消火栓。消火栓设备选用常见的错误是选用了错误的规格和型号。

第11章 工程量计算、计价及预算审查与常见错误分析

建筑给水排水工程设计预算是建筑工程设计预算的重要组成部分，同时，建筑给水排水工程设计预算文件也是建筑给水排水施工图设计的重要环节。施工图预算文件也是进行建筑给水排水工程招标投标的重要依据。按习惯叫法，一般将施工图设计阶段的工程量计算及计价文件称为预算文件，而将初步设计阶段的工程量计算及计价文件称为概算文件。本书不严格区分概算和预算，而是与大多数参考文献一样，统称为预算或概预算。本章主要论述内容为建筑给水排水工程预算的深度、编制内容、预算书审查内容、常见错误等。

11.1 建筑工程预算的深度要求

11.1.1 建筑工程预算书的内容

按《建筑工程设计文件编制深度规定》(2008版）的规定，建筑工程施工图预算文件包括封面、签署页（扉页)、目录、编制说明、建设项目总预算表、单项工程综合预算表、单位工程预算书。建筑给水排水工程设计工程预算文件作为建筑工程预算文件的一种，也遵守同样的规定。

建筑工程预算编制说明包括如下：

(1) 工程概括 应简述建设项目的建设地点、设计规模、建设性质（新建、扩建或改建）和项目主要特征等。

(2) 编制依据如：

1) 设计图纸；

2) 国家和地方政府有关建设和造价管理的法律、法规和规程；

3) 当地和主管部门现行的预算定额（或综合预算定额)、单位估价表、材料及构配件预算价格和有关费用规定的文件等；

4) 人工、设备及材料、机械台班价格依据；

5) 建设单位提供的有关预算的其他资料；

6) 相关文件、合同、协议等；

7) 建设场地的自然条件和施工条件。

(3) 建筑工程预算编制范围 包括以下内容：

1）建设项目总预算表 由各单项工程综合预算表组成。

2）单项工程综合预算表 由各单位工程预算书汇总组成。

3）单位工程预算书 其内容及编制要求与初步设计阶段（概算）的要求一样。建筑工程预算书建筑（土建）工程、装饰工程、机电设备及安装工程、室外工程等专业的工程预算书由组成。其中，机电设备及安装工程由建筑电气、给水排水、采暖通风与空气调节、热能动力等专业组成。建筑给水排水工程专业预算书根据上述的编制依据进行编制，并按规定计价。本书中，仅论述单项工程（建筑给水排水工程）的工程费用预算。

11.1.2 建筑工程预算书的编制要求

建筑工程预算有按工程量清单计价和按定额计价两种方法。两种方法各有优缺点，不过，随着工程造价体制和管理模式的改革，工程量清单计价规范已经被推广和广泛实施。

但工程预算的依据既有国家和地方政府有关建设和造价管理的法律、法规和规程，也有当地和主管部门现行的预算定额（或综合预算定额）、单位估价表、材料及构配件预算价格和有关费用规定的文件等。因此，建筑工程概预算具有政策性、地区性和时间性强的特点，随着经济的发展、市场的变化和国家经济政策的调整，各地区常颁布实施新的取费标准、材料指导价格等经济文件。建筑给水排水工程概预算需要各种表格、计算量大，如果将内容复杂的定额项目表、工程量表、预算表、取费表、材料分析表等表格正确计算出来，需要耗费大量的精力，也需要十分小心才能避免发生错误。

11.2 建筑给水排水工程招标预算书的要求

11.2.1 建筑给水排水施工图预算书的意义

建筑给水排水工程预算书是指编制预算时所形成的一系列文件。建筑给水排水工程造价管理是建筑工程管理的重要组成部分，对合理确定和有效控制整个建筑工程造价，最大限度的提高建筑工程的投资效益具有重要的作用。建筑给水排水工程概算指标（定额）是用来在建设初期，建设项目立案时作投资估算，一般由设计单位根据初步设计和概算定额编制工程投资文件（设计概算），作为工程报请审批的重要文件。经批准的建筑给水排水工程设计概算是建筑给水排水工程建设投资、编制基建计划的依据，是控制建筑给水排水施工图预算考核工程成本的依据。因此，对招标人来说，预算书可以用来编制建筑给水排水工程标底；对投标单位来说，可用来确定报价的基础；对中标单位（施工单位）来说，可用来编制施工组织设计。无论对哪方来说，建筑给水排水工程预算书是否准确对控制其工程造价具有非常重要的意义。

根据自 2008 年 12 月 1 日起实施的《建设工程工程量清单计价规范》GB 50500—2008（以下简称《清单规范》）：全部使用国有资金投资或国有资金投资为主的建设工程应执行

《清单规范》。工程量清单招投标即由招标人按统一的工程量计算规则计算并提供工程量清单、投标人员的技术、投标单位的管理水平、劳动生产率和市场价格。推行工程量清单招标，工程量清单计价完善了建筑给水排水工程招投标制度，改变了过去建筑产品价格形成靠国家颁布的建筑工程预算定额为依据的局面。工程量清单计价对透明招投标活动、减少施工合同纠纷、推进竞争和以市场定价、控制工程造价有着非常积极的作用。在此模式下，企业根据自身的管理水平自主报价，由市场竞争决定价格，为节约社会资源，降低工程投资，提高施工企业管理水平，遏制建筑市场的无序竞争，暗箱操作及腐败行为，起到了积极的作用。

11. 2. 2 建筑给水排水施工图预算书的作用

建筑给水排水工程施工图预算书的作用是：

(1) 是修正建筑给水排水工程概算、工程设计的重要依据；

(2) 是确定建筑给水排水工程造价的具体文件；

(3) 是编制建筑给水排水招标工程的工程标书或标底的文件；

(4) 是建筑给水排水工程经济合同标价的主要内容；

(5) 是业主向银行贷款、拨付建筑给水排水工程价款的依据；

(6) 是编制建筑给水排水工程施工计划和施工组织设计，工程统计的依据；

(7) 是建筑工程施工企业进行计划管理、工程经济核算的依据；

(8) 是建筑给水排水工程竣工价款结算的依据。

由此可见，建筑给水排水施工图预算书作用重大，预算书一定要准确、科学才能满足各方的需要。

11. 2. 3 招标对预算书的要求

建筑给水排水工程定额计价模式按照建筑工程预算定额的子目划分给水排水工程项目，依据施工图纸计算该工程项目的工程数量，再按照该定额子目所规定的工料及消耗量及当地所规定的材料预算价格，计算出工程造价，由于工程消耗量和价格是规定的，使工程造价具有单一性。

采用工程量清单方式招标，工程量清单必须作为招标文件的组成部分，其准确性和完整性由招标人负责。工程量清单是工程量清单计价的基础，应作为编制招标控制价、投标报价、计算工程量、支付工程款、调整合同价款、办理竣工结算以及工程索赔等的依据之一。

建筑给水排水工程量清单计价模式是指制定全国统一的工程量计算规则，在工程招标时，招标人根据工程设计图纸计算并提供工程量清单（包括需完成的工程项目及相应的工程数量），各投标单位根据自己的实力，按照竞争策略的要求自主报价，招标人择优定标，选择合适的投标人作为中标人。若施工中出现与招标文件或合同不符的情况，或工程量发生变化，一般采取据实索赔的方法调整支付。

编制工程量清单应依据：

(1)《清单规范》；

(2) 国家或省级、行业建设主管部门颁发的计价依据和办法；

(3) 建设工程设计文件；

(4) 与建设工程项目有关的标准、规范、技术资料；

(5) 招标文件及其补充通知、答疑纪要；

(6) 施工现场情况、工程特点及常规施工方案；

(7) 其他相关资料。

因此，招标投标要注意工程量清单招标和工程量清单计价以及投标策略、投标技巧的灵活运用。包括工程量清单的招标文件的编制、如何按照招标文件的要求编制投标文件、工程量清单计价费用组成、如何依据工程量清单、消耗量定额、信息网发布市场价格及有关规定进行工程量清单计价的方法、如何根据不同的工程情况制定投标策略等。对招标人来说，是如何控制招标价格，选取合适的中标人；对投标人来说，是如何最大限度地提高中标可能性。

11.3 建筑给水排水工程量计算规则及方法

11.3.1 建筑室内给水管道工程量计算

建筑给水排水室内工程量计算的顺序是：由入（出）口起，先主干、后支干；先进入，后排出；先设备，后附件。工程量的计算要领是：以管道系统为单元计算，先小系统，后相加为全系统；以建筑平面特点划片计算；用管道平面图的建筑物轴线尺寸和设备位置尺寸为参考计算水平管长度；以管道系统图、剖面图的标高算立管长度。

1. 工程量计算规则

(1) 以室内施工图所示管道中心线长度按延长米计算，不计阀门、管件所占长度。

(2) 室内外管道界线划分原则　建筑室内入口处设阀门者以阀门为界，无阀门者以建筑物外墙面 1.5m 处为界；建筑与市政管道界线以水表为界，无水表者以与市政管道接头点为界。

实行工程量清单计价时，工程造价由分部分项工程费、措施项目费、其他项目费和规费、税金五部分组成。

2. 套定额

建筑给水排水工程预算工程量计算套定额大都采用《全国统一安装工程预算定额第八分册（给水排水、采暖、燃气工程，GYD–028–2000）》中的相应子目，但也有部分内容需参考其他分册。

(1) 可按管道材质、接口方式和接口材料以及管径大小分档次，分别选取定额，主材按定额用量计算。

(2) 按规定，管道安装定额包括以下内容：管道及接头零件安装；水压实验或灌水实验；室内 *DN*32mm 以内钢管的管卡以及托钩制作和安装均综合包含在其定额中；钢管包括变管制作与安装（伸缩器除外），无论是现场摵制或成口弯管均不得换算；穿墙以及过楼板薄钢板套管安装人工费。

按规定，管道安装定额不包括以下内容：

镀锌薄钢板套管制作按“个”计量，执行第八分册相应子目。其安装项目已包括在管道安装定额中，不再另行计算。钢管管套制作、安装工料，按市外钢管（焊接）项目计算。管道支架制作安装，室内 *DN*32mm 以下的安装工程已包括在内，不再另行计算，*DN*32mm 以上者，以“kg”为计算单位，另列项计算。室内给水管道消毒、冲洗、压力实验，均按管道长度以“m”计量，不扣除阀门、管件所占长度。室内给水钢管除锈、刷油漆，按照管道外径展开面积以“m^2”计量；工程量计算查《全国统一安装工程预算定额第十一分册》（刷油、防腐蚀、绝热工程）附录 9 表。一般管道明装通常刷底油漆 1 道，其他刷 2 道；埋地或暗敷设部分的管道则刷沥青漆 2 道。

室内给水铸铁管除锈、刷油漆，则按照管道外径展开面积乘以 1.2（承插管道承头增加面积系数），面积以“m^2”计量。刷油可按设计图或规范要求计算，通常露在空间部分刷防锈漆 1 道、调和漆 2 道；埋地部分通常刷沥青漆 2 道。

11.3.2 建筑室内排水管道工程量计算

建筑室内排水工程管道工程量计算顺序和计算原则与建筑室内给水工程一样，在此不再详述。

1. 工程量计算规则

(1) 室内排水管道工程量计算规则同室内给水管道，仍以延长米计量。

(2) 室内外管道界线划分的规定：室内外以出户第一个排水检查井或外墙皮 1.5m 处为界；室外管道与市政管道界线以室外管道与市政管道碰头井为界。

2. 套定额

(1) 可按管道材质、接口方式和接口材料以及管径大小分档次去套取相应的定额。

(2) 主材按定额用量计算，管件计算未计价价值。

(3) 管道安装定额包括的内容是：铸铁排水管、雨水管以及塑料排水管均包括管卡以及脱、吊支架，透气帽，雨水漏斗的制作和安装；管道接头零件的安装。

(4) 管道安装定额不包括内容：

承插铸铁管室内雨水管安装，选套《全国统一安装工程预算定额第八分册》的定额相应子目。室内排水管道除锈、刷油工程量，其计算方法和计算公式同室内给水铸铁管道。

按照规范的规定，裸露在空间部分排水管道刷防锈底漆 1 道，银粉漆 2 道；埋地部分通常刷沥青漆 2 道，或刷热沥青 2 道，选套《全国统一安装工程预算定额第十一分册》（刷油、防腐蚀、绝热工程）定额相应子目。室内排水管道沟土石方工程量计算与室外给水排水管道土方计算一样。

室内排水管道部件安装工程量：地漏安装，可区别不同直径按“个”计量；地面清扫口安装，可区别不同直径按“个”计量；排水栓安装，分带存水弯和不带存水弯以及不同直径，按“组”计量所示。

11.3.3　主要卫生器具工程量计算

建筑给水排水卫生器具安装工程中，卫生器具安装以“组”计量，定额标准按照标准图综合了卫生器具与给水管、排水管连接的人工与材料用具，不再另行计算。

11.3.3.1　盆类卫生器具安装

本章所有卫生器具安装项目，均参照《全国通用给水排水标准图集》中的有关标准图集计算。成组（套）安装的卫生器具，定额均按照标准图集计算了卫生器具与给水、排水管道连接的人工和材料，除另有说明及设计有特殊要求外，均不得调整。盆类卫生器具安装工程量界线的划分，通常是以水平管和支管的交界处。

1. 浴盆（图 11-1）

（1）定额项目与说明　定额按不同的材质以及（冷、热水）用水情况划分子目，适用于各种型号的浴盆。每组浴盆安装，定额中给水部分已经包括 0.15m 冷热水管道，排水部分已经包括排水配件（排水栓）至存水弯的所有内容。

（2）工程量计算　均以“10 组”为计量单位，按施工图所示数量计算。定额不包括浴盆支座和周边的砌砖、瓷砖粘贴，应另行计算。每组与管道工程量计算的界线：给水以水平管与支管的交接处为界；排水管以存水弯为界。

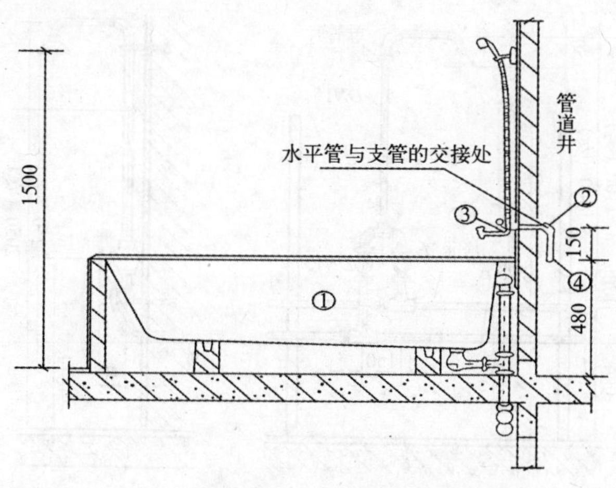

图 11-1　浴盆安装示意图

2. 洗脸盆（图 11-2）

（1）定额项目与说明　定额按不同（冷、热水）用水情况、开关形式及接管材质划分子目，适用于各种型号的洗脸盆。每组洗脸盆安装，定额中给水部分已经包括给水支管、盆下角阀及水龙头，排水部分已经包括排水配件（排水栓）至存水弯的所有内容。

（2）工程量计算　均以“10 组”为计量单位，按施工图所示数量计算。每组与管道工程量计算的界线：给水以水平管与支管的交接处为界；排水管以存水弯为界。

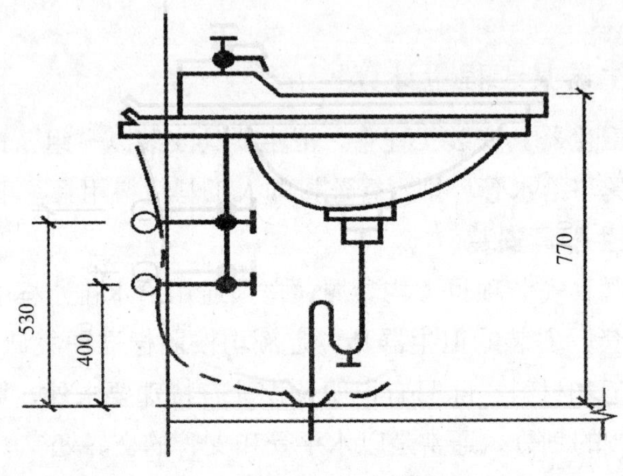

图 11-2　洗脸盆安装示意图

3. 淋浴器（图 11-3）

（1）定额项目与说明　定额按不同（冷、热水）用水情况及材质划分子目，淋浴器铜制品安装适用于各种成品淋浴器安装。每组淋浴器安装，定额中给水部分已经包括截止阀和组成冷水淋浴器的钢管 1.8m，组成冷热水淋浴器的钢管 2.5m，这部分管道不得再计算管道安装工程量。

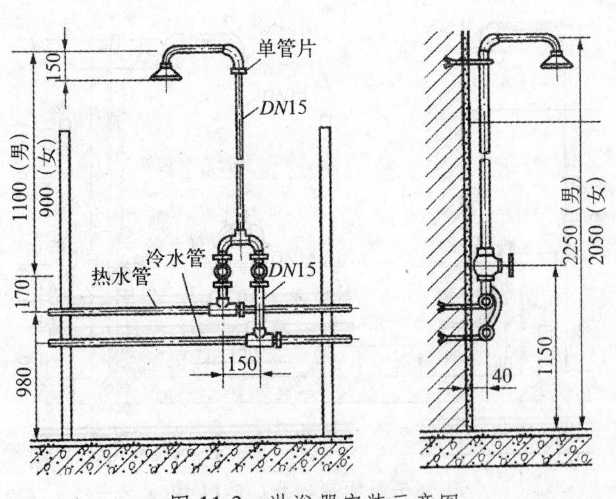

图 11-3　淋浴器安装示意图

（2）工程量计算　均以“10 组”为计量单位，按施工图所示数量计算。每组与管道工程量计算的界线：给水以水平管与支管的交接处为界。

11.3.3.2　便溺用卫生器具

1. 大便器安装

（1）定额项目与说明　定额按不同形式（蹲式、坐式）及不同冲洗方式划分子目。每套蹲式大便器安装，高水箱冲洗子目定额中已经包括水箱进水支管和进水阀门；普通阀和手压阀冲洗子目定额中已经包括冲洗阀和阀后 1.5m 冲洗管道；脚踏开关冲洗子目定额中已经包括脚踏阀后 1.0m 冲洗管。坐式大便器安装定额中给水部分已经包括冲洗水箱进水角阀，由于坐便器本身带存水弯且为落地安装，因此排水部分未包括任何管道（图 11-4）。各种蹲式大便器安装定额均包括了存水弯，不应另计，但如采用自带存水弯蹲式大便器，则应将存水弯从基价材料费中扣除。

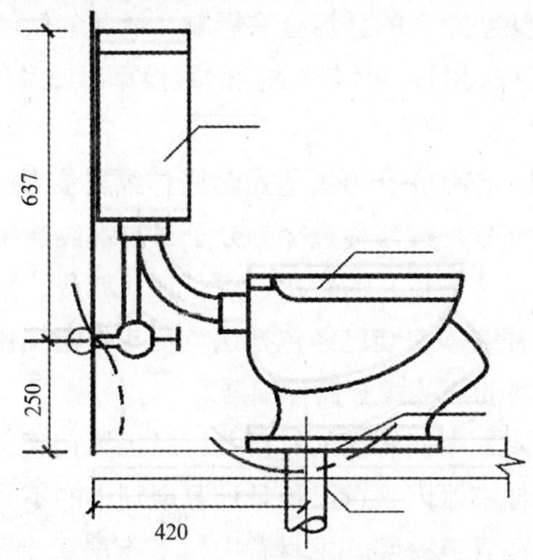

图 11-4　坐式大便器安装示意图

（2）工程量计算　均以“10 套”为计量单位，按施工图所示数量计算。每套与管道工程量计算的界线：给水以水平管与支管的交接处为界；排水管以存水弯为界。

2. 小便器安装

（1）定额项目与说明　定额按不同形式（挂式、立式）及不同冲洗方式划分子目。小便器安装，定额中给水部分已经包括水箱进水支管、进水阀门及角形阀；排水部分已经包括排水配件（排水栓）至存水弯的所有内容。

自动冲洗的一联、二联、三联项目属于水箱冲洗，是指高位自动冲洗水箱冲洗的小便器数量，比如“二联”即一个高位自动冲洗水箱冲洗 2 套小便器。现在工程中大量出现的感应式冲洗小便器，本定额没有编列项目，可根据各个省市的具体规定执行。

（2）工程量计算　均以“10 套”为计量单位，按施工图所示数量计算。每套与管道工程量计算的界线：给水以水平管与支管的交接处为界；排水管以存水弯为界。

11.3.4 法兰、阀门、水表类安装工程量

1. 法兰安装

(1) 定额项目与说明 定额分铸铁螺纹法兰和碳钢焊接法兰两部分，以碳钢焊接法兰最为常见。定额包括垫片制作，按石棉橡胶板编制的，如用其他材料不做调整。铸铁螺纹法兰，所需带帽螺栓未列入定额基价，可参照平焊法兰所用的规格数量，另计材料费。碳钢焊接法兰，法兰连接用带帽螺栓已经包含在定额基价中，不应另计算。计算未计价材料法兰时，应注意定额对于主材法兰的定额含量规定是不同的，铸铁法兰 1 副，碳钢法兰 2 片。

(2) 工程量计算 法兰安装工程量按图示以“副”为计量单位计算，按施工图所示数量计算。工程中出现设计要求钢管法兰连接，但在图纸上不能清楚地反映出法兰的位置和数量的情况，这对于法兰数量的计算会有影响，通常的做法是对于直线管道上的法兰（不包括与阀门、管件连接用），可以按法兰间距换算出法兰的数量。

2. 伸缩器制作安装

(1) 定额项目与说明 定额按分为法兰式套筒伸缩器安装（包括螺纹连接和焊接）和方形伸缩器制作安装三部分，按公称直径划分子目。螺纹连接法兰式套筒伸缩器安装未包括法兰及其带帽螺栓（含垫片）的费用，应另计材料费，未计价材料为法兰式套筒伸缩器。焊接法兰式套筒伸缩器安装已经包括法兰及其带帽螺栓（含垫片）的费用，不应另计材料费，未计价材料为法兰式套筒伸缩器。

方形伸缩器制作安装定额中其管道的材料费已经包括在管道安装延长米中，不应另计，即由管道构成的方形伸缩器因管道工程量计算规则中的不扣除原则，主要材料管道已经作为未计价材料计算在管道安装的主材费中，不能重复计算。管道工程中大量出现的管道与设备的柔性连接。比如：水泵管道上设置的橡胶软接头；管道采用软管法穿沉降缝、伸缩缝使用的金属软管接头；空调供回水管道与风机盘管连接采用的金属软接头（膨胀节）等都可以参照法兰式套筒伸缩器安装相应定额

(2) 工程量计算 各种伸缩器制作安装均以“个”为计量单位，按施工图所示数量计算。

3. 阀门安装

(1) 定额项目与说明 定额按阀门类型、接口方式、接口材料和用途分为螺纹阀门、法兰阀门、自动排气阀、手动放风阀及浮球阀等项目。螺纹阀门安装适用于各种内外螺纹连接的阀门安装，只要连接方法、公称直径一致，均可套用同一定额，阀门本身为未计价材料。

法兰阀门适用于各种法兰阀门的安装，如仅为一侧法兰连接（比如水泵的吸水底阀）时，定额中的法兰、带帽螺栓及钢垫圈数量减半。除主材法兰阀门为未计价材料，其余材料如法兰、甲乙短管、带帽螺栓、垫圈均已经包括在定额基价内，不得另行计算。各

种法兰连接用的垫片均按石棉橡胶板计算，如用其他材料，不做调整。

（2）工程量计算　各种阀门安装均按施工图示以“个”为计量单位，按施工图所示数量计算。

4. 水表组成安装

（1）定额项目与说明　定额按不同连接方式分为螺纹连接和焊接两项。法兰水表安装按《全国通用给水排水标准图集》S145 编制。法兰水表安装定额内包括旁通管及止回阀，如实际安装形式与标准图集不同，阀门和止回阀可按实调整，其余不变。螺纹水表安装包括一个闸阀的安装，不应另计。针对现在常见的“一户一表”水表箱的安装，可按各个省市的规定执行。

（2）工程量计算　水表组成安装以“组”为计量单位，按施工图所示数量计算。

11.3.5　其他设备的工程量计算

1. 减压器、疏水器组成安装

（1）定额项目与说明　定额按不同连接方式分为螺纹连接和焊接两项。减压器、疏水器组成安装按《采暖通风国家标准图集》N108 编制。减压器、疏水器组成安装，如实际组成与标准图集不同，阀门和压力表数量可按实调整，其余不变。减压器安装按高压侧直径套用定额。根据定额规定，这些项目除了螺纹减压阀 *DN*20 为未计价主材以外，其余均已经包括在成组安装的减压器定额基价内，不得另行计算。

（2）工程量计算　减压器、疏水器组成安装以“组”为计量单位，按施工图所示数量计算。要注意的是：必须按标准图集的内容，以“组”为计量单位确定项目组成，以免重复套用定额。以定额子目 8-328“减压阀（螺纹连接）*DN*20”，“1 组”为例（图 11-5），可列出以下项目内容：

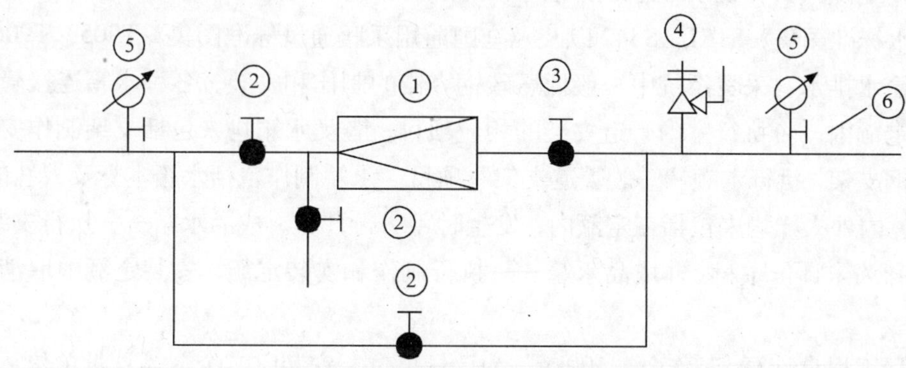

图 11-5　减压阀组成示意图

图 11-5 中：

① 螺纹减压阀 *DN*20（高压侧直径）；

② 螺纹截止阀 J11T-16 *DN*20，3 个；

③ 螺纹截止阀 J11T-16 *DN*32，1 个；

④ 弹簧安全阀 A27W-10 *DN*20，1 个；

⑤ 弹簧压力表 Y-100 0-1.6MPa，2 个；

⑥ 压力表气门 *DN*15，2 个。

2. 水龙头安装

(1) 定额项目与说明 定额按公称直径划分子目。定额适用于各种不与卫生器具配套的，单独安装的水龙头，比如盥洗槽上安装的水龙头、草坪浇灌用简易水龙头等。浴盆水嘴、洗脸盆水嘴和洗涤盆水嘴因为均包括在成套卫生器具定额中就不适用，否则就会出现重复计算。

(2) 工程量计算 均以“10 个”为计量单位，按施工图所示数量计算。

3. 开水炉安装

(1) 定额项目与说明 定额按不同安装方式及型号规格划分子目。定额中电热水器、开水炉本身为未计价材料。定额内只考虑了本体安装，连接管、连接件等应按定额规定另行计算。

(2) 工程量计算 均以“台”为计量单位，按施工图所示数量计算。

4. 容积式热交换器安装

(1) 定额项目与说明 定额按不同型号规格划分子目。定额中容积式热交换器本身为未计价材料。定额内已按标准图集计算了其附件，但不包括安全阀安装、本体保温、刷油和基础砌筑等应按定额规定另行计算。

(2) 工程量计算 均以“台”为计量单位，按施工图所示数量计算。

5. 小型容器制作安装

(1) 定额项目与说明 定额按不同形状和型号规格划分子目。定额参照《全国通用给水排水标准图集》S151、S342 以及《全国通用采暖通风标准图集》T905、T906 编制，适用于给水排水、采暖系统中一般低压碳钢容器的制作和安装。各种水箱连接管，均未包括在定额内，可执行室内管道安装的相应项目。各类水箱均未包括支架制作安装，如采用型钢支架，执行定额“一般管道支架”项目。水箱制作包括水箱本身及人孔的重量。水位计、内外人梯均未包括在定额内，发生时可另行计算。成品水箱——执行安装定额，水箱本身为未计价主材；非成品水箱——执行制作和安装定额，安装定额中取消未计价主材。

(2) 工程量计算 制作以“100kg”为计量单位，安装以“个”为计量单位。具体按施工图所示数量计算。

表 11-1、表 11-2、表 11-3、表 11-4、表 11-5 列出了按工程量清单计价的各种计量单位、工程内容及工程量计算清单等。

水灭火系统（编码：030701）　　表 11-1

项目编码	项目名称	项目特征	计量单位	工程量计算规则	工程内容
030701001	水喷淋镀锌钢管	1. 安装部位（室内、外） 2. 材质 3. 型号、规格 4. 连接方式 5. 除锈标准、刷油、防腐设计要求 6. 水冲洗、水压试验设计要求	m	按设计图示管道中心线长度以延长米计算，不扣除阀门、管件及各种组件所占长度；方形补偿器以其所占长度按管道安装工程量计算	1. 管道及管件安装 2. 套管（包括防水套管）制作、安装 3. 管道除锈、刷油、防腐 4. 管网水冲洗 5. 无缝钢管镀锌 6. 水压试验
030701002	水喷淋镀锌无缝钢管				
030701003	消火栓镀锌钢管				
030701004	消火栓钢管				
030701005	螺纹阀门	1. 阀门类型、材质、型号、规格 2. 法兰结构、材质、规格、焊接形式	个	按设计图示数量计算	1. 法兰安装 2. 阀门安装
030701006	螺纹法兰阀门				
030701007	法兰阀门				
030701008	带短管甲乙的法兰阀门				
030701009	水表	1. 材质 2. 型号、规格 3. 连接方式	组		安装
030701010	消防水箱制作安装	1. 材质 2. 形状 3. 容量 4. 支架材质、型号、规格 5. 除锈标准、刷油设计要求	台		1. 制作 2. 安装 3. 支架制作、安装及除锈、刷油 4. 除锈、刷油
030701011	水喷头	1. 有吊顶、无吊顶 2. 材质 3. 型号、规则	个	按设计图示数量计算	1. 安装 2. 密封性试验
030701012	报警装置	1. 名称、型号 2. 规格	组	按设计图示数量计算（包括湿式报警装置、干湿两用报警装置、电动雨淋报警装置、预制作用报警装置）	安装
030701013	温感式水幕装置	1. 型号、规格 2. 连接方式		按设计图示数量计算（包括给水三通至喷头、阀门间的管道、管件、阀门、喷头等全部安装内容）	
030701014	水流指示器	规格、型号	个	按设计图示数量计算	
030701015	减压孔板	规格			
030701016	末端试水装置	1. 规格 2. 组装形式	组	按设计图示数量计算（包括连接管、压力表、控制阀及排水管等）	

续表

项目编码	项目名称	项目特征	计量单位	工程量计算规则	工程内容
030701017	集热板制作安装	材质	个	按设计图示数量计算	制作、安装
030701018	消火栓	1. 安装部位（室内、外） 2. 型号、规格 3. 单栓、双栓	套	按设计图示数量计算（安装包括：室内消火栓、室外地上式消火栓、室外地下式消火栓）	安装
030701019	消防水泵势接合器	1. 安装部位 2. 型号、规格		按设计图示数量计算（包括消防接口本体、止回阀、安全阀、闸阀、弯管底、放水阀、标牌）	
030701020	隔膜式气压水灌	1. 规格、型号 2. 灌浆材料	台	按设计图示数量计算	1. 安装 2. 二次灌浆

给水排水、采暖、烯气管道（编码：030801） 表 11-2

项目编码	项目名称	项目特征	计量单位	工程量计算规则	工程内容
030801001	镀锌钢管	1. 安装部位(室内、外) 2. 输送介质(给水、排水、热媒体、燃气、雨水) 3. 材质 4. 型号、规格 5. 连接方式 6. 套管形式、材质、规格 7. 接口材料 8. 除锈、刷油、防腐、绝热及保护层设计要求	m	按设计图示管道中心线长度以延长米计算，不扣除阀门、管件（包括减压器、疏水器、水表、伸缩器等组成安装）及各种井类所占的长度；方形补偿器以其所占长度按管道安装工程量计算	1. 管道、管件及弯管的制作、安装 2. 管件安装（指铜管管件、不锈钢管管件） 3. 套管（包括防水套管）制作、安装 4. 管道除锈、刷油防腐 5. 管道绝热及保护层安装、除锈、刷油 6. 给水管道消毒、冲洗 7. 水压及汇漏试验
030801002	钢管				
030801003	承插铸铁管				
030801004	柔性抗震铸铁管				
030801005	塑料管（UPVC、PVC、PP-C、PP-R、EP 管等）				
030801006	橡胶连接管				
030801007	塑料复合管				
030801008	钢骨架塑料复合管				
030801009	不锈钢管				
030801010	铜管				
030801011	承插罐瓦管				
030801012	承插水泥管				
030801013	承插陶土管				

管道支架制作安装（编码：030802）　　表 11-3

项目编码	项目名称	项目特征	计量单位	工程量计算规则	工程内容
030802001	管道支架制作安装	1. 形式 2. 除锈、刷油设计要求	kg	按设计图示质量计算	1. 制作、安装 2. 除锈、刷油

管道附件（编码：030803）　　表 11-4

<table>
<tr><th>项目编码</th><th>项目名称</th><th>项目特征</th><th>计量单位</th><th>工程量计算规则</th><th>工程内容</th></tr>
<tr><td>030803001</td><td>螺纹阀门</td><td rowspan="6">1. 类型
2. 材质
3. 型号、规格</td><td rowspan="6">个</td><td rowspan="6">按设计图示数量计算（包括浮球阀、手动排气阀、液压式水位控制阀、不锈钢阀门、燃气减压阀、液相自动转换阀、过滤阀等）</td><td rowspan="10">安装</td></tr>
<tr><td>030803002</td><td>螺纹法兰阀门</td></tr>
<tr><td>030803003</td><td>焊接法兰阀门</td></tr>
<tr><td>030803004</td><td>带短管甲乙的法兰阀</td></tr>
<tr><td>030803005</td><td>自动排气阀</td></tr>
<tr><td>030803006</td><td>安全阀</td></tr>
<tr><td>030803007</td><td>减压器</td><td rowspan="4">1. 材质
2. 型号、规格
3. 连接方式</td><td rowspan="2">组</td><td rowspan="5">按设计图示数量计算</td></tr>
<tr><td>030803008</td><td>疏水器</td></tr>
<tr><td>030803009</td><td>法兰</td><td>副</td></tr>
<tr><td>030803010</td><td>水表</td><td>组</td></tr>
<tr><td>030803011</td><td>燃气表</td><td>1. 公用、民用、工业用
2. 型号、规格</td><td>块</td><td>1. 安装
2. 托架及表底基础制作、安装</td></tr>
<tr><td>030803012</td><td>塑料排水管消声器</td><td>型号、规格</td><td rowspan="2">个</td><td>按设计图示数量计算</td><td rowspan="7">安装</td></tr>
<tr><td>030803013</td><td>伸缩器</td><td>1. 类型
2. 材质
3. 型号、规格
4. 连接方式</td><td>按设计图示数量计算
注：方形伸缩器的两臂，按臂长的 2 倍合并在管道安装长度内计算</td></tr>
<tr><td>030803014</td><td>浮标液面计</td><td>型号、规格</td><td>组</td><td rowspan="5">按设计图示数量计算</td></tr>
<tr><td>030803015</td><td>浮漂水位标尺</td><td>1. 用途
2. 型号、规格</td><td>套</td></tr>
<tr><td>030803016</td><td>抽水缸</td><td>1. 材质
2. 型号、规格</td><td rowspan="3">个</td></tr>
<tr><td>030803017</td><td>燃气管道调长器</td><td rowspan="2">型号、规格</td></tr>
<tr><td>030803018</td><td>调长器与阀门连接</td></tr>
</table>

卫生器具制作安装（编码：030804） **表 11-5**

项目编码	项目名称	项目特征	计量单位	工程量计算规则	工程内容
030804001	浴盆	1. 材质 2. 组装形式 3. 型号 4. 开关	组	按设计图示数量计算	器具、附件安装
030804002	净身盆				
030804003	洗脸盆				
030804004	洗手盆				
030804005	洗涤盆（洗菜盆）				
030804006	化验盆				
030804007	淋浴器				
030804008	淋浴间	1. 材质 2. 组装方式 3. 型号、规格	套		
030804009	桑拿浴房				
030804010	按摩浴缸				
030804011	烘手机				
030804012	大便器				
030804013	小便器				
030804014	水箱制作安装	1. 材质 2. 类型 3. 型号、规格			1. 制作 2. 安装 3. 支架制作、及除锈、刷油 4. 除锈、刷油
030804015	排水栓	1. 带存水弯、不带存水弯 2. 材质 3. 型号、规格	组		安装
030804016	水龙头	1. 材质 2. 型号、规格	个		
030804017	地漏				
030804018	地面扫除口				
030804019	小便槽冲洗管制作安装		m		制作、安装
030804020	热水器	1. 电能源 2. 太阳能源	台		1. 安装 2. 管道、管件附件安装 3. 保温
030804021	开水炉	1. 类型 2. 型号、规格 3. 安装方式			安装
030804022	容积式热交换器				1. 安装 2. 保温 3. 基础砌筑
030804023	蒸汽—水加热器	1. 类型 2. 型号、规格	套		1. 安装 2. 支架制作、安装 3. 支架除锈、刷油
030804024	冷热水混合器				
030804025	电消毒器		台		安装
030804026	消毒锅				
030804027	饮水器		套		

11.4　预算书编制内容及方法

11.4.1　编制内容

一份完整的建筑给水排水工程施工图预算书应包含如下内容：

（1）封面　封面的内容应包括：记录工程的总体情况及工程预算造价；写明建设单位名称、工程名称、施工单位、工程预算造价、预算编制人、审核人等。

（2）编制说明　要用文字逐条说明编制建筑给水排水工程预算的依据、预算编制所涉及的工程范围、建筑给水排水所用设备主材价格的确定方法等。

（3）建筑给水排水工程安装工程总价表　按照现行的当地建设管理部门所规定的计费程序及费率，计算利润、项目措施费、行政事业性收费、税金等各项工程费用，汇总得到工程预算造价。

（4）分项分部工程费用汇总表（实体项目费）用于汇总各分项分部工程（建筑给水、排水、消防、热水、饮用水等）的工程量及对应的定额编号，同时列出各分项工程相应的主材设备费、主材损耗、工程基价及工、料、机、管理费的单位价值和合计价格。

（5）各措施项目费　列出上述各分项分部工程的措施费及小计、合计等。按规定，措施项目费分类为：技术措施项目费、超高增加费、高层建筑增加费、脚手架搭拆费、系统调整费、安装与生产同时进行增加费用、在有害身体健康的环境中施工增加费等。

（6）其他措施项目费汇总表　列出上述各分项分部工程的其他措施费及小计、合计等。根据规定，其他措施项目费一般包括：临时设施费、文明施工费、工程保险、工程保修费、赶工措施费、总包服务费、预算包干费、其他费用等。

（7）其他项目费汇总表　如有其他项目费用，列出其他项目的费用及汇总。

（8）主要设备材料汇总表　列出主要设备材料费用表及汇总。

11.4.2　建筑给水排水工程计价

建筑给水排水工程计价与建筑工程计价一样，分为工程量清单计价和定额计价。工程量清单计价造价组成：

（1）工程清单项目费；

（2）措施项目费；

（3）其他项目费；

（4）行政事业性收费；

（5）税金。

定额计价的造价组成：

（1）实体项目费；

(2) 价差；

(3) 利润；

(4) 措施项目费；

(5) 其他项目费；

(6) 行政事业性收费；

(7) 税金。

11.4.3 预算书的编制方法

建筑给水排水工程预算作为建设项目的重要经济评价依据，其结果的准确性对预算管理控制就显得十分重要。这就要求建筑给水排水工程预算应有高度的科学性、准确性及权威性。随着市场经济的发展要求，建筑给水排水工程预算编制对建筑工程企业经济管理的要求越来越高，也越来越受到企业领导的重视。因此，统一建筑给水排水工程预算的编制办法和标准，提高预算编制质量，消除工程造价的随意性，科学确定与有效控制工程投资，将是未来的发展趋势。

建筑给水排水工程预算书的编制要先进行工程量的计算，计算方法是：

(1) 熟读建筑给水排水各专业（给水、排水、消防、热水、空调等）的设计施工图纸；

(2) 按定额项目和定额单位分项计工程量，或按工程量清单计价；

(3) 掌握工程量计算规则；

(4) 掌握建筑给水排水工程量计算方法；

(5) 校验。

建筑给水排水工程施工图预算工程量计算优化的原则：

(1) 应符合全国统一安装工程预算定额及工程量计算规则的规定；

(2) 应与建筑给水排水工程施工及验收规范相一致；

(3) 符合工程量计算顺序，即自然计量单位、法定计量单位及同类计量单位的工程量间的先后计算次序；

(4) 计算方法表格化，计算数据准确；

(5) 能使建筑给水排水工程量计算快速、简捷、方便。

以上工程量计算及计价可以使用相关软件进行。当前，全国已有许多大量的工程造价成熟软件可以使用。

计算出工程量后，再填写预算表，然后按费用表计取规定的各项工程费用。然后再填写封面，编制说明，汇总各表格，装订成册。

11.5　给水排水预算审查及常见错误分析

随着经济的发展和生活水平的提高，建筑给水排水工程越来越多，对建筑给水排水工程的要求也越来越高。在新的形势下，加强建筑给水排水工程项目工程预算的管理，对提高工程预结算的准确性、降低工程造价、有效控制成本具有重要的意义。因此，建筑给水排水工程预算审查是一项具有专业性、知识性、政策性、技巧性和实践性的工作。

11.5.1　预算审查中的常见错误分析

11.5.1.1　乱套或套错定额

在预算编制过程中，常遇到使用定额的现象。如房屋建筑工程常常参照工民建定额。同样是给水排水定额，既有市政给水排水，也有建筑给水排水。再如，同样是管道工程，既有工业管道定额，也有建筑给水排水管道；就是关于土石方工程定额，也有的给水排水工程项目应该使用土建定额的，而错套为市政定额。出现这种错误的原因有三个，一是相关人员对定额不熟，出现张冠李戴的现象；二是定额不全，要互相借用不同的工程定额；三是专业有交叉现象，例如，同样是管道工程，有建筑设备（制冷机组的冷却水管、冷冻水管），也有建筑给水排水的管道，还有工业管道的工程。

11.5.1.2　重复计算或漏项计算

在对工程量重复计算的同时，施工单位预算员在编制预算时，常将定额项目中已包括了的工作内容重复计算。例如，有些建筑给水排水工程的工程量和计价，在建筑设备或给水排水设备本身中已包括。这样，人工费和机械费等就不要另外计算了。但初学预算者可能因不明白而把此人工重新列项计算。与此相对应的是，一些项目可能漏掉不计。如一些分部工程的隐秘工程，实际上应该发生这些工程量，却没有计算。

11.5.1.3　新材料价格混乱

建筑给水排水工程需要使用大量的设备和材料，同样的材料，国产和进口的价格相差可能达到 10 倍。建筑给水排水工程材料费在工程造价构成中占有重要地位，有些业主在乎价格，有些业主在乎性能。在执行预算中，全国的差别也很大，材料价格管理比较混乱，这个问题比较难于解决。特别是近年来随着建筑材料市场化，繁荣了建筑材料市场，但也带来了市场管理的混乱和建筑材料价格涨幅的失控现象。因此，控制材料价格对有效地控制和降低工程造价，提高建设投资效益具有重要意义。

11.5.1.4　预算工程量计算误差

建筑给水排水工程预算中，工程量计算是一个十分重要的环节。建筑给水排水设计施工图图纸表达是否准确、全面、清晰是工程量计算准确的基础。在建筑给水排水工程安装工程项目中，无论是给水、排水、消防、热水、饮用水还是中水系统，各材料用量表及工程量表，通常在图纸中都有明显的标示。材料用量表及工程量表的计算方法和数量，是否符合工程量计算规则，需要预算人员进行认真校核。

11.5.1.5 新工艺、新技术带来的问题

建筑给水排水工程预算，近年来采用的一些新设备、新工艺、新技术，也是工程预算错误发生的原因。新工艺和新技术会带来生产效率、管理水平的提高，施工人员会相应减少，因而会减少人工费用，但也需要增加一些机械的投入，会增加机械费用。这些灵活变动的因素会直接影响临时房屋建筑工程投资与建筑工程安装投资的关系，此两者之间的关系仅凭一个简单的公式是难以表达的，而且容易造成工程投资的失控。目前，全国还没有系统地总结这些新技术、新工艺对预算的操作方法。因此，工程项目更应结合实际状况，制定出一套趋于完整的定额体系。建议依据地域差异和工程实际施工水平的不同，按照当地经济发展水平和特点，对定额进行调整，即在基础定额之上，增加相应的难易系数，以最大限度提高基本建设的经济效益。另外，对新技术、新工艺、新材料、新设备的实施所涉及的定额及时进行总结、汇总、补充，防止部分工程造价失控，以利于工程投资的控制和管理。

11.5.2 如何加强建筑给水排水工程预算审核

11.5.2.1 规范工程量的审核

建筑给水排水工程量计算是否正确，是关系到其工程预算是否准确的关键要点之一。加强建筑给水排水工程量的审核，应着重注意以下几点：

（1）工程项目划分是否合理 建筑给水排水工程项目划分是否合理是工程量计算准确的前提。作为相关人员，要了解建筑给水排水工程施工图纸的设计意图和施工方法，做好计算工程项目划分工作。因此，审核预算首先要审核建筑给水排水工程工程项目划分是否合理，是否出现多设或少设分部、分项项目，同时要注意划分项目的方法是否与建筑给水排水工程定额项目一致。

（2）审核工程量的计算规则是否与定额保持一致 要审核建筑给水排水工程各定额执行过程中各子目的工程量计算规则是否与定额一致，不可弄虚作假或巧立名目。

（3）审核工程量的计取单位是否与套用定额单位保持一致 在套用定额时，有的单位是套或个，有的单位是面积或体积。要注意工程量计取单位是否前后保持一致，否则，这种错误一旦发生，将会给项目费用造成很大的误差。

（4）要实事求是核准工程量 一般认为，单项工程不超过5%的误差是可以接受的。有些工程预算因为怕麻烦，人为地将预算从甲项调到乙项，但保持总的工程造价不变。因此，工程预算审核时要审核其合理性和有效性，杜绝和规范不合理、不实际的开支。

11.5.2.2 规范计取费率问题

各种规费、税金的费率是各省统一规定的，但在实际中，很多预算计取的基础却不

明确，如社保费、堤防维护费、公积金等。有按分部分项工程计费的，也有按总价计费的，比较混乱。还有的地区是按施工单位的等级计取费率等等。这就要求审核人员要明确掌握施工单位的真实情况，根据当地工程造价管理部门颁发的文件及规定严格执行。

11.5.2.3　确定材料价差

建筑给水排水工程，由于建筑产品的庞大性、多样性、复杂性，使得建筑材料的价格有时候随时间（特别是季节）变化具备明显的波动性，这就要求审计人员了解和熟悉建筑材料价格信息。随时掌握建筑材料的新变化、新动态、新趋势外，从互联网、建材市场中了解建筑材料的价格信息。作为一个基本建设工程项目的审核部门，应根据本单位的实际情况，进行全审、抽审或审核一些造价比较高的项目，以实事求是为原则，以完善制约机制为目的，与项目主管负责人积极配合，尽量做到支付给建设单位的建设资金支付合理，不流失，不浪费。作为施工单位，则要尽量不要使价格失真，以便在投标中争取主动，争取最大利润。

总之，建筑给水排水工程预算环节需要进行监督和校审，防止出现大面积误差。工程预算过程中需要进行监督，防止出现人为错误。做好工程预算校审工作首先要分清工程预算校审的阶段和重点，制定出工程预算校审程序，明确发包方、承包方、工程造价管理部门、贷款银行、预算中介机构在工程预算校审中的职能和责任；其次要严明工程预算校审工作纪律。防止工程预算校审走形式，造成工程预算校审形同虚设；再次，建筑给水排水工程校审人员必须具备丰富的工程预算经验，有能力承担起工程校审的职责。

第 12 章 《建筑给水排水设计规范》2009 版新增条文解读

由于社会的发展和科技的进步，原有的《建筑给水排水设计规范》GB 50015—2003，以下简称《水规》03 版已不能适应形势的发展。为此，住房建设部组织有关单位对此规范进行了修订。2010 年 5 月，《建筑给水排水工程设计规范》2009 版（以下简称《水规》09 版）出版施行。

12.1 新增的术语、概念及计算要求

《水规》09 版在 2.1 节术语中对“最大时用水量”的含义了进行修改，新的概念明确“最大时用水量”是指“最高日最大用水时段内的小时用水量”和《水规》03 版所指的最高日“最大一小时的用水量”的概念明显不同，新概念强调的是高峰用水时段。新增加了“平均时用水量”、“背压回流”、“虹吸回流”、“倒流防止器”、“真空破坏器”、“叠压供水”、“自循环通气”、“真空排水”、“同层排水”、“埋设深度”、“隔油器”、“满管压力流雨水排水系统”、“全日热水供应系统”、“定时热水供应系统”、“热泵热水供应系统”、“水源热泵”、“空气源热泵”、“太阳能保证率”、“太阳辐照量”、“燃油（气）热水机组”、“设计小时供热量”、“第二循环系统”、“管道直饮水系统”、“水质阻垢缓蚀处理”的术语概念解释，为后面各章的修订做了良好的铺垫。对用生活用水量的调整、生活饮用水中防污染措施的细化和具体做法、节水措施的做法等都有要求。设计人员在设计时要注意这方面的变化及要求。

12.1.1 水量计算及节约用水方面

12.1.1.1 水量及节水

《水规》09 版与《水规》03 版相比在生活用水量有一些变化。如《水规》09 版中，表 3.1.10 中的变化主要有下面几部分：

（1）将宿舍的用水独立分项，并按宿舍使用的对象进行分类；

（2）增加酒店式公寓、图书馆、书店、会展中心、航站楼的用水定额；

《水规》09 版 3.1.14A、3.1.14B、3.1.14C 条对节约用水方面提出具体要求，即卫生

器具要符合《节水型生活用水器具》CJ 164—2002 的要求，公共卫生间洗手盆及小便器要分别使用感应式或自闭式水嘴及冲洗阀等限流节水装置。选用产品时要符合上述规定，系统设计时要使器具供水压力不超出最低使用压力很多，才能切实达到节水的效果。

图书馆、航站楼的使用人次数较难确定，如果建筑或使用方有具体数据提供最好，在没有的情况下图书馆可按阅览室每个座位每天 6 ~ 8 人次（员工用水另计）来计算，航站楼可按每天最大设计客流量人均 1.5 次来计算（员工及餐饮用水另计）使用水量。

12. 1. 1. 2 用水定额

宿舍及公寓的用水定额的选取，不仅要考虑宿舍类型的变化，还需考虑实际居住标准的改变。各地区条件不相同（气候上及地域上的差别，单方水费的不同）习惯上也有区别，居住标准的改变，也会影响用水量的变化，通常是居住标准高的用水量会有所提高，降低居住标准的，用水量可适当减少，另外有无水表或预付费冷热水表及阶梯水价的实施与否都对水的使用量有较大影响，公共卫生间及公共盥洗室装设水表的作用不太大，节水效果不明显，曾现场考察时发现某中等学校公共盥洗室数处洗衣盆里早已满水，而人不知去向的长流水现象，通常需要综合考虑各种因素后确定用水定额。另外分质供水也是节约水资源的重要措施。根据有关数据表明宿舍用水占高校总用水量的41%左右，而冲洗厕所卫生器具的水量约占宿舍用水量的40% ~ 50%，可见其总的用量也是很大的，使用中水节约水资源的潜力也很大。《水规》09 版反映了这些变化，当各种节水措施到位时，用水定额可以取低值。

12. 1. 1. 3 水压

控制每个分区的各层水压，防止出水点压力偏大很多而引起用水量超标，龙头适中的使用动水压力在 0.05 ~ 0.1MPa 左右，采取措施使供水动水压力保持在 0.05 ~ 0.1MPa 左右对方便使用及节约用水意义重大，建议采用不锈钢或铜质免维护型支管可调减压阀，出水静压力调到 0.12 ~ 0.15MPa 左右（具体数值视支管的压力损失大小值确定），可保证供水压力的基本稳定在合适范围内，达到节约用水及减少维护工作量的目的。

12. 1. 2 生活饮用水防污染措施方面

12. 1. 2. 1 增加内容

《水规》09 版在水质防污染方面增加的内容主要有：

（1）《水规》09 版中，3.2.3A 条：中水、回用雨水等非生活饮用水管道严禁与生活饮用水管道连接。该条是 3.2.3 条的补充，强调生活饮用水管道与非生活饮用水管道及自备水源管道都禁止相互接通，以确保公共的生活饮用水系统的安全。

（2）3.2.4 条：生活饮用水不得因管道内产生虹吸、背压回流而受污染。该条把回流污染分作两种类型，虹吸回流污染是由负压引起的，背压回流污染是由正压引起的，负压污染用真空破坏器消除，正压污染用倒流防止器消除。

(3) 3.2.4A 条对生活饮用水水管出水口的防污染要求从卫生器具扩大到用水设备、构筑物等所有的使用场合。

(4) 3.2.4B 条：生活饮用水水池（箱）的进水口……管口为淹没出流时应采取真空破坏器等防虹吸回流措施。该条对标高高出补充水管的生活饮用水水池（箱）的接入管做法进行规定（注：不存在虹吸回流的低位生活饮用水储水池，其进水管不受本条限制，但进水管仍宜从最高水面以上进入水池），空气隙的大小按垂直距离尺寸计算。

(5) 3.2.4C 条：从生活饮用水管网向消防、中水和雨水回用水等其他用水的储水池（箱）补水时，其进水管口最低点高出溢流边缘的空气间隙不应小于 150mm。可以看出非生活饮用水水池（箱）的进水口的空气隙的大小不论管径大小，一律至少做到高限值。

(6) 3.2.5、3.2.5A、3.2.5B、3.2.5C、3.2.5D 条分别明确了从城镇市政管接出用水管线及从小区和建筑物内生活饮用水管道接出用水管线时倒流防止器的设置位置和从小区及建筑物内生活饮用水管道接出用水管线时真空破坏器的设置位置及选用原则（及在特殊情况下还要设倒流防止器的规定）。

(7) 3.2.8A 条明确小区生活水池与消防水池合设的条件与注意事项。

12.1.2.2　倒流防止器的设置

根据《水规》09 版 3.2.5 ~ 3.2.5D 条对倒流防止器的设置要求，当小区或建筑物的市政引入管上设有倒流防止器时，其内部再装设生活叠压设备时，泵的进水口不需要再设置倒流防止器，生活用水的有压容器的进水口也可不必再设置倒流防止器。但接到有毒害物质、有害场所处及单独接出消防直出管的用水管入口处仍要设置倒流防止器，小区的生活消防合用水池消防泵的出水管上也要设置倒流防止器。多层仅设消防软卷盘的消防立管存在背压回流的污染的危险，不能用真空破坏器消除污染的隐患，入口应使用倒流防止器。倒流防止器的安装位置要求：

(1) 应安装在便于维护的地方及清洁的环境中；

(2) 不得安装在可冻结的及被水淹没的地方；

(3) 倒流防止器的排出水管应采用间接排水。

12.1.2.3　真空破坏器的设置

小区或建筑生活饮用水管来补充下列地方用水时要设置真空破坏器：如游泳池、游乐池、按摩池、水景池、循环冷却集水池等，其补充水管道出口与溢水口上沿的空气间隙不满足 2.5 倍管径的补充水管；不含化学药剂的绿地喷灌系统的地下式或升降式喷头的管道起端；出口接软管的冲洗水嘴与给水管的连接处；如带软管花洒的浴缸给水混合龙头的支管处要设置，真空破坏器可安装在管井里（靠近混合龙头的位置处）。

真空破坏器的安装位置要求：

(1) 不得安装在有腐蚀性及有污染的环境中；

(2) 应直接安装在配水支管的最高点，其位置高出最高用水点或溢流水位，压力型不得小于 0.3m，大气型不得小于 0.15m；

（3）其进气口应向下；

（4）详细安装要求按《真空破坏器应用技术规程》CECS274:2010 执行。

12.2 生活给水系统选择

12.2.1 增加了条款

《水规》09 版对给水系统选择方面增加了分质供水、综合利用各种水资源条款，增加了设置叠压系统要求的条款；增加了系统应利用市政水压的节能要求及分区要综合考虑使用、管理、节水、节能等各种因素；对入户管最大水压做了限定。

12.2.2 给水系统设计要注意的问题

12.2.2.1 中水及雨水利用问题

根据我国国情，《水规》09 版 3.3.1A 条对小区给水系统的设计进行明确规定："应综合利用各种水资源"，"充分利用再生水、雨水等非传统水源，优先采用循环和重复利用给水系统"，非传统水源的利用瓶颈在其管网的敷设，虽然我国城市污水处理发展较快，处理水量也很多，但回用的比例不高，现在我国北方和缺水地区的一些城市开始有中水管网进行运营，有些地区虽然还没有城市中水管网，但在城市新区规划中已经考虑了中水系统的管线预留位置。单体建筑中自己进行处理回用的项目也很多，如北京市规委、建委及水务局要求必须设置中水设施的新建项目有：

（1）建筑面积 2 万 m^2 以上的宾馆、饭店、公寓等；

（2）建筑面积 3 万 m^2 以上的机关、科研单位、大专院校和大型文化、体育等建筑；

（3）建筑面积 5 万 m^2 以上，或可回收大于 150 m^3/d 的居住区和集中建筑区等。

并对没有中水的现有公共建筑（符合上述 1、2 条范围的建筑）要求：应根据条件逐步配套建设中水设施，中水回用水量过小的（小于 50 m^3/d），必须安装中水管道系统。

对于雨水的利用，北京市规委、建委及水务局要求：各类建筑必须采取雨水利用措施（具体要求详见 [京水务节 2005] 29 号文）。各地区都有不同的中水及雨水利用要求，跨地区设计时要特别注意，并取得当地这方面要求的相关文件。

由于政策上的要求及导向，中水及雨水在建筑中的使用将会越来越多，这是发展方向，特别是缺水地区都会大力推进中水回用及雨水利用。作为小区及建筑供水系统设计方案，也要跟进城市的发展和要求，即便目前还没有城市中水管网运营的并且不太缺水的地区，也要考虑将来使用中水的可能性，最简单实用的做法就是把卫生间冲洗用水和绿化用水做成各自独立的系统，独立的管网、独立的加压系统、独立的储水池、独立的计量仪表，初期可暂时使用城市自来水加雨水，一旦条件成熟便可使用中水加雨水，为节约水资源创造良好的条件。

12.2.2.2 叠压供水设计方案

《水规》09 版 3.3.2A 条规定“叠压供水设计方案应经当地供水行政主管部门及供水部门批准认可”，这是从全局考虑的必然要求。因为叠压供水系统通常是要按设计秒流量选用设备的供水能力，而水箱加变频是按最高日设计小时水量平均秒流量作为水箱进水管的设计过流量，两者的流量差值通常都有 30%以上，两者对城市管网的影响也不一样。

叠压设备有抽吸能力，如果叠压设备控制得不好，就可能对所接的管网产生水压洼地，从而影响周边其他用户的正常使用，根据《水规》09 版 3.3.2A 条的条文解释中的要求，各种限定情况中有其中一种的情况出现时就不能使用叠压给水设备：

(1) 供水管网经常性停水的区域；

(2) 供水管网可资利用水头过低的区域；

(3) 对周边现有（或规划）用户会造成严重影响的区域；

(4) 现有供水管网供水总量不能满足用水需求的区域；

(5) 供水管网管径偏小的区域；

(6) 供水行政主管部门及供水部门认为不宜使用叠压供水的其他区域；

(7) 当地明文规定的某些不能使用叠压供水的行业。

所以在选取该方案前，要认真进行调查研究，当前面所说的 7 种情况都无问题时，才可选择叠压供水设计方案，报批的方案通常达到初步设计的深度。当供水行政主管部门及供水部门批准认可叠压供水系统方案以后，就说明该建筑或小区供水采用叠压系统后对市政管网影响较小，具备使用条件，叠压供水设计方案可行，可进行下一步的施工图设计。

12.2.2.3 叠压供水水压计算及注意事项

(1) 确定市政管网可资利用的水压，可根据用水地点高峰用水时段市政管网所能保证的供水压力（可由供水部门提供或实际测量）减去引入段的总水头损失，并考虑一定的安全余量后确定（当设备入口和市政管接出口有位置高程差时，要计算其产生的影响），计算公式如下：

$$H_0 = H_S - \sum h_i - \Delta H_Z - H_a \tag{12-1}$$

式中 H_0 —— 可资利用的水压（m）；

H_S —— 市政管供水管高峰时段保证压力值（m）；

$\sum h_i$ —— 水流从市政管接口到叠压设备入口沿程及局部水头损失的合计（m）；

ΔH_Z —— 叠压设备入口到市政管接口之间的位置高度差值（m），要注意其值正负号，叠压设备设在地下室等低处时，其差值为负，这时可资利用的水压值是增加的；

H_a —— 安全水头（m），通常取 2 ~ 3 m。

可资利用的水压当然是越高越好，当其值在 10 m 以下时，节能效果会大打折扣。可采用适当增加引入管管径、使用低阻力倒流防止器等措施来减小水头损失，以增加可资利用的水压。另一方面也必须了解市政给水管接口处在低峰用水时的最大水压值为多少，可测量夜间低峰用水时的水压值，高低峰用水的水压差值越小越好。

（2）叠压水泵扬程的计算，计算公式如下：

$$H_B = H_C + \sum h_C + \Delta H - H_0 \tag{12-2}$$

式中 H_B —— 叠压水泵的扬程（m）；

H_C —— 最不利用水点处设计动水压力值（m）；

$\sum h_C$ —— 水流从叠压设备入口到最不利用水点沿程及局部水头损失的合计（m）；

ΔH —— 最不利用水点到叠压到设备入口之间的位置高度差（m）；

H_0 —— 可资利用的水压（m）。

在选泵时要校核市政管网最大水压值（低峰用水时段），泵的耐背压能力一定要高过此最大值。一台水泵工作的工况下且转速为 75%额定值的条件下是否移出高效段？当变频器只调整一台水泵，有可能有工频泵运行的情况下，工频泵是否移出高效段、是否出现工频泵过载的可能性？当每一台泵都有独立的变频器且机组控制柜可对各个变频器进行智能化管理时，其适应性会大大提高，设计人员可根据泵的入口水压变化范围，对叠压设备水泵的台数、控制要求、停止进水（设备入口处）的压力值确定做具体的要求。

（3）叠压设备停止进水（设备入口处）的压力确定是必要的，在市政管网检修时会出现管网压力下降的情况，为保证室外消防管网有 10m 水头，当叠压设备进口压力降到允许数值以下（持续时间达到 30s）时就要停止从管网进水，该允许数值的计算见公式（12-3），忽略从室外环管到设备入口处的水头损失（其值很小，这样也偏于安全）。当叠压设备入口压力回复到达到可资利用的水压时，可重新恢复进水并正常运行。

$$H_T = 0.1 + 0.01H_Z \tag{12-3}$$

式中 H_T —— 叠压设备停止进水压力（MPa）；

H_Z —— 室外地面到叠压设备之间的高差（m）。

例如放到地下 3 层的叠压设备，设备入口比地面低 12m，则 H_T=0.1+0.01 × 12=0.22 MPa。

该公式是以低压制室外消防管最低压力限定值作为控制条件的，如果当地供水部门对外网压力最低值另有要求时，应以其为设置参数（例如北京市要求放在首层的叠压设备“吸入口压力低于 0.2 MPa 时自动停泵，吸入口压力达到 0.22 MPa 时自动恢复运行”）。

（4）对于不允许断水的建筑（如星级酒店等）使用叠压供水设备时，要另设储水箱（或罐等容器)，储水量可按最高日用水量的 20%～25%考虑，储水容器的选择有 3 种做法：

1）低位有压罐；

2）低位常压水箱；

3）高位常压水箱。

下面用表 12-1 来比较它们的优缺点。

储水容器的比较　　表 12-1

储水容器	加工要求	造价	运行费用	占用上部空间	消毒设备或新鲜水替换	最不利层水压保证情况
低位有压罐（放叠压泵旁边）	高	高	低	不需要	不需要	可以保证
低位常压水箱（放叠压泵旁）	低	低	高	不需要	需要	可以保证
高位常压水箱（放屋顶等位置）	低	低	低	需要	按地方规定有时需要消毒	受设置位置影响有时需要再增压

采用低位常压水箱的储水方式的叠压供水设备，可采用设置消毒设备的方式或新鲜水替换的方式保持储水的水质，采用消毒设备需要保证储水水质时刻满足饮用水标准的要求，采用新鲜水替换的方式需要保证储水在水箱里停留的时间不超过 12h（规范要求），就要每天将水箱里的储水替换两次，那么平时叠压水泵的常压运行工况（即非叠压运行）的时间将超过 40%～50%，使叠压供水设备节能效果大打折扣。

当可资利用的水压超过 20 m 时（叠压供水设备设置在地下室负二层或更低层的时候很容易超过），即使使用变频调速也会使水泵叠压运行工况超出高效范围，在这两种情况下工作的叠压供水设备，其优势丧失就更多了（泵的扬程按常压运行选，常压运行的时间超过 40%～50%，叠压运行又在泵的低效区工作）！如果配置两套水泵，一套工作在叠压运行工况的高效区，另一套运行在水箱加变频工况的高效区，起码有一半多的时间充分利用了市政水头。在高可资利用的水压的条件下，采用有压罐或高位常压水箱（低位常压水箱加消毒法保证水质的情况也相同）作储水容器的条件来说效果更好，这几种情况供水设备几乎都在叠压工况下高效区工作（除非外管网等有事故出现），叠压供水设备的节能优势才得以充分发挥。

12. 2. 3　小区给水设计流量的计算

12. 2. 3. 1　居住小区设计流量的计算方式

《水规》09 版对居住小区室外给水设计流量的计算方式进行了较大的调整。住宅管段设计流量是用器具概率法算的秒流量，还是用最高日最大小时平均秒算的秒流量，要用《水规》09 版中 3.6.1 条里的表 3.6.1 中的数据进行判别。凡在小区管直接服务的居住人数不大于表 3.6.1 限定人数的情况下，则用器具概率法算的秒流量作为管段设计流量，否则用最高日最大小时平均秒算的流量作为管段设计流量。

当居住建筑的用水的系统中部分层（通常为下面几层）直供（由市政水压直接服务），剩余的上部各层由低位水箱加变频加压设备间接供水时，要分别计算直供部分及间接部分水量后再相加作为管段设计流量，直供部分用器具概率法算的秒流量（不超表 3.6.1 限定人数时采用），间接部分流量由小区或建筑低位水箱的引入流量（低位水箱的补水流量）确定。低位水箱的补水流量按不宜大于所服务居民的最高日最大小时平均秒流量和不得小于最高日平均小时平均秒流量来考虑，通常建筑单体（小区）储水箱有效容积选最高日用水量的低限 20%（15%）时，用最高日最大小时平均秒流量作为补水流量，储水箱容积增大的情况下则适当降低补水流量，变频泵后的管道流量按直供方式计算（条件：泵后不再设置高位调节水箱）。当上部各层采用叠压供水时，下面几层的直供部分及上面叠压供水部分一起用器具概率法计算管段设计秒流量（不超表 3.6.1 限定人数时采用，否则用最高日最大小时平均秒算的秒流量作为管段设计流量），可不考虑稳流罐的补偿作用。

12. 2. 3. 2 节点流量

居住小区配套的建筑物的节点流量要根据小区直供居住人数和它的类型确定。凡小区管直接服务的居住人数不大于《水规》09 版中表 3.6.1 限定人数的情况下，小区配套的文体、餐饮、娱乐、商铺及市场等按器具当量流量公式算的秒流量作为节点计算流量，否则按定额计算的最大小时平均秒流量作为节点计算流量，小区配套的文教、医疗保健、社区管理等以及绿化、道路及广场、公共设施等均以按定额计算的平均小时平均秒流量作为节点流量。

12. 2. 3. 3 小区引入管设计流量

绿化、道路等浇水流量按最高日平均时平均秒流量计入，小区引入管的设计流量还需考虑 10%～15%的漏损和未遇见流量（优质的管材及施工质量好时宜取低限 10%）。当小区室外生活部分和消防部分水量合用引入管的条件下，需要校核生活设计水量（淋浴水量按 15%计，绿化、道路浇水流量不计）叠加一次火灾时室外消防最大设计秒流量的情况下且其中一条引入管检修时，其余仍满足室外消火栓用水压力从地面算起不低于 0.1MPa 的要求。

《水规》09 版 3.6.1B 要求，不少于两条的小区室外环状给水管网，当其中一条发生故障时，其余引入管应能保证不小于 70%的流量，因此，小区引入管为 2 条时，每条引入管的设计流量至少为总流量的 70%，当小区引入管为 3 条时，每条引入管的设计流量为总流量的 35%为最节省，更多条的各引入管最节省的流量分配为总流量的平均值，通常大于 3 条的小区引入管用得较少。

12.3 太阳能及热泵热水系统

《水规》09 版与《水规》03 版相比，对热水加热系统中太阳能和热泵系统的选择及相关设计要求内容做了较大幅度的补充，在满足一定的条件时《水规》09 版 5.2.2A 条强调“宜优先采用太阳能作为热水供应热源”。《水规》09 版 5.2.2B 条对热泵热水供应系统的使用场合也做了明确的规定，《水规》09 版 5.4.2A 及 5.4.2B 条分别对太阳能和热泵热水系统的设计进行了要求，太阳能热水系统的设计还应按照《民用建筑太阳能热水系统应用技术规范》GB 50364—2005 中有关要求进行，水源及土壤源热泵热水系统的设计还应按照《地源热泵系统工程技术规范》GB 50366—2005（2009 版）中有关要求进行。

12.3.1 太阳能热水系统

太阳能作为绿色能源（《水规》09 版）要求优先选择，我国大部分地区（除四川、贵州、重庆、云南东南部等地区外）均有条件设置太阳能热水加热系统。但利用太阳能进行热水加热，其设备的正常运转受天气影响很大，必须根据当地的气候条件选择合适太阳能系统，并且进行技术经济比较来确定出最佳的设计方案。另外，如果太阳能集热器的设置面积很大时，可能会对建筑造型产生影响。因此在前期进行规划及方案设计时就要事先考虑太阳能集热器类型、系统对建筑的影响及安装问题，要与建筑及结构专业互相配合，确保装设的太阳能集热器与建筑和谐且不影响集热效率的发挥。

12.3.1.1 太阳能集热器的选择

太阳能集热器有多种类型，选择适合当地工作环境的集热器，是太阳能热水系统设计最重要的工作之一，同时要考虑维护的方便性、使用寿命、造价及投资偿还期等因素，同种类型的集热器但不同的生产企业，其产品性能也有较大的区别，运输距离的远近，也是绿色建筑要考虑的因素之一，太阳能集热器类型的选择及安装情况可参考表 12-2：

太阳能集热器类型的选择及安装情况 表 12-2

集热器的类型	适用的环境温度（℃）	集热效率	机械冲击时易损程度	抗内外热冲击性	与建筑的结合性	造价情况
平板型	＞0	低	低	好	容易结合	低
全玻璃真空管型	＞－15	中	高	差	不容易结合	中
金属—玻璃真空管型	＞－45	高	中	好	可以结合	高

注：平板型集热器由于环境温度低时集热效率更低（非真空，散热大），不适宜间接换热系统，通常是以水做介质的直接加热系统，不能低温环境运行；全玻璃真空管型集热器受热冲击影响大，太低工作环境温度使得炸管的危险性增加，低温环境运行时要用耐低温传热工质间接换热。

（1）低海拔低纬度的北回归线以南及岭南地区气温高，比较适合平板型集热器，但与住宅阳台结合安装时，受安装角度的限制，集热器与地面的倾角很难达到与纬度接近的数值（安装角度在 20°～28° 左右），使得集热效率下降很多，可将集热器放到天面上，但受屋面面积的限制，在高层建筑上使用往往不能满足要求的产热量，在多层建筑上使用，许多情况下还是能满足热量需求的（层数越少越容易满足）。

（2）秦岭以南的大部分地区都可采用全玻璃真空管型集热器，放置在外墙上的集热器，要考虑集热器与建筑物的结合问题、集热效率降低的问题及维修的方便性等问题，放置在屋面的集热器，要考虑是否能满足使用热量的要求，预留储热水箱的位置要占的空间等需求，防冻问题等。

（3）秦岭以北的大部分地区都可以采用金属—玻璃真空管型集热器，与建筑物的结合形式要考虑提高集热器效率和以降低投资成本为目标，对于有沙尘暴和扬沙天气的地区还要考虑集热器表面清洗的问题，以避免尘土对集热器集热效率的影响，储热水箱及循环和换热设备必须放置在有采暖的房间内。

12. 3. 1. 2 太阳能集热器的面积确定

太阳能集热器的面积与使用人数、热水定额、所在地太阳年平均辐照量、集热器的年平均集热效率、太阳能保证率及系统热损失等有关，见下面的计算公式：

$$A_{jz}=\frac{q_r m C \rho_r (t_r-t_l) f}{J_t \eta_j (1-\eta_l)} \tag{12-4}$$

式中 A_{jz} —— 直接加热集热器总面积（m^2）；

q_r —— 设计日用热水量（L/d），按（《水规》09 版）热水定额表 5.1.1-1 和表 5.1.1-2 中数据的下限取值；

m —— 用水单位数；

C —— 水的比热；

ρ_r —— 热水的密度（kg/L）；

t_r —— 热水的计算温度（℃），取 60℃；

t_l —— 冷水的计算温度（℃），按《水规》09 版中表 5.1.4 确定；

f —— 太阳能保证率，根据系统使用期内太阳的辐照量、系统的经济性和用户的要求等因素综合考虑后确定，取 30%～80%；

J_t —— 集热器采光面上年平均太阳辐照量 [kJ/(m²·d)]，由当地气象部门提供或查设计手册等；

η_j —— 集热器年平均集热效率，根据产品实测数据确定，经验值为 45%～50%；

η_l —— 水箱和管路的热损失率，可取 15%～30%，并尽量降低。

对于间接加热太阳能集热器的面积确定，可根据所选的集热器的类型和换热器及保温情况按（《水规》09 版）（5.4.2A-2）公式计算，这里不再列出。

公式（12-4）中除常数外对于一个具体的设计工程来说，公式中 q_r、m、t_r、t_l、J_t 参数是已经确定的，其他的参数是有一定选择范围的，下面就有一定范围可选择的参数进行一些探讨：

（1）太阳能保证率 f 的选取：太阳能资源越丰富取值越高，可参考表 12-3 选取：

太阳能保证率的选取 **表 12-3**

太阳能资源分区	太阳辐照量 MJ/(m²·a)	典型地区举例	太阳能保证率取值参考
Ⅰ丰富地区	≥ 6700	新疆南部、青海西南部、甘肃西部、西藏大部、内蒙古西部	60% ~ 80%
Ⅱ较丰富地区	5400 ~ 6700	新疆北部、呼伦贝尔市、鄂尔多斯市、北京、天津、山西北部、河北北部、山东西北部、陕北、川西南、甘东南、海南、云南北部、闽及粤沿海、藏东、锡林郭勒盟、乌兰察布盟、青海东部	50% ~ 60%
Ⅲ 一般地区	4200 ~ 5400	河南大部、吉林、黑龙江、辽宁、福建及粤北部、湖南、安徽、广西东部、江西、湖北、山西南部、江苏、浙江	40% ~ 50%
Ⅳ 贫乏地区	< 4200	云南南部、贵州、四川大部、成都、重庆、广西西部	< 40%

Ⅰ区的投资回收期通常在 5 年左右，可选用 f 值的高限，以充分利用洁净的太阳能资源，Ⅱ区的投资回收期通常在 5 ~ 8 年左右，有较好使用条件及明显的经济效益，可选用较高的 f 值，Ⅲ区的投资回收期通常在 8 ~ 10 年左右，可根据投资资金的多少选用适中的 f 值，Ⅳ区的投资回收期通常在 10 ~ 15 年左右，根据 GB 50364—2005 中 4.3.1 条的要求，太阳能系统的主要部件使用寿命不少于 10 年为合格，这样Ⅳ区的太阳能热水系统的投资可能还没有收回就要更换主要部件了或要重新替换旧的系统了，《水规》09 版也没有推荐优先在此区域使用太阳能系统，因此在Ⅳ区使用太阳能热水系统要特别慎重。

（2）集热器年平均集热效率 η_j 的选取：该参数的大小和集热器的形式及生产厂家产品有密切的关系，有些产品的年平均集热效率 η_j 已经超过经验值的上限不少，可根据不同厂家提供的产品瞬时效率方程进行计算，或由厂家直接提供该参数，以反应产品的实际能力，希望该值越高越好。

（3）水箱和管路的热损失率 η_1 的选取：建议设计时要对水箱及管路的热损失进行比较仔细的计算，选择的保温材料和保温层的厚度要使 η_1 的值向 15%或更低值靠拢，试想一下一个集热效率只有 50%左右的太阳能热水系统，他的热损失就要有 30%之多，使总的集热效率变成 35%，那是多么的可惜和浪费！也不符合节能的大前提，目前室内热水系统的热损失可做到 5%以下，室外的热损失做到不超过 10%是有必要和有能力达到的，而将太阳能集热器的集热效率在原来的基础上提高 15%则是困难的，保温材料可采用导热系数比较低的酚醛泡沫制品及聚氨酯泡沫制品，防潮层（根据需要做）及保护层按要求做好。

12.3.1.3 太阳能热水供应系统辅助热源及加热设备的选择

（1）《水规》09 版 5.4.2A 条第 4 款对辅助热源和加热设备的设置做了规定。辅助热源的选择对整个太阳能热水供应系统的可靠稳定运行及运转费用都有很大的影响，最方便的辅助热源为城市热力管网，只要通过换热器将热能交换过来即可，当没有城市热力管网时，只有自己设置燃气或燃油设备等方式，从环保角度来说，燃气设备对环境的影响要小，应优先使用，使用电加热设备投资小，方便管理，但运行费用高，总体上算下来并不经济，在电能供应充足的地区可考虑使用，采用热泵作为辅助加热设备使运行费用降低很多，但一次性投资较大，当资金比较充足时这种搭配最节能，但要注意热泵本身的设置也有一定的条件限定要求，因此辅助热源及设备的选择，应根据当地能源的实际情况和投资资金的多少，进行技术和经济比较后，选择出最佳的设计方案。

（2）在Ⅲ区及Ⅳ区使用的太阳能热水系统，要特别注意辅助加热能源和设备及系统的选用，因为这两个区域的辅助加热运行方式实际上已经是“唱主角”而非“辅助”了，再加上辅助能源及设备的产热功率要大于太阳能加热设备的产热功率，需要按普通能源来常规设计“辅助”加热系统，系统设计时要注意充分利用太阳能来预热所进的冷水，发挥太阳能集热系统在无直线光照的条件下也可以利用散射辐射（有直线光照时散射能约占太阳辐射总能量的 20%，没有直线光照时散射能所占的比例会更多）太阳能的能力，以提高太阳能的利用效率。

（3）现提供一个寒冷地区局部利用太阳能预热的系统原理图（集热器采用金属热管－玻璃真空管式），供设计时参考，详见下图 12-1。

（4）机械循环采用温差方式控制：当集热器联箱或集热器出水干管内的水温与储水箱水温温度差在 6 ～ 8℃时，循环泵开启，温度差在 3℃及以下时，循环泵关闭，控制温度计的精度 ±1℃。

12.3.2 热泵热水系统

《水规》09 版 5.4.2B 条各款对水源热泵及空气源热的设计，从热源的选择、设计小时供热量的计算、水质的要求、辅助热源的设置及储热容器的计算等进行了规定，条款对正确及合理设计热泵热水系统，起纲领和指导作用。热泵热水系统发展很快，开始时从几年前的在几十个床位左右的小型旅馆试用，到现在在上千床位的大型星级酒店中应用，在南方地区空气源热泵有替代燃气热水机组之势，直接带热回收的空调机组的应用，在夏季等开空调时可提供大量的温度在 40℃左右的热水，可作为预加热热水提供给热泵机组，或直接在某些场合使用，在北方水源热泵及土壤源热泵也越来越多被应用，新规范的优先推广再加上地方政府在政策上的导向和经济上的补贴，其发展将会更加迅速。

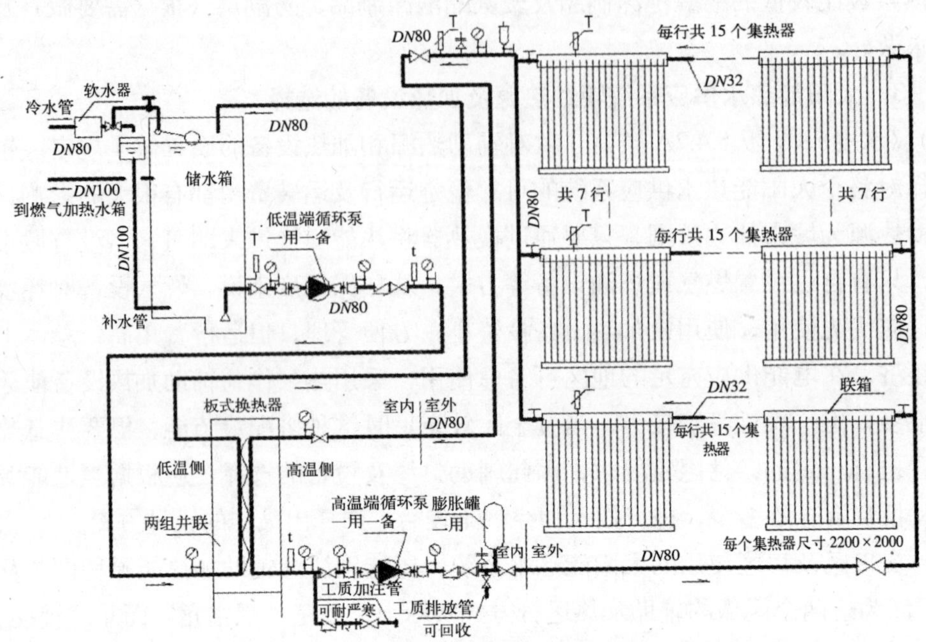

图 12-1　局部利用太阳能预热系统原理图

热泵热水系统的种类及在应用过程中所涉及的因素也很多，按热泵所用的热源分有3种类型：空气源热泵；水源热泵；土壤源热泵，其中水源热泵又可分为地表水水源热泵及地下水水源热泵。每种类型的热泵热水系统的适应性及设计差别都较大，要根据现场环境及条件合理选用。

12.3.2.1　水源热泵热水系统

（1）热泵热源利用时要注意的问题：《水规》09版5.4.2B条第1款要求：优先考虑空调冷却水等水质较好、水温较高且水量、水温稳定的废水作为热源。在利用空调冷却水作为水源热泵热源时，通常要设置热交换器，闭式间接使用可使常规冷却塔的水循环系统变化最小，但由于换热器的串入，会引起环路损失加大，尽量采用损失小的换热器，现在有带热回收的空调机组，可在设计前期与空调设计人员沟通，共同协商确定出对双方都有利的做法。在过渡季节可能会出现空调热回收热量不够的情况，在空调不开的冬季，则完全没有热量回收及利用，这种情况随着建筑物所在地区纬度的增加而愈发明显，所以辅助热源设计时要注意这种情况。利用废水做水源热泵热源时，要确保有基本稳定的水流量，水质好坏对热交换器影响很大，进行水质处理时其费用增加很多，要进行技术经济比较，酒店的洗浴及洗涤废水处理后达到中水水质标准的杂用水，它的出口水温较高，与室内环境温度接近，是较好的热源，但要考虑现有中水量的含热量是否够用，且热交换后的中水管路系统要做防结露处理。用江河地表水做热源，应向主管部门申报，并要由有资质的单位对利用的水源水文勘察资料进行可行性研究及使用后对环境影响进行评估，符合有关要求的才可以采取这种方案，通常这种热源利用方案设计周期较长，牵扯的主管单位多，手续复杂，对于建筑设计和施工工期紧的项目，要慎重采用。采用地下水做热源，要对使用地下水的区域的水文地质情况进行勘察，对探测井的出水量、水温、水质情况、成井条件等进行了解，并分析其最佳的利用价值所在：①有地热资源的温泉热水井时（水温≥55℃），可根据水温及水质情况确定直接利用或间接利用（不必经过热泵），水质符合要求的地下热水建议直接使用，铁、锰、氟等超标的地下热水，最好间接使用，因为经过处理达标后再使用，水温会有较大幅度的下降，会影响使用温度，间接使用时要注意地下水有腐蚀性时对热交换器产生的影响及采取的对策；②地下热水温度不太高时（水温≥30℃），可经热泵提升到合适的温度后再直接单独使用（作为热泵热端出水，水质应符合有关标准的使用要求，与城市生活供水管线必须分开），当水质不符合有关要求时，可作为间接热泵热源水使用；③无腐蚀性的常温地下水（水温在 10 ～ 20℃左右或再高些），可作为水源热泵的热源水使用，用来加热需要使用的生活用水。回灌对于地下水的合理利用具有重要意义，回灌井的各种参数同样要进行测试和实验，全面掌握回灌时的各种数据和用合适的回灌方式，以确保回灌能长期稳定的进行。地下水水源热泵的利用方案及回灌方案同样要经过水务部门和环境及资源管理部门的审批，使宝贵的水资源得以有效合理的使用。

（2）水源热泵设计小时供热量的计算：水源热泵设计小时供热量可按下面公式计算：

$$Q_g = K_1 \frac{mq_r C(t_r - t_l)\rho_r}{T_1} \tag{12-5}$$

式中 K_1 —— 安全系数数，通常取 1.05 ～ 1.10；

Q_g —— 设计小时供热量（kJ/h）；

q_r —— 设计日用热水量（L/d），按（《水规》09 版）热水定额表 5.1.1-1 和表 5.1.1-2 中数据的下限取值；

m —— 用水单位数；

C —— 水的比热，4.187 kJ/kg·℃；

t_r —— 热水的计算温度（℃），取 60℃；

t_l —— 冷水的计算温度（℃）按（《水规》09 版）中表 5.1.4 确定；

ρ_r —— 热水的密度（kg /L）：

T_1 —— 设计热泵工作时间（h/d），通常取 12 ～ 20 h。

T_1 的取值直接影响到热泵的使用寿命和投资及储热水箱的容积，T_1 取下限使用寿命通常在 15 年左右，取上限使用寿命通常在 10 年左右，某大型企业的热泵设备 24 h 连续不停地运转，其使用寿命基本在 5 年左右，T_1 选择下限需要的设备台数较多，设备投资及占地也增加，但可使设备使用寿命延长及储热水箱的容积减小，可根据工程实际情况综合考虑后选取。

(3) 只要热源热量能够保证，水源热泵热水系统通常可不考虑设置辅助加热设备，只有当热源热量不够用时（这种情况有时会发生，如当利用本建筑物的中水作为热源时，或利用空调系统冷却水等情况就可能会出现），应设置置辅助加热设备，以补充热源热量的不足，来确保热水高峰时段的正常供应，热泵热水系统辅助热源的具体选择要求与太阳能热水系统辅助热源的选择要求相同，这里不再重复。

(4) 水源热泵热水系统应设置储热水箱，以降低设备的容量及减少投资，它的大小由设计小时耗热量及设计小时供热量的差值等因素确定，具体计算按（《水规》09 版）中 5.4.2B—2 公式进行，可参考本书第一章热水计算实例部分内容。

(5) 水源热泵按《水规》09 版 5.4.16A 条第 1 款要求进行机组布置，在地下室安装机组时，要预留进设备的通道或吊装孔的位置。

12. 3. 2. 2　空气源热泵热水系统

《水规》09 版 5.4.2B 条第 2 款及 5.4.16A 条第 2 款对空气源热泵热水系统的设计做了规定，空气源热泵的设计小时供热量及储水箱的计算与水源热泵相同，下面就它们设计时的不同的地方进行说明。

(1) 空气源热泵应用时要了解产品对环境温度的适应性：在厂家宣传上，空气源热泵系统可工作的环境温度通常在 −5 ～ 40℃范围内都可以，但对于定工况设计的热泵压缩机系统，有它最适合的环境温度范围，超出这个工作的温度范围，要么使 COP 下降，要么使压缩机过载，由于环境温度的改变是不可避免要发生的，采用定工况方式生产的热泵，其适应环境温度变化的最佳工作范围较窄，设计时要使空气源热泵每日的工作时间 T_1 选下限，以延长设备的使用寿命。变工况压缩机工作方式的出现，解决了热泵定工况工作方式环境温度变化适应性差的问题，可确保季节变化时环境温度的大幅度变化时也不会产生过载及不会引起使 COP 下降很多，使设备使用寿命延长，这种热泵每天的工作时间可选得长一些，但由于变工况压缩机工作方式制冷剂的参与运行的数量、蒸发器及冷凝器的空气流量都在随工况改变，它的控制系统要复杂很多，设备造价也高，选用时要综合考虑。

(2) 空气源热泵应用时要了解产品的加热方式：目前很多型号的热泵都以循环加热方式工作，循环加热方式即每循环一次，水温升高 5℃左右，直到将水温加热到所需要的温度，循环加热方式的循环泵系统自然是少不了的，这种方式的储热水箱的利用率不高，这是因为它的热水出水口约在水箱的上口向下 1/4 ～ 1/3 处（这样做可避免不够温度的热水流出）。另一种空气源热泵工作在直热加热方式，它可将进水一次加热到所需要的温度（如 60℃等），可不必再设置加热循环水箱及水泵，直热加热方式通常在变工况压缩机工作方式条件下才能实现，它的热水系统的设计和前面所述的循环加热方式的热水系统的设计是不同的。

(3) 空气源热泵辅助热源的设置：根据（《水规》09 版）5.4.2B 第 2 款的要求，最冷月平均气温不低于 10℃的地区可不设置辅助热源，最冷月平均气温在 0 ~ 10℃的地区宜设置辅助热源，温度再低的地区应设置辅助热源，最冷月平均气温低于－5℃的地区，则不宜采用空气源热泵热水系统。

(4) 空气源热泵机组应放在屋面等空气流通、对噪声要求不高及非人流密集的地方，多排布置时要防止机组进风口之间的相互影响，根据机组的大小和进风量多少按照《水规》09 版 5.4.16A 条第 2 款第 2、3 点的规定来定其间距和离障碍物的距离。

12.3.2.3 土壤源热泵热水系统

土壤源热泵热水系统除热源换热器换热方式不同外，其他方面和水源热泵热水系统基本相同，该种热泵热水系统虽然《水规》09 版没有做进一步的规定，但它的应用也在逐步增加，《地源热泵系统工程技术规范》GB 50366—2005 对地埋管换热系统和地埋管换热器（即土壤源换热系统和土壤源换热器，为一致起见，下面仍称作土壤源换热系统和土壤换热器）设计做了较详细的规定，它具有地下水换热系统和地下水换热井所没有的优点，首先它不需要将地下水抽出来进行热交换，也不需要回灌井，只将热量置换出来即可，它对地下水位及水质影响都很小，对环境影响也很小，但它的打井费用很高，换热器施工要求也很高，作为绿色能源，政府对土壤源热泵热水（或制冷）系统进行的补贴也最多，也有不少工程实例，下面仍以北方某五星级酒店的土壤源热泵热水系统为实例进行介绍，可作为读者遇到此类热泵热水系统设计时的参考资料。

(1) 设计条件：

1）经计算（详见第一章表 1-4）建筑的设计耗热量及热水流量：设计小时耗热量 2468.76kW，设计小时热水量 38.56 m^3/h，平均小时热水量 20.77m^3/h，最大日热水量 344.52m^3/d；水温按 60℃计算。

2）土壤换热器测试勘察数据（冬季运行工况）：见表 12-4。

土壤换热器测试勘察数据 **表 12-4**

换热器测试井有效深度（m）	换热器测试井井距（m）	换热器进水温度（℃）	换热器出水温度（℃）	换热器平均每延米换热量（W/m）
120	4.5	5	9	40

注：每个测试井里放置一个走水的双 U 形换热器，换热器和井之间进行无缝填充。

3）土壤换热器的数量限定：由于占地面积的限制，最多可提供给土壤换热器的井的总数量约为 900 个，采暖总的组合热负荷约为 6500kW，分配给热水使用的土壤换热器使用的井的数量为 250 个左右；

4）土壤全年的总吸热量与释热量基本平衡；

5）设计生活用水点热水温度不低于 50℃；

6）空调季节可利用空调热回收热水，其水温最高在 40℃左右。

（2）热泵的设计参数要求：设计热泵机组热水出水温度在 55 ~ 60℃范围内，为循环式定工况热泵热水机组，平均每天工作的时间在 12h 左右，热泵的产热水量不小于平均小时需要的热水量，热泵的冬季 *COP* 大于 2.9，制冷冷媒用环保型，冷端循环介质尽量采用不加抗冻剂的软水。

（3）热泵的选用：根据设计参数，经比对拟选某进口品牌 2 台同容量的热泵主机用于本工程设计，不设置备用机组，该热泵主机典型参数：见表 12-5。

热泵主机典型工况参数 **表 12-5**

型号	冷端进水温度（℃）	冷端出水温度（℃）	热端进水温度（℃）	热端出水温度（℃）	电源输入功率（kW/ 台）	制热输出功率（kW/ 台）	冬季 COP
3602	10	5	50	55	302.7	1070.1	3.53

注：冷端是指热泵的蒸发器端，热端是指热泵的冷凝器端。

该热泵主机的典型工况参数与给出的条件有些出入，土壤换热器勘察数据的出水温度比热泵主机典型工况蒸发器的进水温度数据低 1℃，热泵主机典型工况参数的制热出水温度比要求的温度平均低 2.5℃，这些差距将使热泵主机工作在给出的条件情况下的 *COP* 下降，工作条件恶化，经与产品技术部门沟通，在给出的条件下工作时，产热量将下降到 900kW/ 台左右，冬季实际能效比 *COP* 为 2.97，该热泵的制冷剂为 HFC134a，为环保型，负荷可在 10%～100%之间无级自动调节，可保护机组的运行安全。冬季 2 台热泵平均每小时共产热水量：q_r=1800÷(1.163×56×0.983)=28.1 m^3/h，大于需要的平均小时供热量（20.77m^3/h），冬季每天平均工作时间不会超过：t=344.52/28.1=12.3 h/d，其他季节运行时间则会再短一些，满足机组较长使用寿命的工作条件。

（4）土壤换热器井的数量及布置：按换热器测试井的井深及间距设置土壤换器的井深及间距，换热井总数的计算可按下面公式：

$$n = k_j \frac{Q_g(1-\dfrac{1}{COP})}{q_j \cdot L} \tag{12-6}$$

式中 k_j —— 换热井成品安全系数，地质情况或施工引起的废井出现，通常取 1.01 ~ 1.03，取 1.02；

Q_g —— 设计小时供热量（W）；

COP —— 热泵的效能比；

q_j —— 给定进出水温度条件下，换热器平均每延米的换热量（W/ m）；

L —— 换热井有效井深（m）。

代入数据得 n=1.02×1800000×(1−1/2.97)÷40÷120=254 个，土壤换热器每 4 个并联为一组，从安全考虑，集分水器按 2 套设置，实际土壤换热井的数量为 256 个，每套集分水器共设有 32 组土壤换热器，每组 4 个换热器（井），热水用换热器（井）和空调用换热换热器（井）在系统上分别独立设置，并采用交叉布置的方式来减轻冷热岛的温差，换热器换热管的参数与测试换热器（井）一致，且由专门资质的公司设计和施工。

（5）储热水箱的计算与设置：储热水箱按长期运行的条件考虑，即土壤源热泵加热系统可保证提供总量为 1800kW 的热量，剩下的调峰热量由热水箱提供，经计算（详见第一章热水部分计算）热水储热水箱的总容积为 45 m³（有效容积为 36 m³）考虑到水箱的清洗及一台热泵机组检修时仍有 80% 的总供热量，故设置 2 台有效容积各为 30 m³ 的储热水箱。由于储热水箱还要兼做空调热回收热水的过渡水箱用及热水分层的需求，每台热水箱的实际尺寸为：6m × 3m × 3m=54 m³。

（6）循环流量的计算：根据热泵主机参数要求，每台蒸发器的循环流量为：155.6 m³/h，每台冷凝器的循环流量为：195.5 m³/h，由于工作条件的改变，要产生更高温度的热水，则冷凝器的循环流量必须降低（即恶化工作条件来满足使用温度的要求），在制热量为 900kW 温差为 5℃时，经计算每台冷凝器的循环流量为 q_{xr}=157.4 m³/h，而蒸发器的工作温差为 4℃，热量交换值约为 600kw/ 台，每台热泵机组冷端循环流量为 q_{xl}=129 m³/h，考虑到适度提高冷端的循环流量更接近实验换热器的实验流量，则蒸发器仍取原设备参数值设计冷端的循环流量即 q_{xl}=155.6 m³h。循环泵按 2 用 1 备设置，1 台热泵主机开时，则只开 1 台循环泵，循环水泵采用高品质产品，以提高系统运行的可靠性。

（7）土壤源热泵热水系统的设计：土壤源换热部分能否将地下土壤中的热量按需求置换出来并长期稳定地运行，是该热水系统成功设计的关键所在，并对工程造价有较大的影响，因此必须对土壤换热器（井）处的地热能资源进行勘察，地下岩土体的温度、结构、热物性及地下水的情况都要进行勘察，根据实测的结果及分析报告为进一步的设计提供可靠依据，鉴于这部分工作的特殊性及重要性，这部分工作的内容应由有专门资质的勘察设计和施工公司完成，建筑设计院在此基础上再进行下一步设计工作。设计院要以勘察结论为依据，根据勘察结论的数据及建筑物的需求选择合适的系统和设备。下面就该热水系统设计考虑时要注意的问题进行说明：

1）受场地面积的限定条件，所以换热器（井）将设置到建筑物的地下室下面，它的布置与结构桩相互影响，横管放到结构垫层里，需要结构早期配合，且井、双 U 管和横管都不具备可维修的条件，井和管的使用期限与建筑物同寿命，建筑物又是五星级酒店级别，热水供给的可靠性要求又很高，井和换热管都很多，施工的难度也很大，每个换热器的进出水水管都引到集分水器显然可靠性最高，但管线太多，施工难度太大，造价也高，换热器的分组做法都对可靠性、施工难度、造价都有影响，经比较后确定每 4 个换热器为一组，可兼顾可靠性及施工的方便性，造价也影响不大。

2）换热器（井）的实际勘察换热数据及建筑使用参数与设备工况数据有出入时的解决方式，要看限定条件的可变程度及调哪方面更有利，本工程的打井位置不够，提高土壤换热器的出水温度必然使它的换热量下降，就要多打换热井，在此处这显然是不行的，降低热水使用温度则不能满足规范要求的最低温度的规定，所以只有降低热泵的COP，以满足所要求的使用条件。

3）夏季等空调运行期间有很多余热可以利用，采用空调热回收机组将余热换出加以利用，可节约运行费及实现进一步的低碳设计，空调热回收分为部分热回收和全热回收，制冷机的热回收是以满足空调运行条件下的热回收，采用的是空调优先，热回收的量和水温通常不能稳定，能用多少就用多少，有多高的温度算多高，通常是低温大流量的回收水，当流量大到一定程度就不能全部利用了，热回收温度越高对制冷机运行越不利，如果牺牲制冷机的效率来满足回收热水温度的需求的话，可能会得不偿失，热回收的最高温度一般在40 ~ 45℃左右，如果能把所有使用水量都加热到这个温度，这至少已经回收了热水所需加热能量的65%以上，已经很好了，如果有更高的回收水温（在不影响制冷效率的前提下），那会更好，希望回收的水温能达到55 ~ 60℃，这样可不必再进行加热，直接就能配送了，回收水温低于55℃时，有些地方也是可以直接使用的，如住宅的热水供水温度可适当降低，对于酒店来说至少要55℃的配送温度。

4）土壤换热器的埋管要使用耐腐蚀、寿命长、阻力小的PE或PB管，双U管管径通常与测试换热器（井）相同，该工程为*De*32的PE100管，耐压为1.6MPa，最后还要根据系统布置进行水力计算，当阻力偏大时要调整管径，以降低循环泵的能耗。

5）换热介质以软水最为经济，软水的最低工作温度不应低于4℃，否则要加防冻剂，该工程换热系统的最低设计温度为5℃，可直接使用软水，热泵机组有自动检测设施，可防止过低温度的情况出现，再低的冷端工作换热温度就要使用耐低温换热介质，耐低温防冻剂有氯化钠、氯化钙、乙烯基乙二醇、丙烯基乙二醇、甲醇、乙醇、醋酸钾及碳酸钾等，可根据工作温度的范围配置出合适浓度的溶液，希望换热介质有较大的导热系数，对机组及管道有低的腐蚀性，有较低的黏度，使换热工作的最低温度比换热介质的冰点温度高3 ~ 5℃左右，以确保系统安全运行。

该工程的土壤源热泵热水系统原理图如图12-2。

12.4 饮水供应

12.4.1 管道直饮水系统概述

《水规》09版第5.7节取消了居住小区直饮水系统的设置，这是因为在整个居住小区设置直饮水系统，很难在设计上保证使每栋楼里的每一条立管都按规范要求的循环流量运行，大量的室外管网使得管道总容积增加很多，循环流量也增加了很多，埋地敷设的不锈钢等金属管道的防腐处理也很麻烦，埋地敷设的管线有渗漏也难发现漏点，维修也不方便且埋地管维修时容易受到污染。

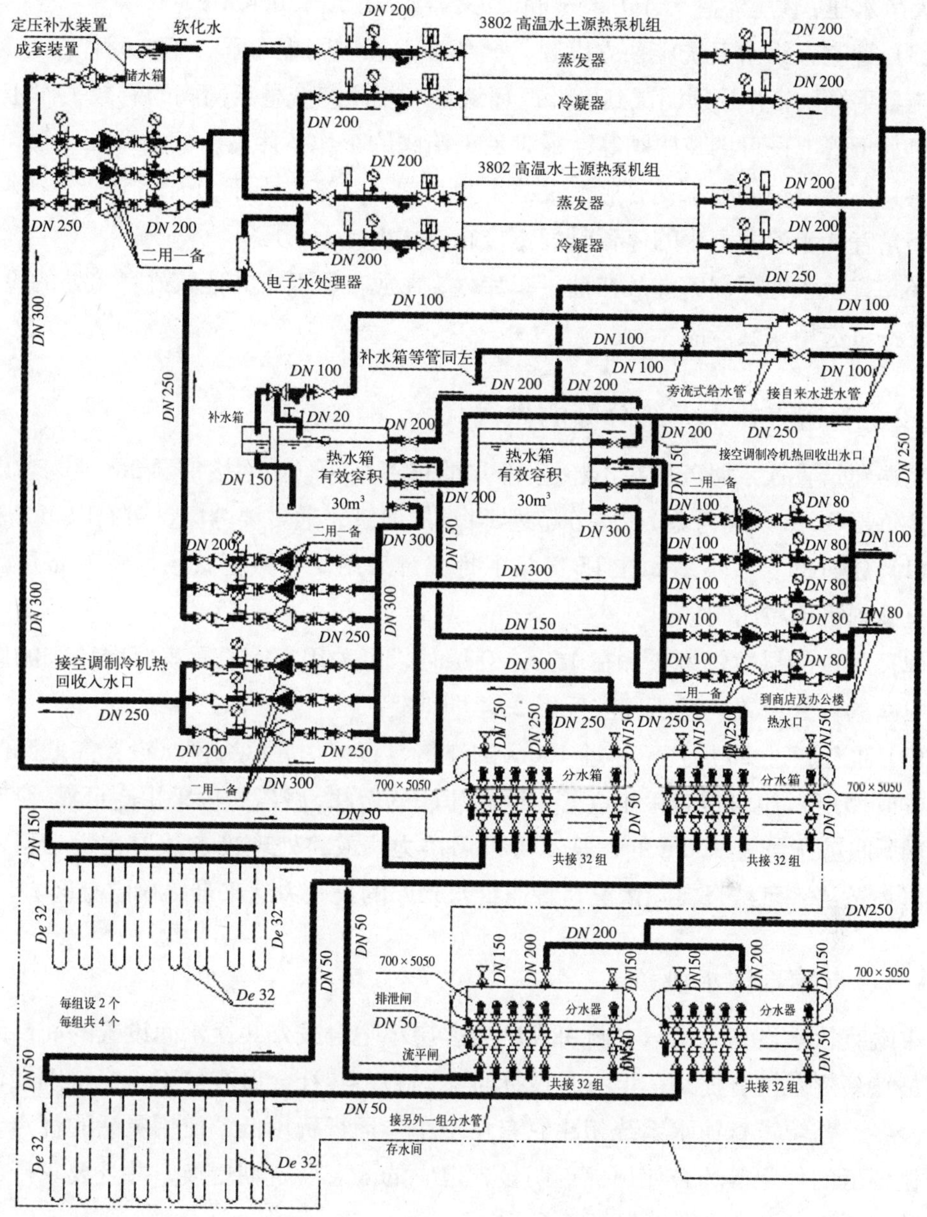

图 12-2 土壤源热泵热水系统原理图

《水规》09 版第 5.7.2 条增加了住宅楼、办公楼、教学楼及旅馆的管道直饮水系统设计的定额，5.7.3 条对管道直饮水系统的设计要求进行了详细的规定，并与《管道直饮水系统技术规程》CJJ 110—2006 相关内容协调一致，完善了原直饮水系统附录“饮用水嘴同时使用数量计算”附表的数据。在设计时要注意以下几点：

（1）深度处理后的水质应达到《饮用净水水质标准》CJ 94—2005 的规定；

（2）直饮水水嘴用专用小口径可摇头水嘴，进口最低水压宜为 0.05MPa，分区最低层最大净水压：住宅不宜大于 0.35MPa，办公楼不宜大于 0.40MPa；

（3）管道直饮水系统应独立设置，循环各立管应同程布置，不能同程布置时立管要设置流量平衡阀，并分别调试到设计循环流量（要注意流量平衡阀的有效工作压力区间，可在回水干管上设可调减压阀等，来满足平衡阀的工作条件）；

（4）不能循环的配水支管应尽量减少其长度，并不宜大于 3m；

（5）直饮水管网内水的停留时间不应超过 12h；

（6）直饮水处理间不宜放在地下车库内，宜放在屋面或其他较好环境处的设备间内，处理设备可选用成套产品。

12. 4. 2　管道直饮水系统分区的做法

高层建筑直饮水服务层数不超过 10 层的可不分区（住宅按每层 3m 层高考虑，写字楼等按每层 3.5m 层高考虑），服务超过 10 层的建筑，通常要分区，可有以下几种做法：

（1）超过的层数不多如在 15 层以下时，可采用支管减压做法，将下面几层用水点支管上设置可调减压阀；

（2）超过的层数较多，如在 16 ～ 20 层时，可采用立管设置串联减压阀的做法，在接近中间的位置设置，减压阀应采用 2 组并列设置；

（3）服务超过 20 层且不超过 100m 的建筑，可采用并联分区（设置高低两区加压系统 + 支管减压），也可接着采用立管串联减压阀的做法，减压阀应采用高可靠性产品品牌；

（4）服务于超过 100m 的建筑，可采用接力法或将处理设备放置在避难层，来减少供给压力做法，可结合实际情况与普通给水管网的设置方法来最终确定分区方案。

12. 4. 3　末端直饮水设备

末端直饮水设备是指只在厨房或酒店客房小吧台或公共饮水间设置的简易终端过滤器，虽然新规范没有提及，但有时设计时会遇到，其社会保有量不少，特别在住宅安装的比较多，与管道直饮水系统相比它有投资小、运行费用低、使用灵活的优点，在别墅及入住率低的住宅等场合使用优点明显，但它的滤芯要定期更换，并且要求产品质量一定过关，否则过滤效果不能保证。

12. 5　排水系统

12. 5. 1　生活排水系统

12. 5. 1. 1　同层排水系统设置

《水规》09 版 4.3.8 条对什么情况下排水横支管采用同层排水做了的规定：① 住宅卫生器具排水管要求不穿越楼板进入他户时采用，通常根据甲方的要求确定，甲方无特别说明的，一般设计时卫生间均采用同层排水，厨房不需要经常排水，可不设置地漏，也能做到同层排水，阳台洗衣机排水通常由地漏排除，一般不采取同层排水的方式；② 公共建筑里的公共卫生间当上下对齐时，可不设置同层排水，当下面一层有不允许设置排水横管的情况出现时（如：有生活饮用水池时、放置遇水产生燃烧及爆炸物品时、在食堂及餐饮厨房的操作和备餐间上部等位置），应设置同层排水，食堂及餐饮厨房的操作和备餐间的排水无法做到同层排水时，必须采取有效措施来防止污染情况的发生；③ 酒店层高受限制或增设卫生间及进行卫生间改造时，采用同层排水具有不影响净空高度及对结构破坏小的优点，可使用同层排水。

12.5.1.2 同层排水的做法及注意事项

（1）住宅卫生间采用同层排水的做法通常有三种：一种为全降板式，采用下出式排水的大便器的情况下使用，将卫生间结构板面下沉 0.35 ~ 0.40m（从卫生间地面最低点计算）左右，将所有的横支管放在沉箱内，沉箱的回填一般采用轻质材料，也有采用沉箱架空的做法；另一种为半降板式，立管在室外或立管虽在室内，但有富裕面积的卫生间且都采用后出式排水的座便器时，结构板可只下沉 0.12 ~ 0.15m 左右，满足安装 *DN*50 地漏所需要的高度即可，这种做法要占用一少部分卫生间的使用面积（有横管走在室内时），需把横管走在装饰墙内，当所有支管都可以直接伸出到墙外（非寒冷地区采用较多），也可以不用占用卫生间的使用面积；最后一种为抬高卫生间地面的做法，由建筑用填充材料将卫生间地面砌高，将管放在板上填充材料内，通常是在改造或加装卫生间时采用，因为这种做法对地面排水不利，且使用上不太方便，所以比较少的被使用，具体采用那种更合适可进行技术经济方面的比较后确定。

（2）公共卫生间同层排水的做法也有三种：一种为局部全降板式，当公共卫生间的面积比较大，蹲便器成一排布置时，为降低卫生间总荷载，可只降低部分有关的区域，其余区域不降低；另一种为局部半降板装饰墙式，采用局部下降 0.20m 左右安装 *DN*75 的地漏，其他排水管用装饰墙覆盖横管，卫生间面积比较富裕但层高不太够的工程（如机场附近的限高建筑）使用的比较多；最后一种为全部全降板式，当公共卫生间的面积不太大，层高足够时采用。

（3）采用同层排水设计要注意的事项：

1）卫生间结构板面下降（沉）多少，要根据使用的大便器的种类、卫生间的走管长度、管道坡度及是否有交叉等因素确定，蹲便器所要的空间比座便器更多，自带存水弯的蹲便器比不带存水弯的蹲便器所要高度要少，在设计时要计算准确，最好先布置一下管线，尽量避免交叉出现，无法避免时，将其所需的高度计算在内，横管坡度通常按标准坡度设计，要考虑施工上的误差，略留有余地。沉箱出墙及穿板防水套管的标高及尺寸要计算准确，有出入安装不上就麻烦了。采用架空安装的沉箱要在沉箱底安装一个 *DN*50 的侧排地漏，以防止沉箱内积水，并且地漏支管在立管上的留口越低越好，并注意它对其他支管安装高度产生的影响，该侧排地漏并不能完全排除沉箱内的积水，沉箱结构面的防水一定要做好，当沉箱上板面的防水也做得很好时也可不设置侧排地漏，有些住宅项目甲方对非架空有回填的沉箱的侧排地漏的设置也有要求，可根据甲方的意见及实际情况确定是否设置。有些项目为节省造价，根据甲方的要求，采用非降板式的同层排水，致使地漏安装不能满足规范的要求,这种情况要避免出现。抬高卫生间地面式(上台阶式)的同层排水要尽量不要采用，它的缺点太多。

2）酒店客房卫生间采用同层排水时，由于管井通常布置在两个卫生间的中部，一般管井尺寸都不太大，可选用成品安装支架，以降低对空间的占用，它的接管会有一定的要求,可根据卫生间实际布置情况设计好最合适的支架（可由产品供货单位配合完成)，设置地漏位置处的结构降板多少，可按计算值来确定，也可以将地漏管放到板下，变成非完全式的同层排水系统。

3）埋在回填层中的同层排水管，不能采用橡胶圈密封接口，塑料管可采用熔接或粘接，但这时横管的坡度为管件的角度：$i=0.026$，计算时要注意。铸铁管可采用法兰压盖连接或承插打口连接。

12.5.1.3 通气系统不同设置条件下最大设计排水能力

(1)《水规》09 版与《水规》03 版比较在排水篇章变化最大的是第 4.4.11 条里根据通气系统设置方式的不同，对排水立管的最大设计排水能力进行了细化和调整，并增加单立管排水系统的设计流量及自循环通气时的设计流量，特别是结合通气管的接法对立管的排水能力有较大的影响，具体数据对比见表 12-6 及表 12-7。

(2) 通过对比可以看出（《水规》09 版中）设伸顶通气的立管的最大设计排水能力与横管进入立管的三通管件的结构形式有很大的关系，设计时必须注明所使用的三通管件的类型，避免施工时用错，并且（《水规》09 版）中与（《水规》03 版中）同管径立管的排水能力相比数值变小了，对保持水封不被破坏的安全度提高了。

(3)《水规》09 版中对专用通气立管管径的不同和结合通气管与排水管及专用通气管的连接方式不同,而引起的立管排水能力的变化都分别进行了明确,其排水能力与（《水规》03 版）相比，均有一定幅度的下降，在 *DN*100 的专用通气管中，结合通气管每层设置与隔层设置，其排水能力有极其显著的影响，隔层设置的情况其排水能力比仅设伸顶通气支管用斜三通接入时的排水能力稍大但有限，设计时要注意标明结合通气管是每层连还是隔层连。

(4)《水规》09 版增加了主、副通气立管加环形通气条件下的排水立管的最大设计流量值，在该种通气条件下，排水立管的排水能力大大增加，规范没有明确这个流量下的主、副通气立管的管径大小条件，设计上按 *DN*100 考虑，环形通气管的设置比较麻烦，较难进行安装和不容易被隐藏，在建筑要求美观的情况下，要采取暗装或由建筑专业专门进行装饰才行。

《水规》09 版生活排水立管最大设计排水能力　　表 12-6

排水立管系统类型			最大设计排水能力（L/s） 排水立管管径（mm） 50	75	100（110）	125	150（160）
伸顶通气	立管与横支管连接配件	90° 顺水三通	0.8	1.3	3.2	4.0	5.7
		45° 斜三通	1.0	1.7	4.0	5.2	7.4
专用通气	专用通气 75mm	结合通气管每层连接	—	—	5.5	—	—
		结合通气管隔层连接	—	3.0	4.4	—	—
	专用通气 100mm	结合通气管每层连接	—	—	8.8	—	—
		结合通气管隔层连接	—	—	4.8	—	—
主、副通气立管 + 环形通气管			—	—	11.5	—	—
自循环通气	专用通气形式		—	—	4.4	—	—
	环形通气形式		—	—	5.9	—	—
特殊单立管	混合器		—	—	4.5	—	—
	内螺旋管 + 旋流器	普通型	—	1.7	3.5	—	8.0
		加强型	—	—	6.3	—	—

注：排水层数在 15 层以上时，宜乘 0.9 系数。

《水规》03 版生活排水立管最大设计排水能力　　表 12-7

铸铁排水立管管径（mm）	排水能力（L/s）		塑料排水立管管径（mm）	排水能力（L/s）		特殊单立管管径（mm）	排水能力（L/ s）		
	仅设伸顶通气	有专用通气或主通气立管		仅设伸顶通气	有专用通气或主通气立管		混合器	塑料螺旋管	旋流器
50	1.0	—	50	1.2	—	50	—	—	—
75	2.5	5	75	3.0	—	75	—	3.0	—
100	4.5	9	110	5.4	10.0	100	6.0	6.0	7.0
125	7.0	14	125	7.5	16.0	125	9.0	—	10.0
150	10.0	25	160	12.0	28.0	150	13.0	13.0	15.0

注：塑料排水立管数据系在立管底部放大一号条件下的排水能力，如不放大时与铸铁管排水能力相同。

（5）《水规》09 版增加了自循环通气条件下排水立管的排水能力，在特殊的情况下建筑不允许将通气管伸出建筑顶部或侧面时，采用自循环通气管可解决这个问题，自循环通气管的接法有两种形式：一种是中间部位按专用通气管接法；另一种是中间部位按环形通气管接法，最顶部均用 2 个 90° 弯头相连通气管和排水管，最下面将通气管的端部用倒接 Y 形三通与排出管相连，将排水管下部的正压与上部的负压进行抵消，达到防止水封被破坏的目的，自循环通气立管管径与排水立管管径相同，根据《水规》09 版的要求，自循环通气系统在排出管出户后的第一个检查井要设置管径不小于 *DN*100 的通气管。

(6)《水规》09 版对特殊单立管的排水能力做了修改，内螺旋管加旋流器普通型（螺旋筋 6 条，螺距约 2m）单立管的排水能力小于伸顶通气加斜三通的排水能力（似乎有些偏小），用其替代超过仅设伸顶通气排水管最大设计排水能力的系统就无法实现（详《水规》09 版）4.6.2 条），设计时要注意，内螺旋管加旋流器加强型（比普通型螺旋筋数增加约 50%，螺距减少大于 50%）的排水能力比普通型螺旋管大很多，设计时可根据安装位置的大小及接入管的条数和排水流量来综合选定，通常特殊单立管的排水系统用在污废水合流制的场合有优势，另外特殊单立管的排水管件都比较大，要按具体的接法画出大样，避免安装尺寸不够。

(7) 除底层外，《水规》09 版取消了不通气排水立管的排水能力，也就是说只要不是平房排水，所有二层及以上排水管设置通气管都是少不了的，设计时务必注意。各种通气系统的简图如图 12-3。

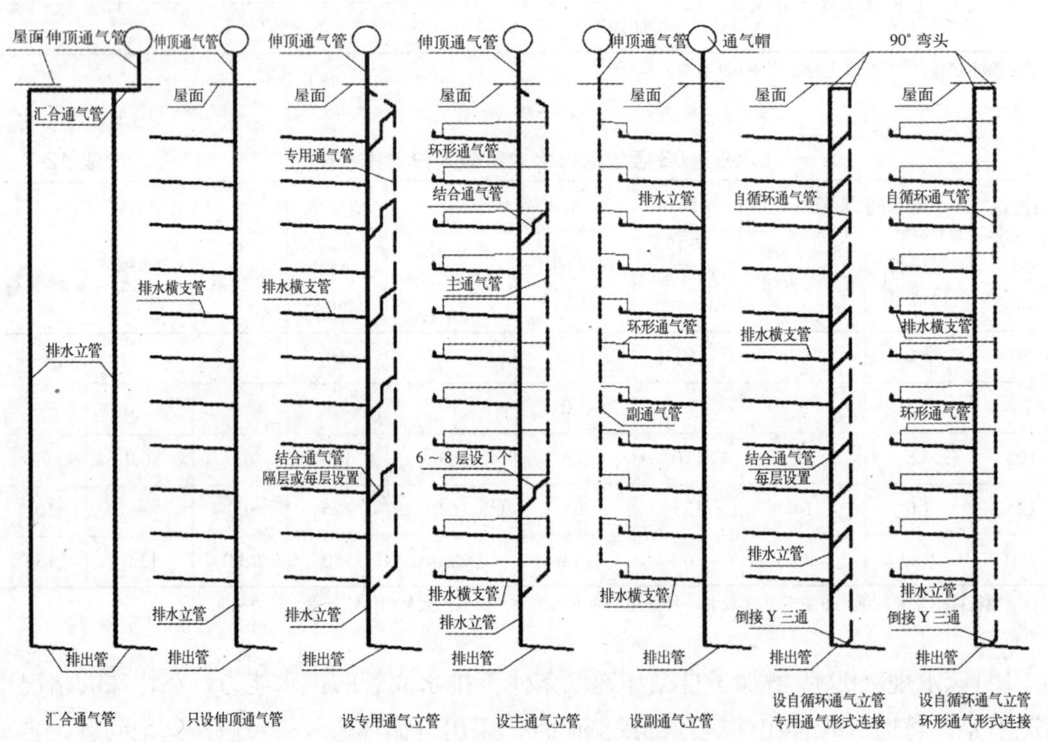

图 12-3　通气管的设置简图

12. 5. 1. 4 地漏的设置

《水规》09 版 4.5.10A 条强调：严禁采用钟罩（扣碗）式地漏，以强条形式出现，这是因为钟罩（扣碗）式地漏水封高度严重不够 50mm，即便做到要求的深度，由于它构造上的原因，也容易被人为移动上罩而不能形成水封，甚至也可能会由此引起上罩丢失，最后失去应有的保护作用。设计上可用简易排水口加存水弯，或优先使用具有防反溢及有防干涸功能的新产品，在无安静要求和无需设置环形通气、器具通气的场所，可采用多通道地漏。

《水规》09 版 4.5.8A 条要求：住宅套内应按洗衣机放置位置设置洗衣机排水专用地漏或洗衣机排水存水弯，洗衣机排水不得进入室内雨水管道。

12. 5. 1. 5 排水管材及检查井

《水规》09 版 4.5.1 条第 1 款要求小区室外排水管材应优先选用埋地塑料排水管。埋地塑料排水管的优缺点如下：

（1）和同样内径的混凝土排水管比，在同坡度的条件下，塑料管的排水能力大 30% 左右；

（2）塑料排水管的重量轻，接头密闭性好及接头少施工方便；

（3）与塑料排水检查井配合施工容易，渗漏少；

（4）但塑料排水管的抗机械损伤能力差，对回填要求高，回填土的各部位的密实度要按规定要求实施。

《水规》09 版 4.5.2A 条要求小区生活排水井应优先采用塑料检查井，与砖砌检查井比较，塑料检查井具有占地少、节约材料、环保、施工速度快及造价低的优点，在绿化带及小区里使用尤为合适，但在大荷载场合使用时要采取增强措施，以防止被压坏的可能。

12. 5. 2 雨水排水系统

12. 5. 2. 1 设计重现期的修改

（1）《水规》09 版 4.9.5 条表 4.9.5 对下沉式广场、地下车道出入口的雨水设计重现期做了单独的规定，可根据被淹后果的严重性在 5 ～ 50 年之间选取。重现期取高限对于避免 2010 年 6 月南方暴雨被淹地下车库损失惨重的再次发生很有必要，另外保证排水设备运行的可靠性也非常重要，配电设备最好不要放在地下室，要有不间断的动力供应，根据《水规》09 版 4.9.36A 及 4.9.36B 条的要求，下沉式广场用集水池有效容积不小于最大一台水泵 30s 的出水量，车库用集水池有效容积不小于最大一台水泵 5min 的出水量，排水水泵的台数不少于 2 台且不大于 8 台。

（2）对于重要的公共建筑，屋面雨水排水立管设计负担的雨水量可以超过 10a 重现期，雨水管和建筑屋面溢流口合计可排除达到 50a 重现期的设计雨水流量，当采用天沟集水且沟檐溢水（包括建筑屋面溢流口溢水）会流入室内时，设计暴雨强度应乘以 1.5 的系数，使产生水损的几率大大地降低。

12. 5. 2. 2 设计流量的变化及管材要求

《水规》09 版 4.9.22 条调小了重力流屋面雨水排水立管泄流量的最大设计值。4.9.26 条要求多层建筑重力流雨水管宜采用普通建筑排水塑料管，高层建筑重力流雨水管宜采用耐腐蚀的金属管（如：衬塑和涂塑镀锌钢管）和承压塑料管（如：PE、PB、ABS 等），对于高层建筑天面重力流雨水管,其管材耐压应不低于与建筑屋面高度相同的静水压力。

12. 5. 2. 3 虹吸式压力流屋面雨水系统

对于大型屋面和不便于采用重力流屋面雨水排水系统的建筑，可采用虹吸压力流屋面排水系统，虹吸压力流屋面雨水排水系统的成功案例很多，根据《水规》09 版 4.9.22A 条的要求，设计应采用专门计算软件进行计算（通常由专业公司进行），并由专业公司进行施工安装，具体要求按《虹吸式屋面雨水排水系统技术规程》CECS 183:2005 进行。设计时要注意的问题：

1. 不应采用虹吸压力流屋面排水系统的建筑

（1）建筑高度不超过 5m 的屋面排水；

（2）每块屋面面积不是很大、标高变化复杂且不连续的屋面；

（3）屋面短时间积水会产生危害的建筑。

2. 虹吸压力流屋面排水系统设计要注意的问题

（1）虹吸雨水斗有多种形式和不同的构造，对斗前水深要求也不同，对集水沟的宽度要求也不一样，应在设计前期与建筑及结构专业沟通，使得屋面构造有可变化的余地，能满足虹吸雨水斗形式及尺寸的改变时的使用要求；

(2) 虹吸雨水排水系统必须设置溢流口，溢流水深形成的荷载要提供给结构；

（3）汇水面积大于 5000m^2 的屋面，宜设置 2 组及以上独立的虹吸管排水系统；

（4）不同高度的屋面及不同形式的屋面宜各自设置单独的虹吸管排水系统，裙房屋面和塔楼侧墙雨水应分别设置虹吸管排水系统；

（5）各汇水面积应有明显的分水线。

附录　全国部分建筑设计院名单

1. 上海现代建筑设计（集团）有限公司
2. 中国建筑设计研究院
3. 铁道第二勘察设计院
4. 铁道第三勘察设计院
5. 铁道第一勘察设计院
6. 国家电力公司成都勘测设计研究院
7. 铁道第四勘察设计院
8. 长江水利委员会长江勘测规划设计研究院
9. 中国石油集团工程设计有限责任公司
10. 中讯邮电咨询设计院
11. 国家电力公司中南勘测设计研究院
12. 同济大学建筑设计研究院
13. 中国石化工程建设公司
14. 中国联合工程公司
15. 中京邮电通信设计院
16. 北京国电华北电力工程有限公司
17. 上海市政工程设计研究院
18. 北京市建筑设计研究院
19. 深圳市建筑设计研究总院
20. 中交第二公路勘察设计研究院
21 北京市市政工程设计研究总院
22. 国家电力公司西北电力设计院
23. 中冶集团武汉勘察研究院有限公司
24. 国家电力公司西南电力设计院
25. 中交第一公路勘察设计研究院
26. 黄河勘测规划设计有限公司
27. 国家电力公司华东勘测设计研究院
28. 浙江省电力设计院
29. 深圳市勘察测绘院
30. 江苏省电力设计院
31. 国家电力公司中南电力设计院
32. 中冶集团北京钢铁设计研究总院
33. 国家电力公司昆明勘测设计研究院
34. 中国电子工程设计院
35. 国家电力公司华东电力设计院
36. 广东省电力设计研究院
37. 大庆油田工程设计技术开发有限公司
38. 中冶赛迪工程技术股份有限公司
39. 国家电力公司西北勘测设计研究院
40. 中国建筑西北设计研究院
41. 国家电力公司东北电力设计院
42. 中国石化集团洛阳石油化工工程公司
43. 上海市机电设计研究院
44. 山东电力工程咨询院
45. 北京首钢设计院
46. 中国冶金建设集团包头钢铁设计研究总院
47. 武汉钢铁设计研究总院
48. 中国石化集团上海工程有限公司
49. 中国电子系统工程第四建设有限公司
50. 广西电力工业勘察设计研究院
51. 湖南省交通规划勘察设计院
52. 广州市城市规划勘测设计研究院
53. 河北省电力勘测设计研究院
54. 中国寰球工程公司
55. 北京国电水利电力工程有限公司
56. 江苏省交通规划设计院
57. 沈阳铝镁设计研究院
58. 中国纺织工业设计院
59. 中水东北勘测设计研究有限责任公司
60. 四川省水利水电勘测设计研究院

61. 中国航空工业规划设计研究院
62. 华南理工大学建筑设计研究院
63. 贵阳铝镁设计研究院
64. 中国冶金建设集团马鞍山钢铁设计研究总院
65. 中机国际工程咨询设计总院
66. 北京市测绘设计研究院
67. 南昌有色冶金设计研究院
68. 天津水泥工业设计研究院
69. 中国公路工程咨询监理总公司
70. 中国建筑东北设计研究院
71. 北京城建设计研究总院有限责任公司
72. 河南省电力勘测设计院
73. 中国建筑西南设计研究院
74. 重庆市设计院
75. 中国冶金建设集团鞍山焦化耐火材料设计研究总院
76. 中水北方勘测设计研究有限责任公司
77. 中元国际工程设计研究院
78. 东南大学建筑设计研究院
79. 山西省电力勘测设计院
80. 广东省公路勘察规划设计院
81. 中国天辰化学工程公司
82. 中船第九设计研究院
83. 上海市隧道工程轨道交通设计研究院
84. 绍兴市建工建筑设计院有限公司
85. 国家电力公司贵阳勘测设计研究院
86. 胜利油田胜利工程设计咨询有限责任公司
87. 中国石油集团工程设计有限责任公司东北分公司
88. 黑龙江邮电规划设计院
89. 中交第四航务工程勘察设计院
90. 广东省建筑设计研究院
91. 福建省电力勘测设计院
92. 中交第三航务工程勘察设计院
93. 江苏省邮电规划设计院有限责任公司
94. 中国建筑技术集团有限公司
95. 天津市建筑设计院
96. 北京市电信规划设计院
97. 中南建筑设计院
98. 湖南省电力勘测设计院
99. 北京机械工业自动化研究所
100. 有色工程设计研究总院
101. 中国市政工程西南设计研究院
102. 信息产业电子第十一设计研究院有限公司
103. 西安长庆科技工程有限责任公司
104. 北方设计研究院（中国兵器工业第六设计研究院）
105. 上海市南供电设计有限公司
106. 陕西省公路勘察设计院
107. 安徽省公路勘测设计院
108. 天津市市政工程设计研究院
109. 新疆时代石油工程有限公司
110. 深圳市城市规划设计研究院
111. 中国成达工程公司
112. 核工业第二研究设计院
113. 上海林同炎李国豪土建工程咨询有限公司
114. 福建省交通规划设计院
115. 中交第一航务工程勘察设计院
116. 广西建筑综合设计研究院
117. 四川通信科研规划设计有限责任公司
118. 浙江省水利水电勘测设计院
119. 江苏省地质工程勘察院
120. 五洲工程设计研究院（中国兵器工业第五设计研究院）

参考文献

[1] 伍培，李志生 . 建筑给水排水施工图识读及常见错误分析 [M]. 北京：机械工业出版社，2009.

[2] 李志生 . 中央空调设计与审图 [M]. 北京：机械工业出版社，2011.

[3] 刘建龙 . 建筑设备工程制图与 CAD 技术 [M]. 北京：化学工业出版社，2009.

[4] 金周天 . 建筑给排水施工图审查中的问题分析 [J]. 浙江建筑 . 2006，23（9）：78-79.

[5] 陈丽荣 . 建筑给水排水设计中的问题探讨 [J]. 经济技术协作信息 .2008，968（21）：1.

[6] 侯建新 . 浅谈建筑给排水施工图审查 [J]. 四川建材 . 2007（6）：238-239.

[7] 谢威 . 浅谈住宅建筑给排水设计中的几个常见问题及处理措施 [J]. 科技经济市场 . 2009（2）：19.

[8] 徐越群，刘娟江，谭伟 . 浅谈住宅建筑给水排水设计中的若干问题 [J]. 石家庄铁路职业技术学院学报. 2009，8（3）：34-36.

[9] 吴建清 . 住宅建筑给水排水设计中常见的问题及措施探讨 [J]. 建材与装饰 . 2009（7）：323-325.

[10] 俞建英 . 建筑工程预算管理问题与对策探析 [J]. 中国高新技术企业 . 2010，141（6）：132-133.

[11] 郑军 . 建筑工程预算中存在的主要问题与应对之策 [J]. 大众商务 . 2009，101（5）：74.

[12] 黄冬梅 . 基于《建设工程工程量清单计价规范》(2008 年版）的承包商投标策略技巧 [J]. 铁路工程造价管理 . 2009（9）：55-57.

[13] 成晓君 . 浅谈 2008 建设工程工程量清单计价规范 [J]. 山西建筑 . 2009，35（35）：248.

[14] 吴持恭 . 水力学（第 4 版）. 北京：高等教育出版社，2008.

[15] 上海市建设和管理委员会 . 建筑给水排水设计规范 GB 50015—2003 [S]. 北京：中国计划出版社，2003.

[16] 上海市建设和管理委员会 . 室外给水设计规范 GB 50013—2006 [S]. 北京：中国计划出版社，2006.

[17] 建设部标准定额研究所 . 室外排水设计规范 GB 50014—2006 [S]. 北京：中国计划出版社，2006.

[18] 建设部标准定额研究所 . 民用建筑太阳能热水系统应用技术规范 GB 50364—2005 [S]. 北京：中国建筑工业出版社，2005.

[19] 中华人民共和国公安部 . 建筑设计防火规范 GB 50016—2006 [S]. 北京：中国计划出版社，2006.

[20] 中国建筑标准设计研究院 . 高层民用建筑设计防火规范 GB 50045—2005 [S]. 北京：中国计划出版社，2008.

[21] 中华人民共和国公安部 . 自动喷水灭火系统设计规范 GB 50084—2005 [S]. 北京：中国计划出版社，2005.

[22] 中华人民共和国原建设部 . 给水排水制图标准 GB 50106—2001 [S]. 北京：中国计划出版社，2005.

参考文献